QINGSHAONIAN YINGGAI
ZHIDAODE SHENGHUO CHANGSHI

青少年应该知道的
生活常识

万虹◎编著

内蒙古出版集团
内蒙古文化出版社

图书在版编目（CIP）数据

青少年应该知道的生活常识 / 万虹编著. —呼伦贝尔:内蒙古文化出版社，
2013.4

ISBN 978-7-5521-0297-0

Ⅰ．①青… Ⅱ．①万… Ⅲ．①生活—知识—青年读物②生活—知识—少年读物 Ⅳ．① TS976.3-49

中国版本图书馆 CIP 数据核字（2013）第 067655 号

青少年应该知道的生活常识

万虹 编著

出版发行：　内 蒙 古 出 版 集 团
　　　　　　内蒙古文化出版社
社　　址：呼伦贝尔市海拉尔区河东新春街 4 付 3 号
邮　　编：021008
印　　刷：北京市通州富达印刷厂
责任编辑：姜继飞
开　　本：787×1092 毫米　1/16
印　　张：20
字　　数：500 千字
版　　次：2013 年 4 月第 1 版
印　　次：2013 年 6 月第 1 次印刷
书　　号：ISBN 978-7-5521-0297-0
定　　价：29.80 元

前 言

　　本丛书是为青少年量身打造的常识书系，包括社会、历史、生活、艺术、文化、法律等六册。丛书知识点言简意赅、通俗易懂，易于被读者们接受。把握青少年的心理需求和兴趣焦点，做到了课内与课外、基础与提高、知识性与趣味性的完美融合，是广大青少年必备的常识宝典。利于青少年开拓创新思维，培养创新意识，全面提高青少年的素质。

　　生活，简单的两个字，却包含着错综复杂、深不可测的东西，它像一个永不落幕的超级舞台，上演着一幕幕人生大戏——离合悲欢，苦辣酸甜，成败荣辱……我们从懵懂少年，到朝气青年，再到沉稳中年，几乎所有的时间都在这个舞台上完成，经历着精彩或不精彩的人生轨道。

　　无论生活如何变迁，我们内心对成功与幸福的渴望从不减退，总是希望自己的人生道能够走得顺畅一些，丰富一些。可我们不得不面对更加残酷的现实，它不以个人的意志为转移，需要你打起十二分的精神来应对。当然，有了勤奋和努力，有了积极的态度和向上的愿望，不一定就能适应这个纷繁复杂的大社会，还需要我们用一点智慧，花一点心思，去理解、去学习、去融入社会，才能更好地适应社会生活。

　　如果遇到不合理不合法的烦心事，应该如何维护自己权益？面对变化多端、五花八门的行骗术，我们该如何防范？在轻松假期，该如何策划自己的行程呢？日常生活中遇到的一些小麻烦，不知如何解决怎么办？聚会时朋友们高谈阔论引人注目，自己却感觉知识匮乏插不上话怎么办？

　　诸如此类的问题，看起来都是很平常很简单的，可是真让你回答起来，却真要费一番脑筋。而要真正了解、做到更不是一件容易的事情。然而，这些也正是我们身处社会，要了遇到的问题，只有了解它、懂得它，才能从容行走社会，融入其中。

　　"腹有诗书气自华"，一个人的文化知识水平往往是其综合素质和能力高低的体现。对于青少年来说，他们正处于知识积累和增长时期，更应该多了解和熟悉各方面的常识知识，在成长的道路上尽可能多地吸收文化营养、丰富自身学识、加强内在修养，去迎接未来人生的挑战。

目 录

服装服饰

电脑常识

理财常识

服装服饰

世界著名服装品牌

◎ 世界品牌服装之一：Christian Dior（克里斯汀·迪奥）

克里斯汀·迪奥（简称 CD），一直是炫丽的高级女装的代名词，它选用高档、华丽、上乘的面料表现出耀眼、光彩夺目的华丽与高雅女装，备受时装界关注。它继承着法国高级女装的传统，始终保持高级华丽的设计路线，做工精细，适合上流社会成熟女性的审美品味，象征着法国时装文化的最高精神，迪奥品牌在巴黎地位极高。

迪奥的设计，注重的是服装的女性造型线条而并非色彩。迪奥时装具有鲜明的风格：裙长而不曳地，强调女性隆胸丰臀、腰肢纤细、肩形柔美的曲线，打破了战后女装保守古板的线条，这种风格轰动了巴黎乃至整个西方世界，给人留下深刻的印象。

Dior 设计的衣裳永远是时装，永远存在着价值。它所设计的晚装豪华、奢侈，在传说和创意、古典和现代、硬朗和柔情中寻求统一。在 Dior 每一次的时装展中，晚礼服系列总是让人们屏息凝神，惊诧不已。

◎ 世界品牌服装之一：Fendi（芬迪）

意大利芬迪品牌以皮革及毛皮服饰起家，且至今一直保持其在该服装领域的领导地位。

1925 年，芬迪品牌正式创立于罗马，专门生产高品质毛皮制品，其后公司逐渐发展壮大。创始人是 Addle Casagrande（爱德拉·卡萨格兰德）、Edoardo Fendi（爱德芒多·芬迪）。自 1962 年聘用德籍设计师 Karl Largerfeld（卡尔·拉格菲尔德）以来，Fendi 更以其富有戏剧性的毛皮服装获得全球时装界的瞩目和好评，拉格菲尔德与芬迪合作的以双 F 字母为标识的混合系列是继法国香奈儿的双 C 字母，意大利古驰的双 G 字母后，又一个时装界众人皆识的双字母标志。

◎ 世界品牌服装之一：Yves Saint Laurent（伊夫·圣罗兰）

圣罗兰的风格是通过色彩、生命、动感和女性的历史体现出来的。20 世纪 50 年代的大部分经典时装，都是由圣罗兰开的先河。

在圣罗兰的眼中，黑色是色彩之王，因为黑色所表现的色彩深度感觉，在他的黑色系列中，他赋予黑色不同寻常的生命。他用自己的设计展现黑色的愤怒，展现黑色的诱惑，他将黑色变得光彩夺目，气象万方。评论家们不禁感叹"昨日，黑只是黑，今日，黑即是色"。这样他就开创了一种时装潮流。世界上几乎每位成功的设计师都跟随这股潮流，时装设计的重心因而从高级时装的设计转移到了成批生产的衣服上来。

圣罗兰时装最大的特点是线条柔和、飘逸感强,给人一种看起来就要融化的感觉。

◎世界品牌服装之一:Armani(阿玛尼)

乔治·阿玛尼已是在美国销量最大的欧洲设计品牌,它以使用新型面料及优良制作而闻名。就设计风格而言,它既不潮流亦非传统,而是二者之间很好的结合,其服装似乎很少与时髦两字有关。它的主打品牌乔治·阿玛尼(Giorgio Armani)针对富有阶层,玛尼(Mani)、爱姆普里奥·阿玛尼(Emporio Armani)、阿玛尼牛仔(Armani Jeans)针对普通消费者。

这一品牌的服装充分展示了设计师的天才和设计的个性风格,尽管该品牌服装拥有范围广泛的服装功能,但是弹性、适应性似乎不被看重。事实上,这些服装都拥有豪华的高品质的面料。阿玛尼的服装每件都是精品,具有广泛的可配套性,这使得单品组合成为它的又一风格特性。衣装虽然昂贵,但都有着独特的魅力而不是那种过分的夸张。

乔治·阿玛尼品牌的面料都是相当昂贵的。为了扩大客户群,满足大众对设计师品牌的需求,一系列稍便宜的女装如玛尼商标出现了,使用面料为最新技术合成纤维,外人难以仿制。另外,便装及运动衫上使用的新牌子爱姆普里奥·阿玛尼也诞生了。女装款式有简单的潘彼得领的女套衫与裙和手工缝制的裤相配,当它们仍处于流行季节时,设计师会在裁剪上做些小的变化以求新意。

阿玛尼的服装似乎很难定格于某一特定的形式,因为它适合于城市里的生活,是介于传统与现代之间的典型。

◎世界品牌服装之一:Chanel(香奈儿)

香奈儿是一个拥有80多年历程的著名品牌,香奈儿时装永远有着高雅、简洁、精美的风格,香奈儿善于突破传统,早在20世纪40年代就成功地将"五花大绑"的女装推向简单、舒适,这也许就是最早的现代休闲服。香奈儿最了解女人,香奈儿的产品种类繁多,每个女人在香奈儿的世界里总能找到适合自己的服装,在欧美上流女性社会中甚至流传一句话:"当你找不到合适的服装时,就穿香奈儿套装。"

创始人 Gabrieile Chanel(香奈儿)于1913年在法国巴黎创立"香奈儿",香奈儿的每一种产品都闻名遐迩,特别是香水与时装。

香奈儿通过混合男性和女性密码的时装,不仅给穿戴者以"隐秘的性感",还给如今时装界确立了风格和品味的典范。这位喜欢叼着一根烟,站在镜子前面拍照的艺术大师,认为性感的女人必须独立、创新,具有反叛精神。香奈儿说运动中的女人性感撩人,她最早将女性从繁琐的服饰中解放出来,打破传统模式,创造一种全新表达自我的设计方式。她的时装设计雅致,加之精美的剪裁、流畅的线条,创造了女性活泼、自由、清新的新形象。知道了、用了香奈儿,也就明白了什么是优雅。

◎世界品牌服装之一：Moschino（莫斯奇诺）

对于坚守舒适、优雅路线的米兰时装界而言，有风格戏谑的 Moschino 的存在实在是个异数。它的设计总是充满了戏谑的游戏感与对于时尚的幽默讽刺。在 20 世纪 80 年代末，它就把优雅的 Chanel 套装，边缘剪破成乞丐装，配上巨大的扣子，颠覆大家对于时尚的传统印象。

Moschino 旗下共分三个路线，分别以高单价正式服装为主的 Couture 和单价较低的副牌 Cheap&Chic 以及牛仔装 Jeans 系列。而最直接的辨识方法，便是找到粗体大写的设计师名字 Mocshino，它一定会出现在服装的布标上，或者偶尔也会变成服装上的图案。

◎世界品牌服装之一：Louis Vuitton（路易·威登）

路易·威登创立于1854年，现隶属于法国专产高级奢华用品 MoetHennessy Louis Vuttion 集团。创始人是路易·威登。

从设计最初到现在，印有"LV"标志这一独特图案的交织字母帆布包，伴随着丰富的传奇色彩和典雅的设计而成为时尚之经典。100 多年来，世界经历了很多变化，人们的追求和审美观念也随之而改变，但路易·威登不但声誉卓然，而今仍保持着无与伦比的魅力。

路易·威登品牌 150 年来一直把崇尚精致、品质、舒适的"旅行哲学"，作为设计的出发点。

◎世界品牌服装之一：Gianni Versace（范思哲）

范思哲创始人 Gianni Versace（詹尼·范思哲）1978 年创立自己的公司。

范思哲的设计风格非常鲜明，是独特的美感极强的艺术先锋，强调快乐与性感，领口常开到腰部以下，撷取了古典贵族风格的豪华、奢丽，又能充分考虑穿着舒适及恰当地显示体型。

范思哲善于采用高贵、豪华的面料，借助斜裁方式，在生硬的几何线条与柔和的身体曲线间巧妙过渡，范思哲的套装、裙子、大衣等都以线条为标志，性感地表达女性的身体。范思哲品牌主要服务对象是皇室贵族和明星。

◎世界品牌服装之一：Gucci（古弛）

尽管时装牌子令人眼花缭乱，Gucci 的风格却一向为商界人士所垂青，古弛服装时尚之余不失高雅，这个意大利牌子的服饰一直以简单设计为主。在 Gucci 的时尚王国中，有最受全球媒体宠爱、年轻又才华横溢的设计师 TomFord，更有包括麦当娜、玛丽亚·凯莉、葛妮斯·帕特罗、布莱德·彼特，还有汤姆汉克斯夫妇等阵容最坚强的明星。

世界三大西装流派

◎ 世界三大西装流派之一：美国型

其特点是线条流畅、明快、随和，大多采用伸缩自如、带有弹性的针织或梭织等比较薄的面料，色彩花纹以明朗、华丽为主，制作上不做过高的垫肩，胸部不过分收紧，能保持人体自然状态，较符合年轻人特点。

◎ 世界三大西装流派之一：欧洲型

它与美国型相反，特别讲究服装的优雅性、庄严性。多采用全毛面料，色彩以深色为主，垫肩高。胸衬丰满，基本上是全夹精做，一般适宜在重要场合穿着。

◎ 世界三大西装流派之一：英国型

它类似欧洲型，但款色上更符合人体自然状态，其色彩的选择幅度大。有垫肩胸衬，但不过分"做作"，优点较多，适合多数人穿用，故处于世界男式西服首位。

世界八大皮具品牌

路易·威登（Louis Vuitton）（法国）
爱马仕（Hermes）（法国）
古驰（Gucci）（意大利）
巴利（Bally）（瑞士）

托德斯（Tod´s）（意大利）
铁狮东尼（A.Testoni）（意大利）
爱格纳（Aigner）（德国）
罗意威（Loewe）（西班牙）

世界六大丝巾品牌

爱马仕（Hermes）（法国）
玛丽亚·古琦（Marja Kurki）（芬兰）
范思哲（Versace）（意大利）

赛琳（Celine）（法国）
丝明纳（Shabana）（印度）
艾特罗（Etro）（意大利）

服饰选购

◎ 如何给孩子买衣服

由于少年儿童身体发育快，体态变化大，所以给儿童购衣的第一原则是有利于身体的正常发育。

衣服应随买随穿，在购置衣服时身长、袖长、裤长可以略大些，尺码大些对孩子的生长发育比较有利。但不应过于肥大，以免孩子穿上行动不便。服装的色彩应当鲜艳、明快，款式应当活泼、简明，如茄克衫、运动套装、背带裤、背带裙等。

儿童服装在材料质地上不必太好，但是给 1 ~ 14 岁好动的男孩子购衣时应考虑易洗易干、缩水少、不爱起皱的面料。孩子贴身穿的衣裤应是纯棉或天然纤维做成的。夏装应注意吸汗、透气。儿童的服装价格不宜太贵，否则会对孩子的思想成长产生负面影响。

◎ 如何选购领带

在男人对服饰美的追求中，领带可谓是其品位的一个重要体现。一个懂得修饰自己的男人，在领带的选择和搭配上不仅能体现他独特的审美追求，甚至还可以左右别人对其身份、地位、信用和能力的观感。

首先，男人的领带一般不宜过长或过短，适当的长度，应是领带的尖端恰好触及皮带扣，不能多也不能少。领带的宽度也很重要，

目前，标准的领带宽度是指领带末端最宽的地方为 4 ~ 4.5 英寸（10.16 ~ 11.43 厘米）。

单色领带能够与任何款式的西装或衬衫搭配。此外，印有均衡几何图案的领带与单色领带一样，用途广泛，很好搭配衣服。在搭配时，应选择与西装衬衫相同的颜色。花衬衫最好避免规则图案的领带，因为领带上的花样会破坏整体的图案秩序。通常图案、颜色较鲜艳的衬衫，不适合配上保守的领带。领带最好的质料是丝，因为其颜色光亮而不耀眼。

领带质量的鉴别：从大头起在 33 厘米以内无织造疵点和染色印花疵点的为正品。用两手分别拉直领带两端后，看看从大头起 33 厘米内有没有扭曲成油条状，不扭曲的领带质量较好。用手在领带中间捏一下，放开后马上复原的，说明领带的弹性较好。

◎ 衣服的型与号

服装的号型其实是一种比较常用的服装规格所表示的方法，一般选用人体的高度（身高）、围度（胸围或臀围）再加体型类别来表示服装规格，是专业人员设计制作服装时确定尺寸大小的参考依据。就如表示鞋子大小的鞋码一样，但由于衣服的尺寸相对来说比鞋子复杂，所以它的内容相对较多。

服装的"号"是以厘米来表示穿着者高矮的，以 5 厘米为一档，每档的适用范围为该号值加、减 2 厘米所得出的范围，如 160

号，即表示适合于身高在 158 ~ 162 厘米的人穿。

服装的"型"是表示穿着者的胖瘦程度，上装表示胸围，下装表示腰围，一般以偶数分档，如上装的 80 型，即表示适合于胸围在 79 ~ 81 厘米的人穿。

人体的胸围与腰围的差数是划分体型的依据，以这个标准可将人体体型分为四类。体型分类代号分别为 Y、A、B、C。

号型的表示方法为号与型之间用斜线分开，后接体型分类代号。例如，上装 160/84A，其中，160 为身高，代表号，84 为胸围，代表型，A 代表体型代号。

◎ 保暖内衣有哪些

暖棉内衣：现在市场上比较流行的是三层夹棉内衣，即两层纯棉夹一层保暖丝，御寒效果较好。

莱卡棉内衣："莱卡"是一种新型纤维的名称，弹性好，加入纯棉织物，克服纯棉内衣易变形的特点，莱卡棉内衣能在 2 ~ 3 年内保持"体形"。

南极棉内衣：内外两面是纯棉，中间夹了两层塑料薄膜，薄膜和纯棉之间填充太空棉，以达到保暖效果。

北极绒内衣：与南极棉内衣的结构基本相同。不过，紧贴皮肤的一层为一种具有真丝般手感的新型纤维——丝普纶，最里层的隔离层也是网状结构，透气性能和弹性都不错。

生态绒内衣：复合纤维，含有天然矿石中提取的远红外磁粉，主要为中老年人设计。

◎ 如何选购内衣

心中有爱的女人，总会精心挑选合身的内衣，因为爱人眼里的内衣最具有情感。现代女性正是通过内衣来调整体型、衬托外衣，而外衣的色彩和风格与内衣的搭配已引起人们的重视。连身型的内衣集文胸、腰围及束裤的功效于一身，强调整体身段的优美曲线，既能修饰身材，又可增加外衣的平整性，使外衣形状更显流畅，受到女性喜爱。夏季以轻装为主流，但为了不致散漫，应配用质料清爽的文胸，穿着连衣胸围衬裙及短型束裤，能增加外衣的吸水性；秋天的气氛令女性的魅力能充分展现，服饰要着重调整体型，应配合使用全身束衣、连腰封型文胸及承托臀部与收腹的束裤，可令女性曲线迷人。内衣的颜色主要为白色与肤色，但越来越多的人喜欢选择颜色的变化，从而与外衣相配。腹部、腰部是女性容易积聚脂肪的部位，选择一条束裤每天穿着，比运动及减食容易些，它会不断地修饰这些部位的线条，让臀部高挺结实，大腿外侧线条收紧，收腰修腹，减少赘肉的呈现，使臀部呈圆润的立体美感。

◎ 女士如何选择内衣的颜色

内衣颜色不要外泄，而且还要与外衣颜色和谐统一。女士在正式场合或职业女士在公司单位中，以选择与肤色相近颜色的内衣较为妥当。

◎女士如何选择内衣的款式

要符合出席场合的社会人文内涵要求。女士在公共场合或职业女士在办公场所，不提倡穿着与社会主流文化相抵触的、过于性感、招摇且安全系数低的内衣。

◎女士如何选择保暖内衣

职业女士最好不要在重要场合、仪式场合穿着过于臃肿、繁杂。在冬季可以选用轻薄又保暖的紧身内衣。

◎如何选购围巾

服装较厚时，宜配用羊毛、腈纶以拉毛、钩针工艺编织的膨体大围巾；服装较薄时，宜配真丝、尼龙绸等薄型围巾或纱巾。深色服装宜配鲜艳围巾；浅色服装可配素雅围巾；红色毛衣宜选黑色纱巾；藏青色服装可配纯白围巾。彩色丝巾中有一色与服装颜色相近，一般即可相配。颀长窈窕但胸围偏小的女士，可配有蓬松感的大花形围巾，对称悬于胸前，能使胸部显得丰满；溜肩男子可用素色加长围巾悬系颈部，使体型更显协调。

◎如何选购帽子

选购帽子时要注意既要大小适合，与服装和其它服饰颜色、风格配套，适于穿着场合，又要与自己的脸型、身材、年龄和发型相协调。长型脸宜戴宽边或帽沿下拉的帽子，宽型脸应戴有边帽或高顶帽；个儿高者不宜戴高筒帽，个儿矮者不适合戴平顶宽边帽；年长的不宜戴过分装饰的深色帽；短头发适合选择将头遮住的帽子等。

◎女士如何选择提包

1. 要注意同年龄相称。中老年女士则以中型提包为宜，显得稳重，款式力求美观大方。

2. 要注意同体型搭配。身材高大的女士，不宜选择太小的提包；身材矮小的女士，不宜用过大的提包；身材肥胖的女士，不宜选用圆形提包；身材瘦弱的女士，宜选用圆形、柔边的提包，以增添风韵。

3. 要注意同服装相匹配。夏季选用白色提包、挎包，颇有清凉、大方的美感；春秋季如挎上一个草、麻编手提包，又显出浪漫。

4. 要注意同服装色相协调。红色提包或挎包适合配蓝、灰色的服装。黑色和棕色提包不管什么颜色的服装都适用。此外，还得注意提包的颜色与鞋子、手套、纱巾相统一协调。

5. 要注意视用途而变化。一般逛街、买菜以轻便小型为主；上下班时宜选用大型、质量较好、式样大方的提包；出差或旅游宜选用帆布提包，使用方便，又给人一种轻松感。

首饰鉴别

◎白金首饰的标记

足白金：铂含量千分数不小于990，打"足铂"或"PT990"标记。

950白金：铂含量千分数不小于950，打"铂950"或"PT950"标记。

900白金：铂含量千分数不小于900，打"铂900"或"PT900"标记。

850白金：铂含量千分数不小于850，打"铂850"或"PT850"标记。

◎如何鉴别白金首饰

辨印鉴。首饰上都打印有成分印鉴，凡刻Pt、Plat或Platinum者是白金，刻S或Silver者是白银，刻SF者是铜质镶银。

称重量。白金的质量密度高于白银约1倍，故同样体积的白银重量只有白金的一半。

比较法。白金呈灰白色，质地硬于白银；白银色洁白，质地较细腻光润，硬度比白金低。

◎计算K金中纯金含量的常识

一般称纯金为24K，即理论上含金量为100%。因此，1K即代表金饰含纯金量占1/24，约4.16%。(1)22K(22/24=0.916)，含金量为91.6%。(2)20K(20/24=0.833)，含金量为83.3%。(3)18K(18/24=0.75)，含金量为75%。(4)14K(14/24=0.583)，含金量为58.3%。(5)12K(12/24=0.5)，含金量为50%。(6)10K(10/24=0.416)，含金量为41.6%。(7)9K(9/24=0.375)，含金量为37.5%。(9)8K((8/24=0.333)，含金量为33.3%。

◎如何鉴别和田玉

和田玉质地十分细腻，它的美表现在光洁滋润，颜色均一，柔和如脂，具有一种特殊的光泽，这种美显得十分高雅，而且和田玉非常坚韧，抗压能力可以超过钢铁。主要可以分为以下几类：白玉、青玉和青白玉、碧玉、黑玉、黄玉。

◎如何鉴别翡翠

翠绿色，透明度很好，颜色均匀，无隙者极昂贵。市场上所见的首饰要么颜色不匀，绿白相间；要么透明度不好，行话称之为"水头不好"或"干"；要么绿色不正，发灰发暗。但不管哪种翡翠，仔细观察并转动，若能见到闪亮小片，行话称为"翠性"，则必为翡翠无疑。

◎如何鉴别钻石首饰

识别钻石重要的四个"C"：评价一颗钻石的价值往往取决于四个因素，即克拉、洁净度、颜色和切磨，而代表这四个单词的英文是 Carat、Clarity、Color 和 Cut。

1. 克拉

即钻石的重量，钻石是以较小的单位克拉（1 克拉 = 0、2 克）计价的。钻石珍贵的原因之一就是稀罕，重量大者就更稀罕，一般达 1 克拉以上的就属大钻。

2. 洁净度

亦即纯度和透明度。洁净度极高的钻石由于无杂质、无瑕疵，应当是完全无色透明的，其价值很高。

3. 颜色

钻石的颜色非常重要，颜色一直是决定钻石是否名贵和价值高低的基本和首要的因素。作为宝石级钻石，仅限于无色、接近无色、微黄色、浅淡黄色、浅黄色五种。除此五种外，粉红色、蓝色、绿色、紫色和金黄色的比较罕见，可作为稀有珍品收藏。

4. 切磨

看一颗钻石的切磨工艺水平主要决定于角度和比例是否正确、式样是否新潮、琢磨是否精巧等因素。

◎如何鉴别宝石

宝石的颜色越亮、越丰富、越生动越好。一般而言，在同一个宝石品种内，最好的是清晰、中等色调、很强且饱和的本色。微弱的颜色或中间色调的颜色通常要便宜一些，要在不同光源下观察颜色。

正规珠宝商场所销售的珠宝戒指，内圈都标有印鉴。例如，一枚钻石重 0.23ct，铂金成色为 PT900 的铂金钻石戒指，其内圈应标有"PT900、023"等字样。消费者可

根据这些标识，同商品标价签以及检测证书相对照，加以辨别。如果是一枚 18K 金红宝石戒指，其内圈应标有"18K 或 750"等字样。

◎肉眼鉴别宝石"四忌"

1. 忌颜色太鲜艳、均匀、纯净。天然宝石一般色泽柔和、自然，色彩有时很混杂，几种色共存于一宝石体中。

2. 忌宝石中有较为明显的圆形小气泡及人工合成生长的子晶痕迹，生长线呈线型较为明显。天然宝石有花纹却不规则，但很细腻。

3. 忌宝石颗粒较大，同一颜色规格数量较多。

4. 忌宝石较为坚硬，一般用刀刻不动，但可在玻璃上划出痕迹来。

◎如何通过硬度鉴别真假水晶石

水晶石的硬度是 7 度，可在玻璃和一般金属上随意划出痕迹，而仿制品则达不到这样高的硬度。

◎如何鉴别玛瑙

红色玛瑙首饰最贵重。如选玛瑙项链须注意珠子颜色的深浅要一样，没有杂色，珠子的大小搭配要适当，还要注意光洁度要好。然后，把项链提起来看看是否垂直，每个珠子是否都垂在一条线上；如果项链出现弯曲，这说明有的珠子的眼儿偏了，加工工艺粗糙。

◎ 世界著名的手表品牌

目前市场上销售的进口手表主要有瑞士、日本、美国名牌。仿造、走私、假冒品大多出现在以下品牌：如日本的东方、西铁城、精工、卡西欧，瑞士的劳力士、帝舵、伯爵、名士、罗马、西马、奥尔马、浪琴、米多、欧米茄、梅花、英纳格士、尼为达、百浪多、雷达、天梭。

检验标志的识别。目前，各地商检部门对一些大型市场、超市和信誉较好的集体、个体商店经营的进口手表都要进行批次检验，抽样合格的签发合格证，并发给其激光防伪标志。消费者在购买时，应查看销售商的商标单证以及激光防伪标志，并对外观和机芯的组件认真查看辨别，确认为正牌真品方可购买，同时向商家索要正式发票且发票内容填写必须完整、真实、规范。

◎ 如何选购手表

外观检查：正牌手表的表盘、后盖所标商标和品牌，字样清晰、完整；表盘所标钻数与机芯实际钻数相符；后盖所标明的材料与表壳所用材料相符。全钢表表壳亮中发暗；半钢表表壳是电镀的，亮中发白；表面玻璃光洁明亮；表壳组件外棱角无锋利感，镀层无气泡不脱落。假冒名牌手表的表盘、后盖所标商标和品牌字样较模糊；表盘所标钻数与机芯内实际钻数不相符。

查看机芯：打开后盖，如看到表的摆轮是镀金的，则是正牌表；如摆轮是白色的，则是冒牌货。正牌表机芯可直接看到每个轴孔大多有红宝石或蓝宝石，防震表摆轮上方的轴孔里的宝石周围有一圈金边，这是防震簧；而劣质表大多是只有一个宝石的独钻表，其轴孔的铜眼与夹板舶颜色一样，只是呈圆凹形。有些冒牌的劣质表，用红漆涂染轴心冒充钻石；有些则在机芯内能看到塑料制的零件。这些都直接影响手表的精确度和使用寿命，因此不能购买。

销售价格上比较：进口手表的价位在一定时期内具有一定的稳定性，对于明显低于市价的进口手表，应格外小心谨慎。

面料鉴别

◎ 怎样鉴别服装面料

在日常生活中，鉴别服装的用料使用较多的方法是：品号鉴别法和感观鉴别法。

品号鉴别法：

正规企业生产的纺织品，从商品的品牌上就能得知其所用原料，其标签上常用英文符号或中文标注此服装所用的原料。下表列出了一些常见的标注，供你参考。

中文缩写英文备注。棉：Cotton；毛：Wool；丝：Silk；柞蚕丝：Tussah silk；苎麻：Ramie；亚麻：Linen 或 Flax；粘胶：Rayon（人造丝也是此单词）；涤纶：TeryLene；锦

纶：Nylon；丙烯纶：Acrylic；维尼纶：Vinylon；醋酸纤维：Acetate；聚酯纤维：Polyester fibres；聚酰胺：Polyamide。

国外纺织品标记识别法：1.100％Cotton：全棉；2.100％Polyester（Poly）：全聚酯纤维（全化纤）；3.100％Wool：全毛织品；4.PureWool：纯毛。

感观鉴别法：

所谓感观鉴别法就是用眼睛看衣料的颜色、光泽、质地等，或用手摸其厚度、挺、滑、爽、糯、柔等，来鉴别其成分。

总的来说，识别织物的原料组成，比较准确的还是需要抽出几根纱线，解捻后，观察其长度、细度、整齐度及强度和天然卷曲情况。

◎ 如何识别纺织品标记

1. 布匹

成匹的布上会挂有彩色的小标签，标签上不同颜色的字，表示着布料的等级。印红字的是一等品，印绿字的为二等品，印蓝字表示三等品，印黑字则是等外品。

2. 丝织物

选择丝被面、绢丝纺、乔其纱等丝织物，除观看它的颜色、质地外，还应查看它的印章标记。现介绍中国丝绸公司新制定的标记：一个梢印的是一等品。印章内自左至右，第一个拉丁字母为省（市、自治区）的代号，第二个拉丁字母为市代号，第三个拉丁字母为厂代号。阿拉伯数字为检验员代号。

绸缎，除一个梢印外，加盖一个等级印。若仅有一个梢印，则为一等品。加盖圆形印为二等品，加盖长方形印为三等品，加盖三

色形印则为等外品。

丝棉，是用商标颜色来区分等级。红牌商标为一等品，绿牌商标为二等品，白牌商标为三等品。

3. 毛线

当您选购毛线时，只要记住毛线商标上的3个阿拉伯数字表示什么，就可以了解它的成分和质量。

商标上的第一位数字表示原料："1"表示国产羊毛；"2"表示进口羊毛；"3"表示进口羊毛和粘胶纤维混纺；"4"表示新产品；"5"表示国产羊毛和粘胶纤维混纺；"6"表示进口羊毛和腈纶混纺；"7"表示国产羊毛和腈纶混纺；"8"'表示纯腈纶。商标上后两个数字表示纱支，它是单位重量纱线的长度。即I克重的纱长32米，就叫32支，1克重的纱长60米，就叫60支……由此可知，支数越大，表明纱线越细越长，质地越佳。支纱高，纱线细，在耐用程度上考虑，高支纱的反而较低支纱的差。

◎ 如何识别服装型号

我国新服装号型规定，先标明人体高度，加一道斜线，再标明胸围尺寸，然后加上表示体型特征的字母Y、A、B、C，如170/90A。Y型指胸大腰细的体型，A型指一般体型，B型指微胖的体型，C型指胖体型。测定体型的方法是用胸围减去腰围的数值：男性Y为17至22，A为12至16，B为7至11，C为2至6；女性Y为19至24,A为14至18,B为9至13,C为4至8。计量单位一律为厘米。

衬衫型号识别法：衬衫型号一般标在

衣领上，采用的是公制，以厘米为单位。男衬衫领子上标有三个数字，前一个表示领子长度，中间的表示衣身长度，后一个表示衣袖长度。也有仅按领围标号的，分两个系列：（1）每增加 1 厘米为一档，如 38、39、40、41 厘米等。（2）每增加 1.5 厘米为一档，如 37、38.5、40、41.5 厘米等。女衬衫衣领上一般只有两个数字，前一个表示衣长，后一个表示胸围宽度。

出口转内销服装型号识别法：出口转内销（或进口）服装有的以英文计算，可根据 1 英寸 =2.54 厘米的公式换算；有英文字母表示型号的，如：XXS 表示特小，S 表示小号，M 表示中号，L 表示大号，XL 表示加大，XXL 表示特大号。

◎ 如何识别粗纺呢绒面料的标签

在粗纺呢绒面料的标签上，常常会见到一串由 5 位数字组成的产品号。这组数字的含义是：第一位数代表原料成分。通常有"0"、"1"、"7"三个数，0 表示纯毛，1 表示混纺，7 表示化纤。第二位数代表品名。1 至 9 的含义分别是：1 代表麦尔登，2 代表大衣呢，3 表示制服呢，4 表示海力斯，5 代表女士呢，6 代表法兰绒，7 代表粗纺花呢，8 代表学生呢，9 代表帽呢、大众呢、装饰呢。最后三位数则表示投产序号。一般从 001 至 999，它反映这一品种生产延续的时间。例如 02208 这组数字表示，这种面料是纯毛大衣呢，至今已投产 208 次。再如 12039 则表示，这种面料是混纺大衣呢，投产的次数是第 39 次。

◎ 纯棉织物的特点

具有天然棉纤维的柔和光泽，手感柔软，弹性较差，用手捏紧布料后，布面留有明显的折痕。从其边缘抽出几根纱线，可以观察到其单纤维一般较短，为 30 毫米左右，线细且有天然扭曲。

◎ 涤棉布的特点

布面比纯棉布明亮，手感平整、光洁、挺括、滑爽，织物弹性较好，折痕不明显。

◎ 粘胶纤维织物的特点

色泽较其它棉型化纤鲜艳，光泽柔和，手感较纯布柔软，弹性差，折痕明显，且恢复平整的时间较慢。纱线强度低，湿态时强度更低，可在布边抽几根纱湿润一下，用力拉，在湿润处断裂者，常为粘胶。

◎ 涤纶混纺呢绒的特点

外观有较明亮光泽，带有闪光感，但不如纯毛织物柔和，缺乏羊毛的油润感；呢面织纹清晰、平整、光滑、挺括，但略粗糙或有硬的感觉；弹性比纯毛更好，捏紧放松，折痕恢复迅速，几乎不留痕迹。

◎ 腈纶混纺呢绒的特点

织纹平坦，不突出，呢面光泽似粘胶人

造毛，但其手感较丰满，有温暖感，弹性好，毛感较强。

◎棉纶混纺呢绒的特点

外观毛感差，有蜡状光泽；毛感硬挺欠柔软，捏紧放松后有折痕，能恢复原状但较慢。

◎粘胶丝织物的特点

光泽明亮刺目，不如真丝柔和；手感滑爽，绸面柔软垂直，不及真丝轻盈、飘逸；强度比真丝差，湿润后更差些。

◎涤纶长丝织物的特点

在各类丝绸织物中，它的光泽较差，似有蜡感，色泽暗淡，手感硬挺，抗皱性能好。

◎精纺纯毛面料的特点

呢面平整、光洁，织纹清晰；光泽自然柔和，富有油润感；手感温暖、滑糯、柔软，布面丰厚；弹性足，捏紧放开，折痕不明显，

恢复快，不留痕迹。若将纱线解开，其长度不均匀，在 70 ~ 90 毫米之间的为毛纤维，且有天然皱纹。

◎粗纺纯毛面料的特点

呢面粗厚、丰满，质地紧密；手感柔软润滑、有温暖感，弹性好，膘光足。

◎粘胶人造毛混纺呢绒的特点

呢面光泽较暗，不如纯毛鲜明匀净，缺乏羊毛的油润；薄型织物有棉布特征，不及纯毛紧密挺括，易出现折痕，恢复厚状缓慢。

◎真丝绸的特点

织物绸面光泽柔，色泽明亮均匀，手感轻柔润滑；有丝鸣，有折痕。

◎麻织物的特点

刚度好，手感硬挺，有凉感，不贴身，纱支条不够均匀，布面欠平整，较粗糙，捏紧放松，折皱很明显，恢复很慢。

服装搭配

◎如何穿出浪漫气质

如果和男友相约在海边漫步，黑色的长裙与湛蓝的水天有些不相融合。别急，有淡紫色的绣花与方格线条作为点缀，使有几分凝重的色彩变得活泼、秀丽起来。这种淡雅的俏皮恰恰展露最浪漫动人的一面。

粉色是女性青睐的颜色，与绣花的精致相得益彰，给人温馨愉悦之感。穿着带绣花的粉色衣裙，与男友参加舞会，将自己的甜蜜传递给身边的朋友，何乐而不为？

海蓝色的改良旗袍缀以浅蓝色的绣花，典雅婉约，与男友出入高级场合，会使你更显高贵出众，古典大方。

谁说深色衣裙就不能穿在夏天？胸前饰以绣花就能将女性的清柔亮丽展露出来。穿着一套干练而活泼的短装，赴约会当然会有一份愉悦浪漫心情。

◎如何穿出高雅风度

（1）衣服的式样要以简单大方为原则。线条、款式一定要越简单越好，切忌混杂太多色彩及使用太复杂的图案，花边、蕾丝繁多的服装少穿，否则会使人觉得"小家子气"颜色以统一协调的色素为主，黑、白色较佳，显得高雅大方。

（2）衣服质料非常重要，设计再好的服装，也需要有质料好的布来缝制，才能相得益彰，丝、绸、缎等布料最能显示服装的高贵感。同时，不要把质料性质相差太多的衣服混在一起穿。

（3）按"重质不重量"原则，不要盲目地追求时髦。以少为原则，千万别挂得像棵"圣诞树"。

（4）不穿裁缝手工差、太紧、邋遢不合身的衣服。平常要注意衣裙、线袜是不是脱线。

（5）头发绝不可忽略。三至四个星期一定要整理、修剪一次。除了要保持色泽净亮之外，发型应避免太长、太卷、太奇形怪状。

（6）脸部化妆要淡，切忌浓妆艳抹，否则有失端庄。口红的颜色以正统色彩为主，而且要涂得有丰润感。

（7）定期的脸部保养是不可缺少的，指甲也不要留得过长，要经常护理，不可出现斑驳陆离的状况。

◎女士着装有哪些原则

女士着装应该考虑与当时的时间、所处的场合和地点相协调，这也就是常说的TPO原则。

（1）时间原则

不同时段的着装规则对女士尤其重要，

着装要随着时间而变换。白天工作时，女士应穿着正式套装，以体现专业性；晚上出席鸡尾酒会就须多加一些修饰，如换一双高跟鞋，戴上有光泽的配饰，围一条漂亮的丝巾。服装的选择还要适合季节气候特点，保持与潮流趋势同步。

（2）场合原则

女士衣着要与场合协调。与顾客会谈、参加正式会议等，衣着应庄重考究；听音乐会或看芭蕾舞时，则应按惯例穿正装；出席正式宴会时，则应穿中国的传统旗袍或西方的晚礼服；而在朋友聚会、郊游等场合，着装应轻便舒适。试想一下，如果大家都穿便装，你却穿礼服就有欠轻松了；同样的，如果以便装出席正式宴会，不但是对宴会主人的不尊重，也会令自己感觉尴尬。

（3）地点原则

女士在自己家里接待客人，可以穿着舒适、整洁的休闲服；如果是去公司或单位拜访，穿职业套装会显得正式而专业；外出时要顾及当地的传统和风俗习惯，如去教堂或寺庙等场所，不能穿过露或过短的服装。

◎职业女士如何着装

（1）干净利落平整

服装并不是一定要高档华贵，但一定要保持清洁，并熨烫平整，穿起来才能大方得体，显得精神焕发。整洁并不完全为了自己，更是尊重他人的需要，这是良好仪态的第一要务。

（2）色彩搭配

不同色彩会给人不同的感受，如深色或冷色调的服装让人产生视觉上的收缩感，显得庄重严肃；而浅色或暖色调的服装会有扩张感，使人显得轻松活泼。因此，可以根据不同的需要进行服装颜色的选择和搭配。

（3）配套齐全

除了主体衣服之外，鞋袜、手套等的搭配也要多加考究。袜子要以透明近似肤色或与服装颜色协调为好，带有大花纹的袜子不能登大雅之堂。正式、庄重的场合不宜穿凉鞋或靴子，黑色皮鞋是适用最广的，可以和任何服装相搭配。

（4）点缀饰物

巧妙地佩戴饰品能够起到画龙点睛的作用，还能给女士们增添色彩。但是佩戴的饰品不宜过多，否则会分散对方的注意。加佩戴饰品时，应尽量选择同一色系。佩戴首饰的关键就是要与你的整体服饰搭配和谐统一。

◎如何穿泳装更美

游泳是健美形体的一种重要方法。

游泳要穿泳装。怎样从五彩缤纷、各式各样的泳装中选出自己满意、别人羡慕的泳装呢？

布料：泳装的布料一般宜厚不宜薄，且要富于弹性，不易变形。

尺寸：泳装的大小是以躯干和胸部来衡量的。一般来说，泳装应比自己衣服的尺寸大一号。过小，游泳时身体被裹紧，影响动作，又不雅观。

自身条件：身体较高而偏瘦的女士，宜选择浅色、全身印花或图案、有阔肩带的泳装。胸部过于平坦的女士，最好穿胸部有皱褶、交叉结带，或在胸部配蝴蝶结，并印有颜色鲜艳的图案的泳装。应避免穿低V字领泳装。肩膀较宽、臀部窄小者，最好挑选心字形领设计的泳装，这样看起来更女士化。臀部大、粗腰或桶形身材的女士，宜选择质量好、较厚、较坚挺衣料制作的泳装，以利于收紧腹部。手臂和大腿较粗壮的女士，宜选择裙式泳装。体态丰腴的女士，宜选颜色较深、带小花的泳装。身材矮小的女士不妨选择两头深、中间浅的泳装，以给人身材较高的感觉。

◎ 正式场合的着装要求

正式场合常指庆典仪式、会见外宾、正式宴请等等，这种场合，对服装穿着有较严格的要求，不可随意。主要有：1.穿着要规范；2.按请柬对服装的要求着装；3.举止大方，注意礼节；4.男士在室内戴墨镜是很不礼貌的。

男士着装的色彩一般以咖啡色、灰色、深蓝、米黄等中性偏冷色彩为佳，给人的感觉是稳重、高雅、气度不凡。较理想的搭配是，上衣是偏暖色的下装也应与之类似，上衣是带暗格的，下装最好配穿一色的。色彩上忌喧宾夺主，如衬衣是浅黄色的或白色的，外衣是褚色、米色或灰色的，领带却是很抢眼的颜色，视觉的焦点都被领带"占领"了，服装的整体美却被忽略了。

瘦高型男士如何穿衣？瘦高型的人适宜穿高领的上衣，颜色选暖色调为主，最好选大宽格的西服，买对排扣的西服，这类衣服纽扣的位置较低，穿上后可以显得他们的

身体不那么单薄，颜色也不宜过深，要以浅色系为主。

◎ 外出及参加宴会、访亲会友时着装要求

可根据拜访对象的不同，来选择服装色彩的搭配，一般而言，年轻人聚会可选择一些个性化色彩；拜访长辈不要穿令其反感的颜色，以示尊重；探视病人，应该避免穿红、黑、纯白色等令病人心理不安和产生疲劳感的颜色；而参加婚礼时服装的色彩就不能选择比新娘礼服还要夺目的；参加葬礼时不能穿着艳丽，以示对死者的尊重。最能尽情刻意修饰自己的场合就是宴会，衣服的款式以你在宴会中的地位来确定。

◎ 情侣共处时的服装选择

郊游时的服装选择应是休闲、清新、淡雅，这样方有山美水美人更美的感觉；运动时的服装色彩应是轻快、明亮，以强调甜蜜的默契感；听音乐会或是参观展览可以把自己平常不能穿的衣服穿上，可以增加情侣在一起的浪漫情调。

夫妻共处时，要尽量避免穿对方不喜欢的颜色，两人在争吵时，要用褐色的服饰来平静心情；吵架之后，应着粉色衣服，不能穿有刺激感的红色、黄色衣服。

◎ 如何根据自己的体型选择服装色彩

选择适合自己体型的服装色彩是有规

律可循的：一般而言，富于收敛性的深色、冷色调比较适合肥胖的体型，使人看起来比原来显得瘦小些，会有苗条感，但肌体细腻丰腴、有凝脂润玉之感的妇女，则比较适合选用亮而暖的色调，求得整体的和谐美；富于扩张性的淡色、暖色调比较适合体型瘦削的人，会比原来看起来丰腴些；灰色是中性色，彩度低，富于柔和感，不论胖瘦体型都可以采用，有广泛的适用性。

臀部过大的体型，可以用上明下暗的色调，突出上装，效果相对好一点儿；腿短的人应上艳下淡，或者选穿统一色调的套装；腿肚粗的人，不论穿短裙或裤子，长、短袜原则上都要用暗色调，可使腿肚显得细点儿；粗腰的体型，则可以采用与衣服同色的腰带束腰，也会有细腰的效果；窄肩的体型，上装宜用浅色横条纹衣料，可以增加宽度感，下装宜用偏深的颜色衬托出肩部的厚实感。如果是正常的体型或优美的体型，选用服装色彩的空间当然要大得多。亮而暖的色彩当然最好，暗调、冷色系也不错，选用流行色可能更加富有时代气息。但必须与时间、空间环境相搭配，讲究色彩与款式装饰的协调搭配，注意上下装色彩的组合调和。

◎打领带的技巧

传统的打领带方法也叫打活结，呈细管状，其具体步骤如下：

1. 将领带绕过衣领后部，两端垂手胸前，宽端在右，窄端在左，宽端比窄端长出约25厘米。

2. 将宽端缠绕窄端一圈半，从窄端正面绕到其背面，再绕到正面，这样宽端就位于左胸了。

3. 将宽端提起，从领带结圈后面向前穿出。

4. 将宽端塞进领带交叉所形成的环孔，再往下抽紧，宽端将窄端遮住，且比窄端略长，即打成活结领带。

◎领带的搭配技巧

男子系领带首先应与年龄相适应，年轻人可选择色彩鲜艳、对比强烈的款式，以加强青春朝气；长者则应选择深暗色系、花型简洁的款式，以给人稳重成熟之感。除此之外，领带也应与体型相配。个子高的人应选择外观朴素、雅致、大方的领带，矮个子则适合系斜纹细条的款式。体胖者应系较宽的领带，脖子长的人则应避免领结而改系大花型领带。再者，领带还应与肤色相配，面色红润饱满的人应选择丝绸料的领带，颜色以素净为主；脸色苍白、晦暗的人则宜系明亮色系的领带。

◎牛仔上衣的选择与搭配

选择牛仔上衣最关键的是要符合自身的气质。如牛仔夹克展现着充满活力的朝气，无论是搭配长裤还是短裤都适合健康快乐的女孩穿着；而作为知识女士则应选择宽松的中长牛仔衫搭配长裙或长裤来突出其端庄的气质。牛仔衬衫是家居与休闲生活中不可缺少的衣服，配以瘦腿裤既随意又舒适。

◎ 牛仔裙的选择与搭配

选择牛仔裙除了根据体型特点以外，最重要的是应符合年龄特点，如迷你型的牛仔短裙，活泼好动且腿型健美的少女穿起来十分靓丽；而年龄偏大或腿型较为粗短的女士则应选择穿着长款的牛仔裙；背带式的牛仔裙配上白色上衣无疑是女学生气质的最佳体现。牛仔裤的选择与搭配，选择牛仔裤一定要根据自己的体型，并通过合理的搭配"扬长避短"。如高腰合体的深色牛仔裤可以将腿"拉长"，适合大多数女士和稍胖的女孩，配上一双高跟鞋，显得挺拔而修长。身材娇小的女孩选择瘦腿的直脚裤和稍短的夹克做组合，活泼俏丽的气质十分可人。

◎ 西装穿着五要领

一件西装可配上几条颜色不同的裤子，从而组成一系列色彩丰富的不整套西装。这种穿着场合广泛，不拘一格，很适合青年人的穿着习惯。

将两用衬衫的领子翻在西装外面，显得轻盈洒脱，冬天内穿高领套头毛衣，外套粗呢西装更显得充满活力。

穿双排扣的西装，不管什么场合，一般都应把纽扣全部扣上，不然人家会觉得你轻浮不稳重。

双排两粒扣的只扣第一粒，第二粒不扣，也可以全部不扣，以显示轻便、自由、洒脱，眼下国际上就流行这种穿法。但是，如是单排三粒扣，那第一粒和第三粒是样扣，只扣中间一粒或都不扣。如果单排一粒扣，

可随你扣或不扣。

一般穿套装要打领带，但是领带颜色的选择要和个人年龄、爱好和西装协调和谐一致。穿不整套西装，领带可打可不打。

◎ 男士穿着西装的原则

1. 穿单排纽扣单件西装,可以不系领带;穿双排纽西装则必须系上领带;穿成套西装,最好系上领带。

2. 系领带时领结必须扎紧,卡住衬衫领口,不要吊在领角下面。领带的内页应短于外页。

3. 打领带时，衬衫领口纽扣应扣上；不打领带时，衬衫领口应敞开。

4. 穿背心或毛衣时，领带必须放在里面。

5. 单排纽西装，一般不扣纽扣或只扣上面一粒纽扣，扣上内侧一粒也可；双排纽西装，应两粒纽扣都扣上，至少扣上下面一粒纽扣。

6. 西装的上口袋，不宜插钢笔、圆珠笔及眼镜。

7. 证章及纪念章不可别在西装的口袋上方。

8. 西装的口袋一般不放东西，最多放一块手帕，不可放得鼓鼓囊囊的；走路时也不要把双手插在西装上衣或裤子口袋内。

9. 衬衫的袖口应露出在西装袖口外面，且衬衫袖口一定要扣上。

◎ 大臀围者如何着装

大臀围者很容易给人以下半身臃肿且上身长下身短的视觉效果，挑选上衣时，要

尽量选择装饰细节集中在腰节以上的款式，以抬高别人的视点，上衣的长度最好能盖过臀围线。

臀部较大的人在穿着长裤时，不要选择腰部有收褶、臀部宽松、裤脚肥大的裤子，也就是说宽松的宽脚裤或者各类喇叭裤都不适合穿，合体的直筒小脚裤才是不夸张的选择。裙子的长度最好不要过膝，以直身筒裙为基本款式，下装的整体线条要简洁，造型优美而不臃肿。下装的色彩尽量以黑、灰、米色为基调，以单色或小花型、竖条等不扩张的印花为重点。相信通过合理的设计搭配，大臀围者也能展示风情万种的仪态美。

◎女士穿内衣的礼节

女士在正式场合要注意内衣与外衣的搭配。选购外衣也要考虑避免内衣外泄的问题。裙长下摆不要过短，否则当你站在高处或者坐着的时候就有可能露出底裤，腰身不要过短，上衣领开口不要太低。外衣颜色太浅时一定要注意内衣的颜色不能选深色，通常选白色或肉色。胸衣、内裤的尺寸要合体，以穿着后身体线条流畅为宜，忌身体被内衣勒出痕迹。

◎女士应注意的穿衣礼仪

不要在公共场合不加掩饰地随意地整理内衣。女士如感到内衣穿着不舒适，应就近寻找卫生间，在卫生间内得体处理。

不要在长辈或小辈的面前整理内衣，这是缺乏教养的行为。忌在异性面前整理内衣，这是极不稳重的行为。忌在身份高的长者或上司面前整理内衣，这会给人留下举止轻浮的印象。

请勿内衣外泄及疏忽个人服饰卫生。女士在与人交往中，随时要注意自己的内衣是否外泄，并应有良好的卫生习惯。忌穿透明性很强的衣服而露出内衣。

◎高级衬衫适合什么时候穿

①场合：重要的社交活动，如宴会、晚会、庆典等等。

②品质：质地精美，有艺术感，黑或白色最佳。

③细节提示：不必买纯丝的衬衫，这些面料极易变形、发黄、起褶，且价格较贵，买工艺好、质感佳的棉、麻、纱及合成面料即可。

◎职业休闲衬衫适合什么时候穿

①场合：上班、日常活动。

②品质：选料、选型趋向舒适，职业装休闲化。

③细节提示：这类衬衫要稍稍正式、精致一点儿，单色或条纹，可以配出庄重明朗的形象。

◎休闲居家衬衫适合什么时候穿

①场合：居家、散步、游玩。

②品质：舒适的纯棉面料，色彩图案个性化。

③细节提示：选型一定要宽松，同时把好质量关，因为休闲不等于随便。

◎怎样让衣裤合理配套

1.上衣和下衣的配套十分有讲究，如长短、宽窄的比例是很重要的。从长度上看，上下衣一定要避免 1/2 的平均关系。一般上衣短，下衣就要长些，这种比例关系可体现修长的身躯；上衣长，下衣就要短点，不仅能满足视觉的需要，还能掩盖臀部后坠、下肢偏短的缺陷。宽窄的比例和长度的比例相似，宽肥的上衣要配上细窄的裤子或裙子；如果下衣是大裙摆、大裤脚，那上衣就应该为合体。

2.上下身衣服色彩选择。选择相近色彩，如上衣是奶油色，那下衣就可选用和它同类的颜色或咖啡色；一件天蓝色的衬衫，应配海蓝色的裙子。选择明度接近的色彩，如深紫红和深灰等。

3.在冷暖的选择上也要尽量接近。当然如果有意识地把冷暖相配也可以，但一定要保持主调，要么偏暖，要么偏冷。

4.上下身衣服质地的选择。当整套衣服的颜色统一，从质地上求变化就显得比较重要。首先，要考虑季节的需要，如透气性、凉爽性、保暖性等。其次，材料的选用，依据功能和爱好，求得上下身衣服配套的基本一致。一条白色的真丝裙衣，罩上一件白色的针织小网眼上衣，看上去清爽和谐。

◎如何穿才能突出个性

美的服饰，具有其独特的个性魅力。当人们说"好漂亮的衣服"，就是服饰搭配的失败，而人们说"好漂亮的姑娘"，这是服饰搭配的成功。

索菲亚·罗兰曾说过："假如您是一个独具风格的人，就会懂得如何抓住时尚时装，然后赋予个人的特征，有些女人戴帽子，或戴条围巾或是以出人意料的方式佩上一样首饰，便使她们平添风采。您往往可以借助一个聪明的搭配——也许是一件昂贵的绸上衣配上一条蓝色的牛仔裤——就赢得了漂亮迷人的外表。"索菲亚·罗兰的话，显出了她很深的着装素养与良好的个性气质塑造能力。对于如何着装能显示个性，确实没有一个规矩可言，但是，不屈服于潮流是最根本的。追求服装个性的人对服装潮流是百分之百的抗拒，厌恶人云亦云，虽逆潮流而动，却又让人感到不脱离时代。不去商店买搭配好的时装，而是单件买来自己搭配，强调自我，强调自然，变化多端又淡泊朴素，是最具个性魅力的。

◎休闲T恤如何搭配

T恤装最能体现休闲时尚。在T恤外面套一件薄外套，或外面套一件V形领的运动衣，显示出青春动感的气息。近几年来T恤式样变化丰富，有连肩袖、无袖背心式，有的是在领口作各种剪接变化等。T恤若要穿得优雅，可以选择质量好，不会变形，式样、颜色大气的T恤。表现在随意自然将T恤穿在套装、夹克里面的话，那无论是半袖、长袖、无袖的或是高领的T恤，都可作搭配。你可选择质地柔软的T恤，例如带有光滑的质料，或棉麻混纺，或有丝质成分的。款式独特的T恤可配流行的宽松阔脚裤，这样的搭配很俏丽。

T恤与不同裤装或裙装的搭配，可赋予整体造型以不同的生命。T恤配白褶裙，清纯的学生形象是夏季最热的流行风貌。白褶裙多为及膝裙，与T恤搭配，既淑雅又充满年轻感。如果想要在夏季让双腿自由地吹吹风、乘乘凉，不妨试试T恤＋热裤的衣装组合。T恤也应选紧身、具有时尚感的款式，而不可选学生味太浓的宽大式。T恤配中裤，身着及膝或稍过膝盖的六分裤、七分裤，足蹬一双露趾拖鞋，悄然流泻轻快悠然的闲淡韵味，是炎热夏季的最佳酷装。

◎帽子如何与服饰搭配

帽子须与服装款式和其它饰物相协调，比如选择帽子时就要注意与眼镜的造型、图案、颜色等协调。可以用白、米白、米、灰、灰蓝、浅驼色等中间色，它们几乎适用任何颜色，而且还是男女皆宜。帽子可以强化朴素的衣物，淡淡的衣装显得高雅脱俗，选戴对比色系的帽子绝对错不了，如白色配黑色或深蓝色。帽子还可以柔化太耀眼的服装，适当选用同色系较淡的帽子可以柔化视觉达到整体美的感觉。

◎与职业装最相配的首饰

搭配职业装最重要的首饰就是项链和胸针。在西服套装的领子边上别一枚曲线型设计的胸针，可以使套装的庄重之中添加几丝活跃的动感；项链的长短、质材、色彩以及设计风格的不同，巧妙的搭配，同样能增加套装的动感和韵律美。

◎隆重场合如何佩戴首饰

在一些隆重的场合，如晚会、婚宴或特殊的聚会，一般可佩戴亮色系列、造型华丽独特的珠宝，如伴有钻石的红宝石戒指、翠绿色翡翠耳环、造型突出的钻石套装等。

◎休闲场合应如何着装

适用于休闲场合穿着的服装款式，一般有家居装、牛仔装、运动装、沙滩装、茄克衫、T恤衫等。男式西服也可以做成休闲装，面料有小格子薄呢、灯心绒、亚麻、卡丹绒等，式样大多数为不收腰身的宽松式，背后不开叉，有的肘部打补丁，有的采用小木纹纽扣等等。

正规的西装如果内穿T恤衫、花格衬衫、牛仔布衬衫、半高领羊毛衫或西服上装配牛仔裤，灯心绒休闲西服配正规西裤，以至不同面料、不同颜色的西服上下装组合也能穿出休闲味来。

◎巧用腰带变造型

细腰带适合个子娇小的人，颜色最好与衣服相符合；宽腰带只适合身材高瘦腰部纤细的人，腰粗的人，绝不能系鲜艳和宽粗的腰带。上身长的人，可系稍宽的腰带；上身短的人，把腰带系在低腰处；无腰身的人，可以不系腰带。

◎秋天优雅套装的搭配法

以毛衣配及膝裙或毛衣配宽松长裤或呢料连衣裙做居家装扮，轻松又舒适；外出时披一件做工精细、质地上乘的呢料大衣，这样的套穿能显示出一种优雅的风度，高贵的气质。

◎白领丽人如何进行服饰搭配

一套让人赏心悦目的职业女士服饰，能被上司及同事判断你的工作能力与为人，或因受到客户的好感而商谈成功。

首先必备的是衬衫，将各类款式的衬衫与西装长裤、裙子搭配出高雅的服装。同样的西装外套与同色裙子，只要每天换上一件不同的衬衫，就能表现出完全不同的风格。但前襟开得太大或过分透明的衬衫是不适合在办公室内穿的。

衣柜里还应配备短外套，它适合各种身材穿着。上身穿短外套，下面配一条长裙，给人端庄娴雅的感觉，极富女士美。所以白领女士应准备好5件衬衫，3件西装，2件短外套，2套衬裙套装，2条裙了，2双鞋。

从这个基本组合出发，再添置一些你所喜爱或能使你变化的服装，准保你气质高雅、端庄大方。

◎裙子与袜子的完美搭配

现如今，裙子已不是夏季所独有，一年四季不同款式的裙子使女人更加妩媚动人。长筒袜可使裙子下裸露的腿部呈现出柔和线条，素有"腿部时装"之称。

穿裙子选配袜子，既要考虑到同裙子相配，又要考虑到自己的腿形等。袜子的长度一定要高于裙子下部边缘，且留有较大余地，否则一走动就露出一截腿来，极为不雅。穿短袜会造成腿粗短的感觉。穿迷你裙或后面开叉的直身裙，配连裤袜是明智的选择。

袜子的颜色以肉色为最好，可使皮肤罩上一层光泽，显得细腻娇嫩，给人一种修长健美的感觉。深色长裙与相同颜色长袜相配能增添女士魅力，对于腿较短的人更有矫正作用。全套黑色的衣服若要选择黑袜，应挑透明的，再在身上配大的金色胸针或有光泽的丝围巾会显得高贵典雅。但如果腿较粗，最好挑选颜色较深的直条纹袜子，因为深色有收缩的感觉，可使腿显得细一些。腿细的人最好穿有膨胀视觉效果的袜子，可弥补细腿的柔弱感，使视觉更加丰满。

◎如何让旧衣穿出新意

一条小方丝巾有型地缀于外衣胸袋上，就显得高雅；长方形带色彩花纹的围巾，可作为腰带来衬托净色的衣裙。

利用腰带点缀旧衣裙、半截裙或短裤，能立刻令人有充满活力之感。试在髋骨处系一条时下流行的粗腰带，或带两条细一点儿的腰带，作一松一紧的搭配，在色调上最好白配黑或白配红。

把适合冬季穿的长裤剪短几厘米，成为吊脚裤，然后衬以颜色鲜明的短袜，再配上轻松的羊毛外套及腰带，便成了时髦的打扮。

一些低档的人造钻石、人造珠宝，用来装点也很有趣味。例如：古典的圆型胸针，可以别在高领中央；假钻石别针则要别在西装领上；在旧毛衣上，挂上几串珠链，也颇为别致。

男式领带能令一件呆板恤衫变得潇洒。

◎如何穿着旗袍

夏季旗袍可用棉布、丝绸、麻纱等做面料，在秋冬季可采用锦丝绒、五彩缎制作。穿旗袍时，鞋子、饰物要配套，应当戴金、银、珍珠、玛瑙等精致的项链、耳坠、胸花等。

干练的短发女士尽可以尝试高领旗袍，宜穿与旗袍颜色相同或相近的高跟或半高跟皮鞋。裘皮大衣、毛呢大衣、开襟小毛衣和各种方形毛披肩可与旗袍配套。

◎冬季衣饰的搭配技巧

浅色套装宜配深色大衣，深色套装配深色大衣，最好选用浅色的围巾，以强调着装的层次感。驼色大衣最能表现女士魅力。体型宽大的人应避免穿双排扣大衣，不要穿腰部过紧如连衣裙或式样如睡衣的大衣，大衣的长度必须长过或至少等于裙子长度，决不可让裙子从大衣下摆露出一截。深棕色、灰色或黑色的皮手套最能演绎白领丽人的高雅气质和风范，针织手套则更显温柔女士气息。

◎矮胖女士的穿衣技巧

单一色可使身材有变高的感觉，选择同色的鞋袜效果更佳；直条、单襟都有增高的作用；宜选择素色或清淡的小碎花之类的面料，不宜选用闪光发亮的鲜亮衣料或大型图案的花色布和格子面料；应尽量选择式样简单的服装，避免一切横向扩展的线条，衣领可选择"V"型的，能使短颈显得稍长；上装可适当短一些，使腿部显得修长一点儿；穿瘦长、紧身的裤子如牛仔裤，也能使短腿增长；不宜穿下摆有印花的裙子；选择柔软贴身的面料，它能使你身材看起来显得狭长。

◎穿丝袜有哪些讲究

1. 上班族不要穿着彩色丝袜，它会令人感到轻浮，缺乏稳重之感。

2. 如果你是位身材高挑的女士，那么色彩鲜艳的丝袜如明黄、天蓝等，最适合你优美的腿型。

3. 腿部较粗的女士宜穿深色、直纹或细条纹的丝袜。因为这些都会产生收缩感，使双腿显得较细。

4. 时髦前卫的女士身上总是穿得复杂，腿上穿的丝袜就应该简单、清爽。

5. 对于日常忙于上班的职业女士，不妨选一些净色的丝袜，只要记住深色服装配深色丝袜、浅色服装配浅色浅袜这一基本窍门就可以了。

6. 剪裁简单及颜色明净的上衣，可与略带细致花纹的丝袜配在一起，可增加一些清丽动人的感觉。

7. 参加盛会穿晚装时，配一双背部起骨的丝袜，使高雅大方的格调分外突出。但穿此类丝袜时，切记注意别将背骨线扭歪，否则极其失仪。

8. 丝袜和鞋的颜色一定要相衬，而且丝袜的颜色应略浅于皮鞋的颜色。

◎ 如何选择晚宴服装

夜间赴宴的服装，并不一定非要是昂贵的。现在欧美许多国家，赴宴时长裙、短裙、长裤都可以穿。如果是隆重的晚宴，着裤装时一般选用丝绸面料的裙裤或宽大的长裤配上缎或丝的高跟鞋。穿高跟鞋是个办法，它可以使你显得挺拔，个子高一些，引人注目。最后提醒：晚宴适合穿长裙长裤，使身材修长，更具淑女风范。

服饰禁忌

◎ 女士穿着牛仔裤的禁忌

年轻女士的阴道经常分泌一定量的液体，使内裤出现黄色污斑，要求内裤以宽大、质软、通风、吸水性强为好，但是，牛仔裤质厚纹密，通气性能差，穿着它会使阴部局部环境闷热，湿气无法散发，各种分泌物混在一起，很容易产生臭味；女士外阴部皮肤、黏膜比较娇嫩，很容易被浸渍而发炎，产生破损，使皮肤防御功能下降，特别是夏季，很容易产生痱子、毛囊炎、股癣、体癣、会阴部湿疹等，细菌也很容易上行感染，引起尿道炎、膀胱炎、真菌性阴道炎等症。

◎ 女士西装正确穿着与禁忌

1. 女子着西服，在比较正规的场合，穿成套西装以示庄重；比较随便的场合，则西装与不同质地、颜色的裙子、裤子搭配更显潇洒、亲切。

2. 与其它追求宽松或紧身的着装效果的女时装不同，西装十分强调合体，过小了显得拘谨、局促，过大了则松垮、呆板，毫无风度。

3. 要讲究服饰搭配效果。不打领带时，可选择领口带有花边点缀或飘带领的衬衫；内穿素色羊毛衫时，还可在领口或西装驳头上佩带精巧的水钻饰件。

4. 不能因为内衣好看就将领子层层叠叠地翻出来，穿西装时鞋袜、包袋要配套，要有主题，不凌乱。

◎ 女士夏天着装的禁忌

女士夏天着装忌内衣外穿。

女士夏天着装忌提裙角骑车。

女士夏天着装忌穿裙时随便蹲坐。

女士夏天着装忌衣裙拉链不到位。

女士夏天着装忌穿袜呈"三截"。

◎女士穿内衣的禁忌

长期使用窄带子式的胸罩，或胸罩尺寸过小、过紧，可以引起背部肌肉紧张以致劳损，从而造成背部肌肉不适、酸痛。胸罩过紧还压迫颈部肌肉、血管、神经，累及颈椎，造成颈椎劳损、颈椎骨质增生，进而又影响椎神经、椎动脉，使人产生上肢麻木，颈部及上肢酸痛、头晕、恶心、胸闷等不适。胸罩过紧还可妨碍呼吸肌运动，也会出现胸闷。

在选购胸罩时，一定要注意大小适中，穿带不宜过紧，不要过于狭窄。此外，要经常活动上肢，移动吊带在肩部的佩戴位置。睡觉时不要戴胸罩，在家不出门或不迎接客人时也可以考虑少使用，这样可以解除或缓解其对胸部的束缚。

◎男士穿着牛仔裤的禁忌

年轻男性长期穿牛仔裤会对睾丸的生精功能造成损害，形成少精症或无精症而失去生育能力。因为阴囊有丰富的汗腺，并有一层叫做内膜的肌肉层，当外界（或体内）温度升高时，阴囊内膜松弛，汗腺大量分泌汗液，使阴囊内温度降低。冬天，阴囊则不出汗，且内膜收缩，保持阴囊温度为34℃～35℃，这是睾丸产生精子的最佳温度。当穿着牛仔裤时，会把睾丸挤压到腹股沟处，此时阴囊

的散热机制被破坏，睾丸就长期受体内偏高温度（37℃）的影响，失去产生精子的最适宜环境，久而久之，就可能导致少精子或无精子症。

◎夏季如何佩戴首饰

1. 从数量上来讲，应减少首饰品类，不要同时佩戴过多的数量，如三件套、四件套之类。宜佩戴一枚戒指或一条项链，或一条手链。

2. 从款式上来讲，不要选配过于繁缛的款式以及一些太华丽的款式，造型宜小宜简，不宜大而杂。

3. 从色彩上来说，基调以冷色、含蓄为宜，不要太夺目、耀眼，造成一种强烈渲染的气氛。可选白金、白银配以白水晶、海蓝宝石等的首饰为佳。

4. 从材料质地来说，首先不宜选配毛、绒等粗放效果的材料，要选配细腻、光滑、简约效果的材料。再者，不宜选配抗氧化、抗腐蚀性能差的材料，而要选配抗氧化、耐腐蚀的材料。

5. 在单薄的衬衫上别胸针的时候，由于胸针本身的重量，往往衣服上会留下比较明显的痕迹。只要在衣服里面粘上一块略大于胸针长度的医用白胶布，然后再别上胸针，就不会伤害衣服了。

◎穿着尼龙衣服的禁忌

尼龙衣裤一般都容易带静电。脱腈纶内衣时，常会听到噼里啪啦的声响，在黑夜或暗处会看到火花似的闪光；脱尼龙衫

时，尼龙衫会有自行飘逸现象；穿针织涤纶外衣时，容易吸附灰尘等。这便是尼龙衣物带静电的现象。尼龙、涤纶、腈纶都是电解质，吸湿性差，会在摩擦作用下产生电。实验证明，不同类型的化纤所带的静电荷也不同，尼龙带正电荷，涤纶、腈纶带负电荷。负电荷能激发人体生物电流，促进血液循环，从而起到消炎解痛的作用；正电荷却往往会使人过敏。尼龙衫裤带的就是正电荷，如果作为内衣贴身穿，会刺激皮肤，使人觉得周身发痒、不适，有的人会引起皮炎，出现丘疹、水疱或疖肿；有的人血液的酸碱值会因此而发生变化，导致体内钙质减少，尿中钙质增加，从而破坏体内电解质的平衡。

妇女若经常贴身穿尼龙衫裤，由于正电场的作用，容易引起尿道综合征，出现尿急、尿频、尿痛等尿道刺激症状，就诊时往往会误诊为细菌性尿路感染。

◎衣柜放樟脑丸的禁忌

小儿衣服：有些小儿有一种遗传缺陷所引起的血液病，接触萘酚类物质会发生急性溶血性贫血，严重时可发生核黄疸，以致死亡。

漂白、浅色的丝绸服装：这些服装放樟脑丸后会使衣服泛黄。

用塑料袋装的衣服：萘挥发后，遇到塑料袋会膨胀、变形或粘连，从而损伤衣服。

化纤织物、化纤衣物：樟脑丸挥发的气体可使化纤织物膨胀、变形甚至损坏，还能引起衣物褪色。

◎穿新内衣的禁忌

服装在制作过程中，为了美观经常使用多种化学添加剂，如为防皱缩，多采用甲醛树脂处理；为增白，多采用荧光增白剂处理；为挺括，一般做上浆处理。这些化学物质对人体的皮肤有刺激作用。此外，服装在贮藏中，为了防蛀、防霉，所放的防虫剂、消毒剂对人体的皮肤也有刺激作用，尤其是对儿童和过敏体质者，刺激作用就更为明显了。所以，为了确保健康起见，对新内衣还是先用净水洗涤一遍，然后再穿为好。

◎打领带的禁忌

领带不要打得过紧：领带系得过紧，会使颈部血管和神经受压，输送到人脑和眼部的营养物质减少，双眼视力会出现短暂性减弱。不过这种视力减弱的情况，在领带松解之后便会消失。因此，在买衣服时应注意选择衣领宽松、柔软的衬衣，领带也不要系得太紧，给颈部一个宽松的环境。

保养领带六常识：1.不要多洗涤，以防色泽消退。2.佩戴领带时，要注意手指洁净。3.换领带时，要将领带拦腰挂在衣架中，以保持平整。4.存放领带要保持干燥，不要放樟脑丸防蛀。5.领带不要在阳光下暴晒，以防丝质泛黄走色。6.领带收藏时，最好熨烫一次，以达到杀虫灭菌防霉防蛀的目的。

衣物洗涤

◎加酶型洗衣粉有什么效用

在洗衣粉内添加适当酶制剂，具有去除血、汗、奶等蛋白渍的特殊功能，兼有普通洗衣粉良好的去污作用，对清洗的血渍衣物，领口、袖口上的污渍和脂肪混合物积垢有特效，适用于床单、枕套及内衣的洗涤。操作时，用温热水（40℃～50℃）浸泡 15 分钟以上，效果最好。

◎消毒型洗涤剂有什么效用

本品含有消毒剂，兼有消毒、灭菌作用，能广泛用于餐具、水果、蔬菜及衣服、被褥、浴巾的洗涤消毒。

◎防尘柔软型洗涤剂有什么效用

用本品洗涤织物后，织物变得蓬松、柔软，对丝、毛纤维无损伤，减少收缩率，防止脱色。

◎机用洗涤剂有什么效用

为家庭洗衣机配套的洗涤剂，配方中含有泡沫抑制剂，具有去污力强、泡沫少、易漂洗的特点，并省水、省时，适用于各类洗衣机。

◎如何洗小孩的衣服

要常洗涤，特别是内衣，从皮肤排出来的水蒸气、汗、皮脂和皮屑，以及小孩儿吃奶时落在衣领上的奶水，还有小孩的尿、屎等都会为内衣所吸附。这些脏物时间一长便发出难闻的气味，不仅穿着不舒服，还会使内衣的保温性能下降，吸湿性也变得不好，内衣会变硬、变厚，会磨损皮肤引起皮肤病。

因此小孩的内衣要经常换洗。清洗时要将衣领、腋下等处搓洗干净，不要用洗衣粉，用肥皂或香皂较好。搓洗后的内衣一定要用清水漂洗干净，以免洗涤剂遗留在内衣上，刺激皮肤。

◎如何洗绒衣、绒裤

不要像洗普通衣服一样用力揉搓，洗时轻轻揉搓，洗后压去水分，不要用力拧绞，以免绒毛黏结在一起，干后形成一片片绒块而变硬；晾晒时，要把有绒毛的一面朝外，挂在日光下晒干，再用双手轻轻揉搓，保持绒毛疏松柔软。

◎如何洗毛衣、毛裤、棉衣

要先将毛衣、毛裤放入冷水中浸泡半个小时，再用手大把轻揉，随后放入中性肥皂溶液中轻轻洗，洗后用挤、压的办法，或用干毛巾卷裹后揿压，使水分泄出，而后放在阴凉处风干。

洗时把棉衣放在太阳下晒一会儿，用棍子把灰尘打出来，再用刷子把灰刷掉，然后用开水冲一小盆肥皂水，等水温热时，把棉衣放在平木板上，用刷子蘸肥皂水刷一遍，脏的地方要刷重一些；刷后，拿干净布蘸着清水擦衣服，把肥皂水和脏东西擦去，水脏了要换掉，一直擦到衣服干净为止，再把棉衣挂起来晾干。如果想使衣服松软一些，可用小棍子轻轻拍打棉衣。

◎ 如何洗衬衣上的污迹

一般人认为，贴身衬衣一定要用热水洗才可洗净，其实不然。汗液中的蛋白质是水溶性物质，受热后蛋白质发生变性，生成的变性蛋白质则难溶于水，渗积到衬衣的纤维之间，不但难以洗掉，还会使织物变黄发硬。最好是用冷水洗有汗渍的衬衣，为了使蛋白更易于溶解，还可以在水里加少许食盐，洗涤效果更佳。

◎ 如何清洗兔毛衫

轻度脏污时，首先将中性洗涤剂（洗发水、餐用洗涤净、兔绒专用洗涤剂等）倒入30℃左右温水中，搅拌均匀，放入衣物，用手轻轻拍揉。

兔毛制品若沾上染料时，要送干洗店洗涤。然后，在40℃左右温水中清洗几次，直至清洗干净。再在清水中加少许醋或柔软剂，最好将洗好的兔毛衣领放入布袋在洗衣机中脱水1～2分钟。最后将兔毛衣领铺平，用120℃～140℃的蒸气熨斗整烫，熨斗不可以直接接触兔毛衣领。兔毛衣领整形后平铺晾干即可。

◎ 防止羊毛衫缩水法

要想洗涤后羊毛衫不缩水，除了水温掌握在35℃左右之外，还应注意下列几点：

不宜用洗衣机洗涤羊毛衫。要用高级中性洗涤剂或专用洗涤剂。洗涤时，洗涤剂应按照说明兑水，过清水时，要慢慢地加冷水，要反复多次漂洗干净。

洗好后用脱水机脱水时，应注意两点：一是将羊毛衫用布包裹后再放入脱水机内；二是脱水时间最多两分钟，脱得太久就会使羊毛衫缩水。

羊毛衫洗净脱水后应放在通风处摊开晾干，不要吊挂或暴晒。

◎ 如何洗涤羽绒服

1. 先将羽绒服放入温水中浸湿，另取约两汤匙洗衣粉（选用含碱量较少的洗衣粉），用少量温水溶化，再逐步加水，加满一盆为止（水温为30℃为宜），然后把已浸湿的羽绒服稍挤掉些水分，放入洗涤液中浸没，浸泡半小时。

2. 洗涤时轻轻揉搓和翻动，使衣服表面沾有的污垢溶解。随后在领口、胸前、门襟、袖口等处擦少许肥皂，用软刷子按面料结构轻轻刷洗。待衣服全部刷洗干净，再放入清水中反复漂洗。在最后一遍清洗时，水中放50～100克食用白醋，可使羽绒服洗后保持色泽光亮鲜艳。

3.漂清后将羽绒服平摊在洗衣板上，先用手挤压掉大部分水分，再用干毛巾将衣服包裹起来，轻轻挤压。让其余水分被干毛巾吸收，切忌拧绞，然后用竹竿串起来，晾在通风阴凉处（不要放在烈日下直接暴晒，以防晒花吹干）。干后用藤条拍轻轻拍打，使之恢复原样。

4.洗羽绒服要选择晴朗的好天气，不要在阴雨天洗涤，衣服晾不干，会使羽绒发热发臭。在收藏时要避免重压，并将拉链拉上，以免拉链变形。伏天，将羽绒服拿到室外晾一晾，让多余的水分蒸发掉。

◎ 如何清除鞋袜的异味

1.拿一张稍硬的纸，把樟脑丸包起来，找一个工具把它碾碎，把樟脑丸粉末均匀地洒在鞋内，在上面放上鞋垫，一双鞋只大约要一个樟脑丸就可以了，这样鞋内就可以保持干爽，臭味就会消失了。

2.袜子也很容易有臭味，在洗袜子的水里倒入少许白醋，泡一会儿，再用清水洗净，这样不但可以除去臭味，还能起到杀菌的作用。

3.鞋柜里的臭味也很好解决。只要在鞋柜中放入一块香皂，就能轻松去除鞋柜中的臭味了。

◎ 洗衣不掉色的原则

有色衣料会掉色，这和染料性质、印染技术有关。如一般染料大多容易在水里（尤其是在肥皂水、热水和碱水里）溶化。潮湿状态下染料也易受阳光作用褪色。染料和纤维纹路结合得不够坚固的，洗涤也易褪色。

为使衣料不掉颜色，一是洗得勤洗得轻；二是用肥皂水和碱水洗的话，必须在水里放些盐（一桶水一小匙）；三是洗后要马上用清水漂洗干净，不要使肥皂或碱久浸或残留衣料中；四是不要在阳光下暴晒，应放在阴凉通风处晾干。

◎ 巧防四种衣料褪色

1.用直接染料染制的条格布或标准布，一般颜色的附着力比较差，洗涤时最好在水里加少许食盐，先把衣服在溶液里浸泡10～15分钟后再洗，可以防止或减少褪色。

2.用硫化燃料染制的蓝布，一般颜色的附着力比较强，但耐磨性比较差。因此，最好先在洗涤剂里浸泡15分钟，用手轻轻搓洗，再用清水漂洗。不要用搓板搓，免得布丝发白。

3.用氧化燃料染制的青布，一般染色比较牢固，有光泽，但遇到煤气等还原气体容易泛绿。所以，不要把洗好的青布衣服放在炉旁烘烤。

4.用士林燃料染制的各种色布，染色的坚牢度虽然比较好，但颜色一般附着在棉纱表面。所以，穿用这类色布要防止摩擦，避免棉纱的白色露出来，造成严重的褪色、泛白现象。

◎ 巧除衣物上的茶、咖啡渍

1.被这些饮料污染，可立即用70%～80%

的热水洗涤，便可除去。

2. 旧茶迹，可用浓食盐水浸洗，或用氨水与甘油混合液（1:10）揉洗。丝和毛织物禁用氨水，可用 10% 的甘油溶液揉搓，再用洗涤剂洗后用水冲净。

3. 旧茶及咖啡迹，可用甘油和蛋黄混合溶液擦拭，稍干后用清水漂净。或在污渍处涂上甘油，再撒上几粒硼砂，用开水浸洗。亦可用稀释的氨水、硼砂加温水擦拭。

4. 旧咖啡迹可用 3% 的双氧水溶液揩拭，再以清水洗净，亦可用食盐或甘油溶液清洗。

◎巧除衣物上的啤酒渍

1. 新染上的污迹，放清水中立即搓洗即掉。

2. 陈迹可先用清水洗涤后，再用 2% 氨水和硼砂混合液揉洗，最后用洗水漂洗干净。

3. 黄酒的陈迹，在用清水洗后，再用 5% 的硼砂溶液及 3% 双氧水揩拭污处，最后清水漂净。

◎巧除衣物上的口香糖

1. 对衣物上的口香糖胶迹，可先用小刀刮去，取鸡蛋清抹在遗迹上使其松散，再逐一擦净，最后在肥皂水中清洗，清水洗净。

2. 可用四氯化碳涂抹污处，搓洗后再置肥皂水中洗，清水洗漂。

◎巧除衣物上的口红渍

1. 衣物如染上口红印，可先用小刷蘸

汽油轻轻刷擦，去净油脂后，再用温洗涤剂溶液洗除。

2. 严重的污渍，可先置于汽油内浸泡揉洗，再用温洗涤剂溶液洗之。

◎巧除衣物上的汗渍

1. 将衣物浸于 10% 的浓盐水中，泡 1 ~ 2 小时，取出用清水漂洗干净。注意切勿用热水，因会使蛋白质凝固。

2. 具有弱酸性 3.5% 的稀氨水或硼砂溶液也可洗去汗迹。用 3% ~ 5% 的醋酸溶液揩拭，冷水漂洗亦可。

3. 毛线和毛织物不宜用氨水，可改用柠檬酸洗除。丝织物除用柠檬酸外，还可用棉团蘸无色汽油抹擦除之。

◎巧除衣物上的血渍

1. 刚沾染上时，应立即用冷水或淡盐水洗（禁用热水，因血内含蛋白质，遇热会凝固，不易溶化），再用肥皂或 10% 的碘化钾溶液清洗。

2. 用白萝卜汁或捣碎的胡萝卜拌盐皆可除去衣物上的血迹。

3. 用 10% 的酒石酸溶液来揩拭沾污处，再用冷水洗净。

4. 用加酶洗衣粉除去血渍，效果甚佳。

5. 若沾污时间较长，可用 10% 的氨水或 3% 的双氧水揩拭污处，过一会儿，再用冷水强洗。如仍不干净，再用 10% ~ 15% 的草酸溶液洗涤，最后用清水漂洗干净。

6. 无论是新迹、陈迹，均可用硫磺皂揉搓清洗。

◎巧除衣物上的圆珠笔油

1. 将污渍处浸入温水（40℃）用苯或用棉团蘸苯搓洗，然后用洗涤剂洗，清水（温水）冲净。

2. 用冷水浸湿污渍处，用四氯化碳或丙酮轻轻揩拭，再用洗涤剂洗，温水冲净。

3. 污迹较深时，可先用汽油擦拭，再用95%的酒精搓刷，若尚存遗迹，还需用漂白粉清洗，最后用牙膏加肥皂轻轻揉搓，再用清水冲净。但严禁用开水泡。

◎巧除衣物上的油墨

油墨的成分有异，因此去除其污迹之法不同。一般的油墨渍用汽油擦洗，再用洗涤剂清洗。或将被污染的织物浸泡在四氯化碳中揉洗，再用清水漂净，若遇清水洗不净时，可用10%氨水或10%小苏打溶液揩拭，最后用水强洗除之。

◎巧除衣物上的膏药

1. 用酒精加几滴水（或用高粱酒亦可），放在沾有膏药渍的地方搓揉，待膏药去净，再用清水漂洗，或用焙过的白矾末揉，再用水洗亦可。

2. 用三氯钾烷洗，再用洗涤剂液洗，最后用清水洗净。

3. 用食用碱面撒于污处，加些温水，揉搓几次，即可除去。若将碱面置铁勺

内加热后撒至污处，再加温水揉洗，去污更快。

◎巧除衣物上的碘酒渍

1. 对碘酒渍可先用淀粉浸湿揉擦（淀粉遇碘立即呈黑色），再用肥皂水轻轻洗去。

2. 淡的碘渍可用热水或酒精，也可用碘化钾溶液搓拭。浓渍可浸入15%～20%的大苏打温热的溶液中，约2小时左右，再用清水漂洗。

3. 用丙酮揩拭碘渍后，再用水洗亦可。

◎巧除衣物上的红、紫药水渍

1. 红药水渍可先用白醋洗，然后用清水漂净。

2. 红药水渍先用温洗涤剂溶液洗，再分别用草酸、高锰酸钾处理，最后用草酸脱色，再进行水洗。

3. 先将红药水污处浸湿后用甘油刷洗，再用含氨皂液反复洗，若加入几滴稀醋酸液，再用肥皂水洗，效果更佳。

4. 处理紫药水渍，可将少量保险粉用开水稀释后，用小毛刷蘸该溶液擦拭，反复用保险粉及清水擦洗，直至除净（毛粘料、改染衣物、丝绸及直接染料色物禁用此法）。

◎巧除衣物上的霉斑

1. 衣物上的霉斑可先在日光下暴晒，后用刷子清霉毛，再用酒精洗除，或用绿豆芽搓洗。

2. 把被霉斑污染的衣服放入浓肥皂水中浸透后，带着皂水取出，置阳光下晒一会儿，反复浸晒几次，待霉斑清除后，再用清水漂净。

3. 用 2% 的肥皂酒精溶液（250 克酒精内加一些软皂片，搅拌均匀）擦拭，然后用漂白剂 3%～5% 的次氯酸钠或用双氧水擦拭，最后再洗涤。这种方法限用于白色衣物，陈迹可在溶液中浸泡 1 小时。

4. 还可用 5% 氨水或松节油揩拭，再用水洗涤，即可除去。

5. 丝绸衣物可用柠檬酸洗涤，后用冷水洗漂。

6. 麻织物的霉渍，可用氯化钙液进行清洗。

7. 毛织品上的污渍还可用芥末溶液或硼砂溶液（一桶水中加芥末二汤匙或硼砂二汤匙）清洗。

◎巧除衣物上的蜡烛油

先用小刀轻轻刮去表面蜡质，然后用草纸两张分别托在污渍的上下，用熨斗熨两三次，用熨斗的热量把布纤维内的蜡质熔化，熔化的蜡油被草纸吸收掉。反复数次，蜡烛油印即可除净。

◎巧除衣物上的蛋白、蛋黄渍

1. 蛋液新渍，可放冷水中浸泡一会儿，待蛋液从凝固态变软化，再用水轻轻揉擦，即可除去。如不干净，可取几粒酵母，撒在污渍处轻轻揉搓，再用水洗，即可除净。

2. 清除蛋白污渍，可先用洗涤剂或氨水洗。开始前如放上一些新鲜的萝卜丝，效果更佳；也可用浓茶水洗，再用温洗涤液洗净。

3. 清除蛋黄污渍，可先用汽油等挥发性溶剂去除脂肪，再用上述清除蛋白的方法处理。也可用微热（35℃）的甘油进行揩搓，然后再用温水和肥皂酒精混合溶液洗刷，最后清水漂净。

4. 丝织品上的蛋黄渍，清除时可用 10% 的氨水 1 份、甘油 20 份和水 20 份的混合液，用棉球或纱布蘸拭擦洗，再用清水漂净。

◎巧除衣物上的印泥、印油

1. 如被印泥污染，可先用洗涤剂洗。对红色颜料，可在加苛性钾的酒精温液里洗除。但对粘胶纤维织物，只能使用酒精而禁用苛性钾。

2. 当毛料或布料沾上印油时，应先用热水或开水冲洗，然后用肥皂水搓洗，再用清水漂净，即可干净。千万不要用凉水洗，因为这会使颜色浸入纤维，很难再洗净。

◎巧除衣物上的铁锈

1. 用 15% 的醋酸溶液（15% 的酒石酸溶液亦可）揩拭污渍，或者将沾污部分浸泡在该溶液里，次日再用清水漂洗干净。

2. 用 10% 的柠檬酸溶液或 10% 的草酸溶液将沾污处润湿，然后泡入浓盐水中，次日洗涤漂净。

3.白色棉及与棉混织的织品沾上铁锈，可取一小粒草酸（药房有售）放在污渍处，滴上些温水，轻轻揉擦，然后即用清水漂洗干净。注意操作要快，避免腐蚀。

4.最简便方法：如有鲜柠檬，可榨出其汁液滴在锈渍上用手揉擦之，反复数次，直至锈渍除去，再用肥皂水洗净。

◎巧除衣物上的油漆、沥青

1.若沾上溶剂型漆（如永明漆、三宝漆等），应立即用布或棉团蘸上汽油、煤油或稀料擦洗，然后再用洗涤剂溶液洗净。若沾上水溶性漆（如水溶漆、乳胶漆）及家用内墙涂料，及时用水一洗即掉。

2.污染上油漆或沥青，如时间不长，污物尚未凝固,可用松节油（或苯及汽油等）揉洗。旧渍（已凝固的），可先用乙醚和松节油(1:1)的混合液浸泡,待污渍变软后(约10分钟)，再用汽油或苯搓洗，最后用清水冲净。

3.衣物上沾上沥青，可先用小刀将沥青刮去，用四氯化碳（药房有售）略浸一会儿，或放在热水中揉洗即可除去。

4.清除油漆或沥青等污渍，尚可用10%～20%的氨水（也可另加氨水一半的松节油）或用2%的硼砂溶液浸泡，待溶解后再洗涤。另一法为浸入苯或甲苯内，浸溶再洗。

5.若尼龙织物被油漆沾污，可先涂上猪油揉搓，然后用洗涤剂浸洗，清水漂净。

◎如何保养皮鞋

1.新鞋穿前，先用生鸡油擦一遍，然后晾干，再用柔软的干布擦上鞋油，这样将使皮鞋耐穿耐用，不怕雨淋。

2.皮鞋擦拭后，再涂上一层鲜牛奶，便可使皮鞋耐穿。

3.要经常擦油，不过每次不要涂油过多，那样会将皮革的毛孔堵塞。

4.皮鞋变硬时，涂少许凡士林油或牛油滋润一下，可变得柔软。

皮鞋要经常穿用，存放时间久了，将会变硬老化。常换常新，对使用率极高的上班鞋，最好同时拥有2～3双以上，交替着穿，可以延长皮鞋寿命，更能体验新鲜感，切忌长期固定穿用一双鞋，否则容易造成皮鞋弹性疲乏、变形、破损。

5.定期保养，每周至少上一次鞋油。先将鞋面污垢用毛刷拭去，再用布沾上鞋油均匀地涂敷于鞋面上，油不能太多，不然易造成皮面断裂。上油后将鞋置于通风处，几分钟后再用软布来回多次擦拭，必能使皮鞋光亮如新。

6.遭遇雨季。倘若穿着皮鞋遭遇雨天，有效的保护措施是找两个大的方便袋（塑料袋）分别套在双脚上，并把袋口系严实，这个办法能在最大程度上保护您的皮鞋免遭雨水浸泡。但为了保护好皮鞋，回到家后还是应将浸湿的皮鞋置于通风阴凉处风干，接着再上油擦亮，切忌用烘干机或暴晒等快速干燥的办法，那是造成皮鞋变形脱线的"祸首"。

衣物保养

◎如何使裤线烫得直挺持久

用一块方布（约手帕大小）蘸少量食醋溶液作衬布垫上，待裤子熨干后加熨一次；或者从裤线的反面，沿线涂擦上肥皂加熨一次，这两种方法均可使裤线熨得直挺并能保持较长时间。

◎如何烫熨领带

不论是何种面料的领带，都不宜下水洗涤，以免褪色、缩水，失去原状。领带宜干洗，先用软毛刷蘸少量汽油刷污处，待汽油挥发后，再用洁净的湿毛巾擦几遍。熨烫时，熨斗温度以70℃为佳。毛料领带应喷水，垫白布熨烫；丝绸领带可以明熨，熨烫速度要快，以防止出现"极光"和黄斑。

◎熨烫衣物如何掌握温度

尼龙织物以100℃左右为宜开。

真丝，腈纶织物、精纺毛织薄料以100℃～120℃为宜。

熨涤腈中长纤维、锦纶织物、混纺交织丝绸以120℃～140℃为宜

纯棉、涤棉、涤纶、全毛织物以140℃～160℃为宜。

粗纺厚呢织物、卡其、劳动布以160℃ 180℃为宜。

亚麻织物以180℃～200℃为宜。氯纶不宜熨烫。

◎烫平毛线的方法

拆洗的毛线弯曲缠结，可先喷水，再盖上拧干的毛巾，左手将毛线拉直，右手用电熨斗熨烫，即可使毛线恢复平直。

◎熨烫凸花纹毛衣的方法

对有凸花纹的毛衣，必须先垫上软物，垫上湿布从反面熨烫，熨烫时要顺纹路，不可用力压，以保持凸花纹的立体感。

◎丝绸衣物不宜熨烫

丝绸衣服没有熨烫条件，可在衣服晾晒八九成干时折好压干，过2～3小时后再晾晒一下，穿时平整无皱。

◎熨烫直筒裙的方法

各类直筒裙，只要放平熨烫即可，熨烫腰部和臀部时，可在下面垫上馒头状布垫，可使烫好的裙子圆顺，有立体感。

◎熨烫折裥裙的方法

取一块长约1米、宽约21厘米的木板，

卷上棉毯或厚棉布，两头用细线束紧。然后套入折裥裙，裙子的腰头放在靠身的左面，下摆放在靠身的右面，再用大头针将腰头固定。木板架空，使套上的裙子悬空。从裙腰叉开始，在每只裥缝处钉上一枚大头针。把板面上的裥都拉紧理直后，用湿布块盖上，再用熨斗烫平，将折裥烫完后，拔去大头针，再在大头针部位补烫一下，就十分挺括了。

◎熨烫花边的方法

衣服上的花边应先上浆，再用熨斗尖部仔细熨烫，温度不可过高。薄花边要从反面烫；透花刺绣从反面烫也要垫上湿布；麻及棉织品从反面熨后应再从正面轻轻熨一次，以保持花边原有的光泽。

◎熨烫斜料裙的方法

斜料裙熨烫的关键在于走向保持一致，要有顺序。推移熨斗时不能用力过猛，否则易走样变型。

◎熨烫腈纶围巾的方法

将腈纶厚绒围巾晾至九成干，平铺在木板上，将湿润白纱布平盖在围巾上，将电熨斗温度调至中温，然后平压均匀用力烫平即可。将羊毛围巾晾干后，平铺在木板上，均匀地喷上水雾，再平盖上湿润的白纱布，把电熨斗温度调至中温，然后根据经纬走向按顺序烫平即可，切忌斜线走向以致围巾变形。将丝织围巾平铺在木板上，用略湿润的白纱布平盖其上，再用手拍干拍齐，把电熨斗温度调至中低温，熨烫时须轻盈明快，以防水渍印和烫痕，熨至平整即可。

◎旧皮夹克翻新的技巧

皮夹克穿旧了，自己可以整旧变新。方法是先用软布蘸50%浓度的酒精擦去皮衣表面的污垢，再用与皮衣颜色相同的刷光浆，用毛刷涂染均匀，待干后，用福马林加食醋配制成混合液刷一次，最后虫胶酒精溶液再涂一遍。

◎呢料衣服如何变亮

呢料衣服穿久了，在肘、膝、臀部等经常受到摩擦的地方会发亮。可在发亮的地方涂抹上食醋水的混合液，之后再敷一次，然后用一块干净的布加以熨烫，即把亮光除去。

◎衣服的收藏原则

衣服怕潮湿，因而收藏时必须按照纤维的性质分层存放：棉质衣物、合成纤维较不怕湿，可放在衣柜的下层；毛织物放在中层；绢织品则必须放在顶层。

◎如何收藏羊毛绒衫

收藏时不宜用衣架挂，长时间撑挂容易使羊毛绒服装变形，只要整平叠好放入箱内，再放入防虫剂就行了。但要注意，不管羊毛绒服装穿多长时间，哪怕只穿一次，也要经过洗涤后收藏，因为羊毛绒纤维是一种高蛋白合成物，汗浸后极易受到腐蚀和被虫蛀咬。

◎毛料服装怎样防虫蛀

1. 毛料服装收藏前，先去污除尘，然后放在阴凉通风处晾干，有条件的最好熨烫一下，以防止蛀虫滋生，达到杀虫灭菌的目的。

2. 各类毛料服装应在衣柜内用衣架悬挂存放，无悬挂条件的，要用布包好放在衣箱的上层。存放时，尽量反面朝外。这样做一是可以防止风化褪色，二是对防潮和防虫蛀更为有利。

◎如何收藏夏季服装

1. 棉织品。棉织品吸湿性强，怕酸不怕碱，收藏前洗净晾干，放些樟脑丸，以防霉变和虫蛀。

2. 丝绸和纯毛织品。收藏毛织品服装时，应先拍除或刷掉衣料上的灰尘，并用罩布遮盖起来。而丝绸服装最好放在箱柜上层，避免压皱，并在上面放一块棉布，以减少潮湿空气的浸入。

3. 化纤织品。化纤织品中的各种人造纤维，大都属纤维素纤维或蛋白纤维，也存在受霉菌腐蚀的危险。收藏方法同棉织品。但樟脑丸不能直接与衣物接触，否则会发生化学反应。

总之，夏季服装的收藏主要以防霉变虫蛀为重点。

◎如何收藏冬季衣物

1. 厚袜子。成双平整折叠，将有松紧带的一边留在外面，不要叠进去，并将其折叠成原来的 1/4 大小，然后将其中有松紧带的一边反方向套住折叠好的部分，整齐放入收纳盒小格内。

2. 围巾、帽子、手套，虽形状各异，一般都可以卷成"寿司"形。围巾、帽子、手套可分门别类存放，这格放手套，那格放围巾。

3. 丝巾。整齐折好后，平整放置于格子收纳盒上方，一般每盒放 3 条即可。如果丝巾色彩相差比较多，中间可以夹层白纸。

4. 外形不是很讲究的衣服，可使用一般的塑料衣架悬挂，能节约不少空间。西装等肩部要求比较高的衣服应使用专用的衣架，根据肩的宽度调节衣架的弯曲程度，可使其保持不变形。

5. 对一些高级服装或颜色比较浅的衣服，可套上防尘套以延长衣服的寿命。悬挂时要把服装摆正，防止变形，衣架之间应保持一定的距离。

◎如何保存内衣

1. 如果抽屉内不铺白纸或专用的薄垫，则不要把内衣放入柜内。直接放入抽屉，是内衣变色、变黄的主要原因。

2. 内衣有些香味非常好。在柜内放些干花、香片、空香水瓶，内衣会染上香味，香味还有防虫、杀菌的功效。

3. 腾出专门存放内衣的柜，存放胸围、短裤，这样不仅取拿方便且整齐，还比较卫生干净。

4. 内衣收藏前，务必仔细地洗净，并用漂白剂予以漂白，完全晾干后再贮藏在衣柜里，即可防止内衣泛黄。

◎如何收藏纯白衣服

1. 洗净油渍、污渍、水果渍。其中油渍较难发现，一旦变黄，很难处理，在光线明亮处检查，用洗涤精可完全清除。

2. 不能残留洗衣剂，要将洗衣粉冲洗干净。

3. 无论挂起或折起收藏，都需套上透明塑料袋，外面再套上深色衣服，因为白色衣物会吸收木制衣柜的颜色。

4. 忌在口袋中放樟脑丸，樟脑丸也会污染布料；除湿剂放在衣柜内一角落即可。

◎皮革服装如何防裂

皮革一般含有一定的水分，如果存放时湿度过大，含水量就会增加，致使皮面发霉变质。此时若暴晒或烘烤，就会使皮革失去本身的水分而减弱原有的韧性，导致龟裂。所以，存放时的湿度不能太大。当皮革服装淋雨或遇雪后，可擦干后在温室中自然干燥，切不可烘烤或日晒。

此外，还要注意不要让皮革服装接触汽油、碱类物品，否则会引起皮革变质发硬、脆裂，失去光泽。整理好的皮革服装，要用衣架挂好，不要折放，以免折皱或断裂。

◎如何保养皮质手袋

1. 皮质手袋在收藏前要先清洁表面，且袋内要放入干净的碎纸团或棉布，以保持袋的形状，然后将皮质袋放进软棉袋中，收藏在柜中且应避免不当的挤压而变形。

2. 收藏皮制品的柜子里必须保持良好通风，如有百叶门的柜子较好，同时柜子里最好不要放置太多物品。

3. 皮革本身的天然油脂会随着时间或使用次数而渐渐减少，因此即使是很高级的皮件也需要定期做保养。

4. 若是鹿皮制品受污，可直接用橡皮擦擦掉，且保养时以软毛刷顺着毛质方向刷平就可以了。

◎如何保养凉鞋

1. 做好鞋和鞋底的清洁去污工作

不同质地的凉鞋要区别对待，皮质鞋面上的污渍一般不能用湿布擦，更不能放在水中浸洗，否则容易刷掉鞋表面的色光浆，还会使皮凉鞋变硬、变形。对于浅色的皮凉鞋，可用软布蘸上同色鞋油轻轻擦拭。需要注意的是，鞋油不能涂太厚，因为鞋油具有一定的挥发性和干燥性，涂得过多，时间久会造成鞋面干裂。此外，在收藏前最好涂少许生鸡油或猪油，可使皮面柔软润泽，不易变形。对于革制凉鞋，可以用布擦去污渍，上些鞋油即可。存放绒面革凉鞋前，先检查绒面上是否有污渍，可用细砂纸在污渍处轻轻摩擦，既去污还能保持绒面竖立。鞋底有污泥的话，也要蘸水刷干净。

2. 做好鞋内防霉、防潮处理

在储藏前，一定要将凉鞋放在阴凉通风处，自然风干数日。如果已有霉点，可用软布或软刷将霉点除掉，并及时补擦鞋油。

3. 妥善收藏

收藏凉鞋应在鞋盒内放一些防潮剂。为防凉鞋变形，最好撑上鞋撑或在鞋里填充旧报纸，再收藏于鞋盒内。

饮食常识

食品选购

◎ 如何鉴别绿色食品

首先是查看"绿标"。绿色食品标志是中国绿色食品发展中心在国家工商局注册的质量证明商标，用以证明经认定的无污染的安全、优质、营养食品及相关事物，该质量证明商标受《中华人民共和国商标法》保护。此标志是指"绿色食品"、"GreenFood"、绿色食品标志图形及这三者的组合体等 4 种形式，一般情况下还标明"经中国绿色食品发展中心许可使用绿色食品标志"字样。2000 年以前认定的"绿标"使用期为三年，2001 年起认定的"绿标"使用期为一年。无绿色食品标志而使用其它文字及标志的产品肯定未经过绿色食品认定。

其次是查看产品的编号。中国绿色食品发展中心对许可使用绿色食品标志的产品进行了统一编号，并颁发绿色食品标志使用证书。编号形式为：LB—XX—XXXXXXXXXX。"LB"是绿色食品标志代码，LB 是"绿标"两个字拼音的第一个大写字母。后面的两位数代表产品分类，最后 10 位数字的含义如下：第一、二位是批准年度，第三、四位是国别（我国为"01"），第五、六位是省区，第七、八、九位是产品序号，最后一位是产品级别（A 为"1"，AA 级为"2"）。从序号中能够辨别出此产品相关信息，同时鉴别出"绿标"是否已过使用期。

此外，消费者在购买绿色食品时，关键是看 10 位数字的前两位，因为那是批准年度，超过一年仍在使用应表示怀疑。也可向销售方索要绿色食品标志使用证书，以此来保护自身的权益。

◎ 如何鉴选优质大米

优质大米的颜色白而有光泽，米粒整齐，颗粒大小均匀，碎米及其它颜色的米少，把手插入米中会有干爽之感，然后再捧起一把米观察，看米是否含有未成熟米（不饱满、无光泽的米）、损伤米（虫蛀米、病斑米和碎米）、生霉米粒（米表面生霉，但不完全霉变，还可食用的米粒）等。同时还应注意米中杂质，优质米糠粉少，不带稻谷粒、砂石、煤渣、砖瓦块等。

◎ 如何鉴别食用油

1. 看透明度：将食用油在透明瓶中静置 24 小时后，透明者为上品，混浊、有悬浮物者次之，有沉淀者质量差。如抽查桶底油，沉淀物不应超过 5% 的为优质油。

2. 看色泽：在亮处观察无色透明容器中的油，保持原有色泽的为好油。

3. 闻气味：在手心蘸一点儿油，搓后嗅气味，如有刺激性异味，则表明其质量差。

4. 查水分：将洁净干燥的细小玻璃管插入油中，用拇指堵好上口，慢慢抽起，其中的油如呈乳白色，则油中有水，乳色越浓，水分越多。

5. 品滋味：直接品尝少量油，如感觉有酸、苦、辣或焦味，则表明其质量差。

6. 加热：在锅内加热至150℃左右，冷却后将油倒出，看是否有沉淀现象，有沉淀则表明其含有杂质。

◎如何识别食用油

1. 花生油：它是从花生仁里提取的油脂，一般呈淡黄色或橙黄色，色泽清亮透明。花生油沫头呈白色，大花泡，具有花生固有的气味和滋味。

2. 菜子油：它是从菜子中提取的油脂，习惯称为菜油。一般生菜子油呈金黄色，油沫头发黄稍带绿色，花泡向阳时有彩色，具有菜子油固有的气味，尝之香中带辣。

3. 大豆油：它是从大豆中提取的油脂，亦称豆油。一般呈黄色或棕色，豆油沫头发白，花泡完整，豆腥味大，口尝有涩味。

4. 棉籽油：它是从棉籽中精炼提取的油脂，一般呈橙黄色或棕色，沫头发黄，小碎花泡，口尝无味。

5. 葵花籽油：它是从向日葵籽中提取的油脂，油质清亮，呈淡黄色或者黄色，气味芬芳，滋味纯正。

◎怎样选购活鸡

购买活鸡的时候，可以从以下几点来看：

1. 将活鸡的翅膀提起，如果鸡挣扎有力，双腿收起，鸡叫声长而响亮，并有一定重量，说明鸡的生命能力强。如果提起鸡脚伸而不收，肉薄身轻，叫声嘶哑短促，说明体弱或有病。

2. 在平静的状态下，好鸡呼吸不张嘴，眼睛干净，灵活有神。如果不时地张嘴，眼红或眼球混浊不清，眼睑浮肿，则可能是病鸡。

3. 健康的鸡鼻孔干净而无鼻水，冠呈朱红色，头羽紧贴，脚爪鳞片有光泽，肛门黏膜呈肉色，鸡嗉没积水，口腔没有白膜或红点。而病鸡则是鼻孔有水，冠变色，肛门里有红点，嘴里有病变。

◎如何鉴别注水鸡、鸭

1. 拍肌肉。注水的鸡肉、鸭肉特别有弹性，一拍就会听到"啵啵啵"的声音。

2. 看翅膀。翻起鸡、鸭的翅膀仔细地看，若发现上面有红针点，周围呈乌黑色，则是注了水。

3. 掐皮层。在鸡、鸭的皮层下用手指一掐，能明显地感到打滑，一定是注过水的。

4. 抠胸腔。有的人将水用注射器注入鸡、鸭胸腔的油膜和网状内膜里，只要用手指在上面稍微一抠，注过水的鸡肉、鸭肉网膜一破，水便会流淌出来。

5. 用手摸。没有注过水的鸡、鸭，摸起来比较平滑。皮下注过水的鸡、鸭高低不平，摸起来像长有肿块。

◎怎样辨别江鱼、湖鱼

江鱼、湖鱼两者的区别主要是在鱼鳞上：江河鱼的鳞片呈灰白色，薄而光亮，食之味道鲜美；而湖水鱼的鳞片较厚，呈黑灰色，食之有土腥味。

看：

（1）看鱼鳃。鳃盖紧闭，鳃片鲜红带血，鳃丝清晰，无黏液者为鲜鱼。

（2）看鱼眼。眼珠饱满凸出，黑白分明，角膜透明，有光泽的是鲜鱼；眼球下塌或平坦，眼球混浊，角膜不透明，甚至瞎眼，说明鱼不新鲜。

（3）看肛门。肛门发白、内缩的新鲜，肛门发红、外突的不新鲜。

（4）看鱼嘴。鱼嘴紧闭，口内清洁无污物，为鲜鱼；鱼嘴内黏糊、有黏液的不新鲜。

（5）看鱼体。新鲜鱼呈金黄色，有光泽，腹不膨胀，鱼鳞紧贴鱼体，鳞片完整而不易脱落；不新鲜的鱼呈淡黄色或白色，光泽较差，鳞片松动且不完整，易脱落。

嗅：

鳃部细菌多，容易变质，是识别鱼新鲜与否的重要部位。如无异味或稍有腥味者为鲜鱼；有酸味或腥臭味者为不新鲜。

摸：

肉质紧密，有弹性，按后不留指印，腹部紧实也不留指痕的为新鲜鱼；肉质松软，无弹性，按后留有指痕，严重的肉骨分离，腹部留有指痕或有破口的是不新鲜鱼。

托：

大鱼托住鱼体中部，小鱼托鱼头，凡鱼体能成水平或竖直挺立的是新鲜鱼；鱼体两端下垂，不能竖直的则不新鲜。

◎如何鉴选火腿

火腿又名火肘、熏蹄、兰熏、风蹄，用猪腿经腌制、洗晒、发酵等工序加工而成，是一种名贵的食品。其中著名的有金华火腿、宣威火腿、如皋火腿等。

品质好的火腿，从外观看呈黄褐色或红棕色；切面的瘦肉是深玫瑰色或桃红色，脂肪色白或微红，有光泽；组织致密而结实，切面平整；鼻闻具有火腿特有的香腊味。

品质稍次的火腿，切开后瘦肉切面呈暗红色，脂肪呈淡黄色，光泽较差，组织稍软，切面尚平整，稍有异味。变质的火腿，切面瘦肉呈酱色，且有各色斑点，脂肪变黄或黄褐色，无光泽，组织松软甚至黏糊，有腐烂气味或严重酸味。

◎如何鉴选叉烧肉

优质的叉烧肉应富有光泽，肌肉结实紧绷，纹理细腻，色泽新鲜，呈酱红色，肉香纯正为上品。

◎如何鉴选腊肉

质量好的腊肉色泽鲜明，肌肉呈鲜红色或暗红色，脂肪透明或呈乳白色；肉身干爽、结实，富有弹性，指压后无明显凹痕。变质的腊肉色泽灰暗无光，脂肪明显呈黄色，表面有霉斑，揩抹后仍有霉迹，肉身松软、无弹性，且带黏液。

◎如何鉴选烧烤肉

好的烧烤肉表面光滑，富有光泽，肌肉切面发光，呈微红色，脂肪呈浅乳白色，肉质紧密、结实，压之无血水，脂肪滑而脆。

具有独到的烧烤风味，无异味。

◎如何鉴选酱卤肉

优质的酱卤肉色泽新鲜，略带酱红色，具有光泽，肉质切面整齐平滑，结构紧密结实，有弹性，有油光。具有酱卤熏的风味，无异味。

◎如何鉴选咸肉

质量好的咸肉肉皮干硬，色苍白，无霉斑及黏液浸出，脂肪色白或带微红，质硬，肌肉切面平整，有光泽，结构紧密而结实，呈鲜红或玫瑰红色，且均匀无斑、无虫蛀。变质的咸肉肉皮黏滑、质地松软、色泽不匀，脂肪呈灰白色或黄色，质似豆腐状，肌肉切面呈暗红色或带灰色绿色。

优质咸肉具有咸肉固有的气味，变质咸肉有轻度酸败味，更为严重的有哈喇味及腐烂臭味。

◎如何选购茶叶

1. 色泽：凡色泽调和一致，明亮光泽、油润鲜活的茶叶，品质一般都优良；凡色泽乱杂、枯暗无光的茶叶，品质较次。绿茶以翠绿的有光泽质量为好，枯黄或暗褐的质量差；红茶以乌润色的质量好，暗红色的为次，枯竭或灰褐色的质量差；花茶以淳绿油润的质量好。

2. 净度：茶叶的净度是指含杂质的多少，正品茶，一般不含任何杂质，副品茶不能含有类杂质。

3. 条索：条索松紧与鲜叶老嫩有直接关系。紧结而难实的质量好，粗而松、细而碎的质量较差。

4. 匀度：质量好的茶叶，其大小、长短较均匀整齐，下脚茶、粗老茶占的比例少。

5. 香气：抓一把茶闻其香气，香气越浓郁越好。不论哪种茶均应无熏味、农药味、霉味、馊味等异味。

绿茶以具清香为质量好，带有涩气味的质量差；红茶以有殷甜为质量好，带酸馊气为质量差；花茶既要有绿茶的清香，又要有花茶品种的鲜花之芬芳香气。

◎如何鉴别陈茶、新茶

1. 观色泽：新茶外观色泽绿润，有光泽，而陈茶外观色泽灰黄，晦暗无光。

新的绿茶色泽青翠碧绿、汤色黄绿明亮，而陈茶枯灰无光、汤色黄褐不清；新的茶色泽乌润、汤色红橙泛亮，而陈茶色泽灰暗、汤色混浊不清。

2. 嗅香气：随着时间的延长，茶叶的香气就会由浓变淡。因此，新茶闻之有清香气，沏泡后香气更浓郁；而陈茶闻之多无清香气，有的还有一股陈味，对着陈茶哈哈热气，湿润处色黄而味涩。

3. 品滋味：茶叶在贮藏过程中，有效滋味物质会逐渐挥发减少，因此，不管何种茶类，大凡新茶的口味都醇厚鲜爽，而陈茶显得淡而干爽。

食物清洗

◎ 如何将猪肉洗得更干净

生猪肉沾上了脏物，用水冲洗时油腻腻的，越洗越脏，如用淘米水洗两遍，再用清水洗，脏物就易除去。或者也可拿一团和好的面，在脏物上来回滚动，很快就能将脏物粘下。

◎ 如何快速除猪蹄毛垢

用锅盛水烧至约80℃，将猪蹄放置于锅中浸烫两分钟，然后拿出用手轻轻一擦，毛垢便可脱净。

◎ 如何清洗猪肺

用白酒50克，从肺管里慢慢倒入，然后拍打两肺，让液体渗入到肺的各个支气管里，半小时后，再灌入清水拍洗，即可除尽腥味。

◎ 如何清洗猪肠

1.用少量的醋、微量的盐水制成混合液，将猪肠放入浸泡片刻，再放入淘米水中泡一会儿（在淘米水中放些橘皮更好），然后在清水中轻轻搓洗两遍即可。

2.先用清水冲去污物，再用酒、醋、葱、姜的混合物搓洗，然后放入清水锅中煮沸，

取出后再用清水冲，这样就可以洗得很干净。

◎ 如何快速褪鸡毛、鸭毛

烧一锅开水，加醋1匙，将宰杀完的鸡、鸭放入锅中，让水浸过鸡、鸭身子，不断翻动，待几分钟后取出，鸡鸭毛轻拔即会脱掉。

◎ 如何为鸡肉去腥

刚宰杀的鸡都有一股很浓的腥味，这时便可以把鸡放在盐、胡椒和啤酒中浸泡1小时，然后，再烹制就闻不到腥味了。

◎ 如何去除羊肉的膻味

1.浸泡。将羊肉用冷水浸泡2~3天，中间换几次水，把肌浆蛋白里的氨类物质浸出，可降低膻味。这种方法适合于冬季烹调前的初加工。

2.米醋。羊肉洗净切块后放入锅中，500克羊肉和水500克、米醋25克，煮沸后，捞出羊肉再进行烹调，就没有膻味了。此法用于冷盘更为适宜。

3.萝卜。烧羊肉时，加放一些全身钻上细孔的白萝卜或胡萝卜，和羊肉一起下汤，煮半小时以后，把萝卜取出，然后红烧、白烧时，羊肉就没有膻味了。

4.咖喱。烧羊肉时，500克羊肉加半包咖喱粉（约50克），即成没有膻味的咖喱

羊肉。

5.绿豆。把羊肉先在水中浸泡一段时间，漂尽血水，煮时放上一些绿豆、红枣同煮，也可以除去膻味。

◎如何去除河鱼腥味

把河鱼剖干净以后，放在冷水中，再往水中放少量的醋和胡椒粉，或放些月桂叶，经过这样处理后的河鱼，土腥味就没有了。

◎如何去除蟹腥味

螃蟹肉很鲜美，但食蟹肉后，双手会留下令人不快的腥气味。这时用喝剩的茶渣或茶水洗手便可除去腥味。或在手掌心滴少许白酒，两手摩擦几下，再用清水冲洗，也可除去腥味。

◎如何洗海蜇皮

将海蜇皮放入5%的食盐液中浸泡一小会，再放入淘米水中清洗一下，最后再用清水冲洗，海蜇皮上的赃物就可以去除了。

◎如何使蔫菜变鲜

冰箱中的蔬菜因贮存时间较长而显得发蔫，可以在清洗时滴3～5滴食醋泡一会儿，洗好的蔬菜将鲜亮如初。

放置时间较长的蔬菜，由于水分损失较多，蔬菜发蔫，如果用2%的淡盐水泡一下，蔬菜也会水灵起来。

◎如何洗掉菜叶中的小虫

秋菜多虫儿，有些小虫紧紧地吸在菜梗窝里或菜叶褶皱里，洗起来很麻烦，若用2%的淡盐水洗，只需浸泡5分针就能洗净。

◎怎样轻松剥栗子皮

栗子好吃皮难剥，太阳帮忙最省力。将栗子放在阳光下晾晒，时间稍长后，栗子的外壳和内皮便会自然开裂。于是晒后剥皮或做熟剥皮都成为容易的事情，而且加工时更容易入味。另外一种方法是：先用滚烫的水把栗子泡一下，这样可使内膜和栗壳粘在一起，敲开栗壳便可得到干净的栗子。也可将栗子一切两半，去壳后放入盆内，加开水浸泡后用筷子搅拌几下，栗膜会脱去（浸泡时间不宜过长，以免失去营养）。

◎怎样轻松剥核桃皮

吃核桃时，用一个锤子或砖头砸开硬壳就可以吃到果仁，但往往同时果仁也被砸碎，怎样取出完整的果仁呢？将核桃放在蒸笼内用大火蒸8分钟取出，立即放入冷水中浸泡，3分针后捞出，逐个破壳，就能取山完整的果仁。

把去壳的果仁再次投入水中烫4分钟，取出后只要用手轻轻一捻，就能把皮剥下。

◎如何清除蔬菜中的残留农药

1.泡

菠菜、白菜等，可以用清水浸泡清除，

也可以在清水里加入少量洗涤灵，浸泡半小时后再用清水洗净。

2. 烫

青椒、芹菜、豆角、西红柿等，在下锅前先烫 5～10 分钟，可清除部分残毒。

3. 削

对茎类蔬菜如萝卜、胡萝卜、土豆以及瓜果蔬菜等，可削掉皮后再用清水漂洗一下。外表不平或多细毛的蔬果（如奇异果等），较易沾染农药，因此食用前，可去皮者，一定要去皮。

4. 洗

对花类蔬菜如黄花菜、韭菜花等可放在水中漂洗，一边排水一边冲洗，然后在盐水中浸泡一下。

5. 选

节日前后，应避免抢购蔬果，因为农民为赶时令，一般会加重农药喷洒剂量。尽量选购时令盛产的蔬菜，选购信誉良好的蔬果加工品或冷冻蔬菜。

可选购有农药几率较少的蔬果，如具有特殊气味的洋葱、大蒜，对病虫害的抵抗力量较强的龙须菜等。应避免选购有药斑或有不正常刺鼻的化学药剂味道的蔬菜。

食物储存

◎如何储存大米

1. 米具要洁净、严实。最好将米放进缸、坛、桶中，并备有严实的盖，如果用布袋装米，要在布袋外面套一塑料袋，扎紧袋口。

2. 将布袋在煮过的花椒水中浸泡，把晾干的大米放在风干后的袋子中，再用纱布包些当年的新花椒，分别放在米的上、中、底部，扎紧袋口，这样既防霉变，又能驱虫。

3. 将海带和大米按重量 1∶100 的比例混放，每周取出海带晒潮气，便能保持大米干燥不霉变，并能杀死米虫。

4. 在米桶里放几枚螃蟹壳、甲鱼壳或大葱头，同样可以达到防止虫蛀目的。

5. 储存温度以 8℃～15℃之间最佳。

6. 将米放在塑料袋中，每次 5 公斤左右，袋口扎紧，放在冰箱冷冻室内 48 小时后取出，不要立即开口，可杀死害虫。

7. 在米缸内底层，撒一寸厚草木灰，铺一张白纸或纱布，倒入凉干的大米，密封容器，放置于干净、阴凉处储存。

◎冰箱内如何存储食品

气流不断地从最冷点（蒸发器）到最热点上下进行循环，有些食品容易吸收别的食物气味，出现串味，因此，要合理地把食品放在冰箱内各个位置上，尽可能使食品保持原有的风味。应把有强烈气味的食品放在上升气流的上端，因为蒸发器表面的霜能起到除臭的作用，如果可能的话，最好将食品存放容器内或塑料袋里。

1. 香蕉。将香蕉放在 12℃以下的地方贮存，会使香蕉发黑腐烂。

2.西红柿。西红柿经低温冷冻后，肉质呈水泡状，显得软烂，或出现散裂现象，表面有黑斑，煮不熟，无鲜味，严重的则酸败腐烂。

3.火腿。如将火腿放入冰箱低温贮存，其中的水分就会结冰，脂肪析出，促使火腿内脂肪起氧化反应，结块或松散，肉质变味，极易腐败。

4.巧克力。巧克力在冰箱中冷存后，一旦取出，在室温条件下即会在其表面结出白霜，极易发霉变质，失去原味。

5.黄瓜。在0℃的冰箱内放上3天，表面会呈冰浸状，从而失去黄瓜特有的风味。

6.鲜荔枝。在0℃以下的温度中存放一天，其表皮会变黑，果肉会变味。

◎如何保存鲜肝

猪肝、羊肝、牛肝等由于块头较大，家庭烹调一次难以食用完，食用不完的鲜肝就会变色、变干。此时，可以在鲜肝的外面少许地涂上层油，放入冰箱之中，再次食用时，仍可保持原来的鲜嫩。

◎如何保存鲜鱼肉

芥末不仅是一种调味品，还可用来充当鱼肉的防腐剂。将芥末用水调好，装在一个小碟中，与鲜鱼、鲜肉同时放在一个密闭的容器中，在一般的室温下，鲜鱼、鲜肉可以存放三四天不会变坏。

◎如何保存切开后的火腿

火腿切开后，对不吃的部位，将切口面涂上香油，用食品塑料袋或洁净的纸贴紧包好，存放时，切口面向上，以免走油、虫蛀，产生哈喇味。但是要注意，火腿一经切开，存放的时间不宜过长。

◎如何使鱼保鲜

将鲜鱼及时打鳞掏腮去内脏，洗净用塑料袋或布袋包严，长期贮存的放入冰箱冷冻室，近日食用的放入冷藏室。用塑料包装可避免鱼体水分不断蒸发，以保其鲜度，同时也避免了鱼腥味对其它食物的影响。家用冰箱存鱼，保鲜期在4个月以内，时间过长虽不至腐烂，但其鲜香度将逐渐减低。用油炸过的鱼经冰箱冷冻后再制作成菜，其鲜度也大为减小。

◎如何贮存海参

海参存放不当就会变质，正确的存放方法是将海参晒干，然后装入双层无毒塑料食品袋，扎紧袋口，挂在通风干燥处，过夏时曝晒几次，这样存放海参就不会变质了。

◎如何存放牛奶

鲜牛奶应该尽快把它放置在阴凉的地方，最好是放在冰箱里。牛奶放在冰箱里，瓶盖要盖好，以避免其它气味混入牛奶里面。过冷对牛奶亦有不良影响，牛奶冷冻成冰则会损坏其品质。不要让牛奶暴晒阳光下，日光会破坏牛奶中的数种维生素，同时也会使其失去芳香。牛奶一经倒进杯子、茶壶等容器中，如若没喝完，应盖好盖子放回冰箱，千万不可倒回原来的瓶子。

◎家庭如何保存葡萄酒

贮存葡萄酒最重要的是找一个适当的场所，在专业酒窖中，温度需控制在10℃～14℃，湿度维持在70%。而在一般家庭中，先将酒封存在具有隔热、隔光效果的瓦楞纸箱或保丽龙箱内，再放置于阴凉通风且温度变化不大的地方，也可保存较长时间。

◎速冻食品储存禁忌

1.不要将速冻食品放在冰箱冷藏箱里贮存。

2.不要将包装破损或已拆封的速冻食品直接放入冷冻室，须在包装外加个塑料袋，并扎紧袋口，以免产品干燥或油脂氧化。

3.不要将已解冻过的食品再次进行冷冻，因为那样食品质量定不如以前。

4.不要将冷冻室放得太满，影响室内冷气对流。

5.不要将速冻食品存放太久。

◎鲜蛋保存禁忌

1.怕高温。存放鲜蛋的温度以0℃左右为好，室温在10℃～20℃或气温上升稍久，蛋的形态和品质就要发生变化。如果气温继续升高，不仅营养价值下降，而且储存时间大大缩短，极易变质。

2.怕潮湿:鲜蛋经雨淋、水洗或受潮后，壳上的胶质膜立即消失，气孔露出，温度适中时细菌很快进入蛋内，分泌一种酵素，使蛋白分解，加快蛋的腐败。

3.怕污染:蛋壳如果沾上禽粪、血迹、污物等，便会孳生大量细菌和细菌分泌的酵素，这些东西会从蛋孔进入蛋内，在温度适宜时，迅速繁殖，加快蛋的腐败变质。

4.怕异味:蛋在存放时，生命仍在活动，呼吸也在进行，如果和农药、化肥、煤油类、鱼等物品存放在一起,会通过蛋孔吸收异味，影响食用。

食物烹饪

◎怎样熬粥最好吃

1.下米时间。应在水开时下米，因为这时下米，由于米粒内外温度不一，会使米粒表面形成许多微小裂纹。这样,米粒易熟，淀粉易溶于汤中。

2.火力。下米后，用大火加温，水再沸，则将火调小，以使锅内水保持沸腾而不外溢为宜(如用高压锅,则不存在汤水外溢问题)。

3.防溢。熬粥时只要滴几滴食用油，就不会溢锅也不起泡了。用压力锅熬粥，先滴几滴食用油，开锅时就不会往外喷，比较安全。

4.黏稠。要想使粥黏稠，必须尽可能让米中淀粉溶于汤中，而要做到这一点，就必须使粥锅内水保持沸腾。

5.加盖。煮粥全过程均需加锅盖，这样既可避免水溶性维生素及某些营养成分随水蒸气跑掉，又可减少煮粥时间，煮出的粥也好吃。

黑米粥的熬制：黑米烹煮前至少要浸泡10个小时，煮成粥一定要使黑米完全变烂，这样汤汁才能非常黏稠，方便食用。如果用高压锅，则要上气后煮30分钟以上，才能确保黑米有滋有味，而且易于吸收。

豆粥的熬制方法：放米之前，待豆子开锅后兑几次凉水，之后再放米进锅。

◎动物内脏不宜炒着吃

动物内脏如肝、肾、肺、肚、肠等是"藏污纳垢"的地方，常被多种病原微生物污染，也是各种寄生虫的寄生部位。研究发现，牛、马、驴、骡、猪、鸡、鸭等动物，常是乙型肝炎病毒感染者、携带者和传播者。乙型肝炎病毒，有着较强的抵抗能力，一般在煮沸10分钟后才能被杀灭。因此说，动物内脏不应当炒着吃。

就猪肝来蚬，很多人喜欢吃炒猪肝，而且将猪肝炒得很嫩，甚至带着血丝就吃，认为这样才鲜嫩可口。

猪肝含有多营养物质，尤其富含维生素A和微量元素铁、锌、铜等，是虚弱和贫血者的良好补品。但就肝脏来讲，它是解毒器官，动物吸收和产生的有毒物质，经过肝脏毒性就会被解除。因而肝脏不可避免的要带一些有毒物质的代谢物质或者有混合饲料的有毒物质。如果想炒着吃的话，火一定要大一些，以确保身体健康。

所以，动物内脏的最好烹饪的方法是长时间高温高压闷煮，使其彻底煮烂煮透，将寄生虫病菌和虫卵杀死，然后再食用，以消除病从口入的隐患，避免食后致病。

◎做菜如何有效保持营养

洗切。菜必须是先洗后切，随切随炒的。在没吃之前不能把它放在水里长时间浸泡，那样蔬菜中的可溶性维生素和无机盐就有可能溶解于水中而损失掉。另外还要注意，菜切了就要及时下锅，否则，维生素也会受到空气氧化而大量丧失。

火候。蔬菜中的不少维生素遇热容易被破坏，其中以维生素C最为明显。一般来说，蔬菜加热时间愈长，维生素损失愈多。因此，蔬菜宜用热锅、滚油、急火快炒。而做汤菜时应等到锅里的水沸再入菜，以缩短加热时间，减少营养的损耗。

味精。味精的主要成分是谷氨酸钠，是人体所必需的一种氨基酸，对神经系统的功能有益。但谷氨酸钠在高温时会被破坏，分解成带有一定毒性的焦谷氨酸钠。所以，加味精时不可长时间煎煮，宜起锅时拌入。同时也不可过量食用，否则会影响菜肴的营养和鲜味。

◎如何熬骨头汤

1. 用冷水。熬骨头汤宜用冷水，并用小火慢慢熬，这样可以延长蛋白质的凝固时间，使骨肉中的新鲜物质充分渗到汤中，汤才好喝。

2. 不宜中途加生水。在烧煮时，骨头中的蛋白质和脂肪逐渐解聚而溶出，于是，骨头汤便越烧越浓，油脂如膏，骨酥可嚼。如在煨烧中途加生水，会使蛋白质、脂肪迅速凝固变性，不再解聚；同时骨头也不易烧酥，骨髓内的蛋白质、脂肪无法大量溶出，从而影响了汤味的鲜美。

3. 熬制时间不宜太长。骨头中的钙质不易分解，如长时间熬制，不但不会将骨骼内的钙质溶化，反而会破坏骨头中的蛋白质，使熬出的汤中脂肪含量增加，反而对人体不利。

4. 放调料要适时适量。做汤不宜早放盐，因为盐水有渗透作用，最容易渗入原料，使其内部水分渗出，加剧蛋白质凝固，因而影响汤味鲜美。其次，酱油也不宜早加或多加。其它作料如姜、葱、料酒，以适量为宜。

5. 适量加醋。醋能把骨头中的钙和磷溶解在汤里，增加汤的营养，同时还可以减少汤中的维生素的流失。

6. 补救。汤太咸时，可取几块豆腐或西红柿片放入汤中，即可减轻咸味。汤过腻时，可将少量紫菜置于火上烤一下，然后撒入汤内，也可减轻咸味。

◎ 如何烹饪虾类

1. 炒鲜虾之前，可用浸泡桂皮的沸水冲烫一下，这样炒出来的虾，味道更鲜美。

2. 做蒜茸或芝士虾时，不妨从虾背把壳剪开，这样使虾更易进味，但不要剥壳。

3. 煮白灼虾的时候，可在开水中放入柠檬片，这样可使虾肉更香，味更美而且无腥味。

4. 龙虾下锅时要用大火，如用慢火煮，肉容易糜烂。

5. 干虾要经过浸发才可除去异味，因此第一次浸的水异味很重，不能用来烹煮，第二次浸的水才可用来烹煮。

6. 将虾仁放入碗内，每250克虾仁加入精盐、食用碱粉1～1.5克，用手轻轻抓搓一会儿后用清水浸泡，然后再用清水洗干净。这样炒出的虾仁透明如水晶，爽嫩而可口。

◎ 如何炖出鲜香的肉

1. 块宜大。炖肉或煮肉时，肉内可溶于水的营养物质会被释放出来，而且这些浸出物越多，味道就越浓，吃起来就更觉香美。因此，炖肉时肉块要适当大些，这样肉块的总面积减小，肉内的汁水出来的就相对较少，肉块就能保持原有的香味了。

2. 火要慢。炖肉用火要先旺后微。用旺火，为的是使肉块表面的蛋白迅速凝固，肉中呈鲜物质不易渗入汤中。用微火炖，汤面的浮油不易翻滚，锅内形成气压，不仅能保持肉汤的温度，又使汤中香气不易挥发跑掉，炖肉熟得快，肉质也松软。

3. 少用水。少用水，汤汁更浓，味道自然淳厚强烈。万一需要加水，也应加热水。因为加热水炖肉，可以使肉块表面的蛋白质迅速凝固，肉内的呈鲜物质就不易渗入汤中，这样炖出的肉味道特别鲜美。

◎ 牛羊肉应去膻增营养

1. 炒肉加料。炒肉丝或炒肉片时，要加葱、姜、蒜，或者加点白酒或料酒。在炒菜炝锅时，还可放点食盐，以增强味道。

2. 烧肉加料。红烧牛羊肉时，可放些绿豆、橘皮、杏仁、红枣、山楂等，以消除膻味。开锅后，适当放点白酒，既可消除膻味，又可使味道鲜美，并且容易炖烂。这样做出的牛羊肉也易于人体的消化吸收。

3.炖肉加料。炖牛羊肉时，放进一些胡萝卜，再加些葱、姜、蒜、大料、桂皮、酒等佐料，一起炖煮，能提高其营养价值。牛羊肉与胡萝卜同炖，不但可以去掉膻味，还能弥补牛羊肉所缺乏的胡萝卜素和维生素。

◎炖鸡应注意什么

1.先爆炒。在炖鸡时，可以先用香醋爆炒鸡块，然后再炖制，这样不仅鸡块味道鲜美，色泽红润，而且能使鸡肉快速软烂。

2.不要放花椒、茴香。鸡肉里含有谷氨酸钠，这是"自带味精"。烹调鲜鸡时，只需放适量油、盐、葱、姜、酱油等，味道就很鲜美，如再加入花椒、茴香等厚味的调料，反而会把鸡的鲜味掩盖掉。

3.炖好再加盐。炖鸡过程中加盐，既会影响营养素向汤内溶解，也影响汤汁的浓度和质量，且煮熟的鸡肉会变得硬、老，吃来感到肉质粗糙，无鲜香味。应等鸡汤炖好后降温至50℃~90℃，加适量盐并搅匀，或食用时再加盐调味。

4.清炖鸡。做清炖鸡时，用纱布袋装一些大米粒放入锅内一起炖，能使鸡肉的味道更鲜美。

◎如何煲出美味鲜汤

煲汤往往选择富含蛋白质的动物原料，最好用牛、羊、猪骨和鸡、鸭骨等。

其做法是：先把原料洗净，入锅后一次加足冷水，用旺火煮沸，再改用小火，持续20分钟，撇沫，加姜和料酒等调料，待水再沸后用中火保持沸腾3~4小时，使原料里的蛋白质更多地溶解，浓汤呈乳白色，冷却后能凝固可视为最佳。

那么怎样才能使汤鲜味美呢？技巧是三煲、四炖和五忌。

三煲四炖：煲，就是用文火煮食物，慢慢地熬。煲可以使食物的营养成分有效地溶解在汤水中，易于人体消化和吸收。煲汤被称作厨房里的工夫活儿，事实上，煲汤很容易，只要原料调配合理三煲四炖（厨师俗语：煲一般需要两至三小时，炖需要四小时），慢慢在火上煲即可。火不要过大，火候以汤沸腾程度为准，开锅后，小火慢炖，火候掌握在汤可以开着即可。还应该注意以下五忌：一忌中途添加冷水；二忌早放盐；三忌过多地放入葱、姜、料酒等调料；四忌过早过多地放入酱油；五忌让汤汁大滚大沸。

◎如何使肉馅味道鲜美

肉的鲜味主要存在于肌肉细胞内，它溶解或悬浮在细胞内的水分小，也就是说，肉的鲜味来自肉汁。

用刀剁肉时，虽然肌肉纤维被刀刃反复切割、捣剁，但肉块受到的机械性挤压并不均衡，因而肌肉细胞破坏较少，部分肉汁仍混合或流散在肉中，因此鲜味较浓。

用机器绞肉馅时，由于肉在绞肉机被强力撕拉、挤压，导致肌肉细胞的大量破裂，饱含在细胞内的蛋白质和氨基酸大量流失，鲜味也就逊色一些。

◎如何熬猪油才香

在熬猪油时稍微加上一点儿水，熬出的

51

油不但色白，而且味道香。这是因为猪油独特的香味来自油脂中含有的少量挥发性芳香物，如软脂酸甘油脂、硬脂酸甘油脂等。这些芳香物质在高温下散失较多，冷却后香味自然不会浓郁。

如果往锅内放猪油的同时加上一点儿水（一般是 500 克猪油加上一小碗半碗水），当油的温度上升到 100℃以上时，水沸腾，汽化的水分带走了一部分热量，油锅中的温度就不至于急剧升高，芳香物质散失较少，油渣也不易因温度高而焦化，冷却后的猪油颜色洁白，香味浓郁。

◎拌凉菜应注意的事项

选料

选料要新鲜，容易处理。它烹饪时可采用白煮、卤、烫等方法，务求使食物清爽、脆嫩、滑溜适口。

清洁

盛具器皿、洗切器物要干净，洗切材料以卫生安全为原则。

汁液

除选料要恰当外，也要讲究凉拌汁，少不了醋、蒜头等，既可使食物味道鲜美开胃，又具杀菌功能。

切分

凉拌菜材料宜切成均匀的大小，以便允分均匀地吸收调味汁。

沥水

如果材料留有过多的水分，会令味道变淡，所以要沥干或抹去水分，才可浇调味汁。

调味品

预先混合调味料，将其调成汁，待凉拌菜上桌再淋上或蘸食。

◎如何正确添加味精

用味精拌凉菜时，因为凉菜温度低，谷氨酸钠不易溶解。但如果先用少许凉开水化味精，再把稀释好味精水浇到凉菜上，搅拌一下，使之均匀分散开，整个菜就更有鲜味。

◎如何吃火锅更健康

1. 多放些蔬菜

火锅佐料不仅有肉、鱼及动物内脏等食物，还必须放入较多的蔬菜。蔬菜含大量维生素及叶绿素，其性多偏寒凉，不仅能消除油腻，补充人体维生素的不足，还有清凉、解毒、去火的作用，但放入的蔬菜不要久煮才有消火作用。

2. 适量放些豆腐

豆腐是含有石膏的一种豆制品，在火锅内适当放入豆腐，不仅能补充多种微量元素的摄入，而且还可发挥石膏的清热泻火、除烦、止渴的作用。

3. 加些白莲

白莲不仅富含多种营养素，也是人体调补的良药。火锅内适当加入白莲，这种荤素结合有助于均衡营养，有益健康。加入的白莲最好不要抽弃莲子心，因为莲子心有清心泻火的作用。

4. 可以放点生姜

生姜能调味、抗寒，火锅内可放点不去皮的生姜，因姜皮辛凉，有散火除热的作用。

5. 调味料要清淡

调味料如沙茶酱、辣椒酱，对于肠胃刺

激大，使用酱油、麻油等较清淡的作料，可避免对肠胃的刺激，减小"热气"。

6. 餐后多吃些水果

一般来说，吃火锅三四十分钟后可吃些水果。水果性凉，有良好的消火作用，餐后只要吃上一两个水果可防止上火。

饮食禁忌

◎吃螃蟹要除四样东西

1. 除去蟹胃（俗称"蟹和尚"）。蟹胃就是蟹斗中与蟹黄在一起的一个近似三角形的骨质小包，其里面藏有污沙，不能食用。

2. 除去蟹肠。蟹肠是在蟹脐中的一条黑色污物，可在蒸蟹前洗时清理掉，也可以在食用时除去。

3. 除去蟹心脏（俗称"六角虫"）。蟹心脏就是在靠近蟹黄处的一个近似六角形的东西，此物寒性较重。

4. 除去蟹鳃（俗称"蟹眉毛"）。蟹鳃长在蟹肚面上，是两排软绵绵如眉毛状的东西，此物味道不好。

◎海带不宜洗去白霜

买来的干海带，表层染有霜，这并不是发了霉。白霜有利尿、消肿、降低颅内压的妙用，所以不必将其洗去。

◎忌早晨空腹喝牛奶

早晨空腹喝牛奶，营养效益最低。因为空腹喝去后，牛奶会很快进入胃和小肠排进大肠，结果牛奶中的各种营养来不及吸收就进入大肠，造成浪费。

◎忌空腹吃香蕉

如果多食多吃香蕉就会造成体液中的钾、钠比值的改变，特别是空腹时食用，使血液中的钾大幅度增加，对人的心血管等系统产生抑制作用，出现明显的感觉麻木、肌肉麻痹、嗜睡乏力等现象，严重者会使心脏传导阻滞、心律不齐等。

◎忌空腹吃柿子

食用柿子时一定要忌空腹。因为柿子是水果中单宁类最高的品种，单宁是多种多酚化合物的总称，易溶于水而涩味。这些单宁类中的酚类和鞣质很强的收敛性，它们遇到酸性物质凝结成块。人的胃内有大量的胃酸，若空腹吃柿子，柿子中的单宁类凝结成块，并与柿子含有的蛋白质结合产生沉淀，引起胃结石，中医学上称它为柿结石。

◎饭前饮食禁忌

1. 忌饭前喝水。如果饭前饮水，会使胃中有胀满感，同时会把胃酸稀释冲淡，影响食欲和消化，使杀菌能力下降，易感染肠道疾病；还会使胃蛋白酶的消化功能减弱，饮水越多，胃蛋白酶的活力越弱，如果实在太渴，可少喝一点儿开水或热汤，休息片刻再进餐。

2.忌饭前甜食。饭前吃甜食，会使食欲下降，影响对各种食物营养的摄取。

◎新鲜木耳不宜食用

新鲜木耳中含有一种叫卟啉的光感物质，它进入身休后，会导致皮肤对光的敏感性大大增加，因而容易发生日旋光性皮炎、皮疹等疾病，如果食用过多，会引起呼吸道黏膜过敏，而发生呼吸困难。

这类毒素不溶于水，新鲜木耳虽然经过水洗、浸泡，也不会降低其毒性。干木耳是经过暴晒处理的制品，在暴晒过程中，卟啉类毒物自行分解，因而干制木耳是无毒性的。干木耳食用前，用水浸泡后形成水发木耳，是无毒的，可放心食用。

◎海产品不宜隔夜凉吃

海产品虽然含有丰富的营养物质，但是不宜多吃。如果大量食用海产品容易造成脾胃受损，引发胃肠道和消化系统等疾病，如出现过敏、腹胀、腹痛、呕吐、腹泻等现象。重者会发生中毒的情况，更严重者将会导致死亡。出现上述现象的原因，大多是由于海产品在前期没有有效地除去有害细菌，在烹饪加工过程中操作不正确，或者隔夜凉食这些食物。

要知道，海产品身体内存在的某些细菌在高温下如果没有完全杀掉，经过冷却之后，细菌会自然再生或者重新复活，因此如果要隔夜食用这些食品，还得需要有一个加热的过程。

此外，螺贝蟹类这些海产品同时也存在着很高的胆固醇含量，因此对于胆固醇和血脂偏高的人，应该注意少吃或者不吃这类的海产品，还有一些患胃病、肠道疾病和对海产品过敏的人也要注意科学合理地进食。

◎不宜多吃油条

在炸油条的面内，除少许盐外，还掺入了碱及明矾，油炸能爆发出二氧化碳，使油条膨胀松脆。也就是说，每日吃50克一根的油条，一个月摄入的铝就超过600毫克，脑组织含铝过多，记忆力就减退、行动迟钝、智力减退、过早衰老。过多铝的摄入，会导致老年痴呆症。

另外，炸油条的油大多是陈油，旧油不够加新油，日积月累，这种老油含有致癌物质，对身体极为有害。用新油炸的油条，少食无妨。

◎不宜吃生鲜蜂蜜

蜜蜂在酿制蜂蜜时，尤其是在花源短缺时，常常会采集一些有毒的花粉。因此，鲜蜂蜜内难免会含有有毒植物花粉的成分，人若吃了这种蜂蜜，也难免会中毒。至于生蜂蜜，在蜂蜜收获、运输、保管过程中，还可能会受到细菌污染，因此直接食用也是不妥当的。食用蜂蜜还是以食用经过加工、消毒处理的为好。

◎刚杀的猪肉不宜吃

屠宰后的猪肉都要经历尸僵阶段、成熟阶段、自溶阶段、腐败阶段。在一般温度下,生猪在放血1~2小时就进入尸僵阶段,处于这一阶段的猪肉坚硬、干燥,不宜煮烂,又难以消化。

经过24~48小时后,才进入成熟阶段。这时的猪肉柔软、多汁,滋味鲜美,易煮烂,也易消化,而且还能分泌出大量的乳酸,杀死有害的微生物。继续变化下去,就进入自溶阶段和腐败阶段,这时猪肉即开始变质,直至最后不能食用。

◎吃火锅的禁忌

1.忌烫食。刚从火锅中夹出的鲜烫食物,应放碗中稍凉再吃,以免烫伤口腔和食道黏膜而造成溃疡。若经常吃烫的食物,还会破坏舌味觉,降低味觉机能,影响食欲。

2.忌生食。所有主配料必须入锅煮熟煮透,生菜、生肉必须烫熟后再吃,以利杀死生食中的细菌或寄生虫卵,防止肠道疾病的发生。

3.忌过辣。用辣味调料要适当,因辣味有刺激性,吃过辣的食物对胃黏膜有损害,对于患有肺结核、痔疮、胃病及十二指肠溃疡的病人,更应少吃或不吃辛辣味食物。

◎喝咖啡的禁忌

1.煮咖啡忌时间过长。为了使香味不变,咖啡不宜长时间地沸煮,因为煮久了会带走部分芳香物质,而咖啡香味取决于泡沫的密度,烧开后咖啡继续沸煮,会导致泡沫被破坏,使芳香物质随蒸气跑掉。

2.喝咖啡忌浓度过高。人在饮高浓度的咖啡后,体内肾上腺素骤增,以致心跳频率加快,血压明显升高,并会出现紧张不安、焦躁、耳鸣及肢体不自主颤抖等异常现象,长此以往,会影响健康。假如有心律不齐、心动过速等疾患,饮高浓度咖啡会加重病情。有冠心病、高血压的人,会诱发心绞痛和脑血管意外。所以,饮咖啡以每杯咖啡的浓度不超过100毫克为宜。

3.喝咖啡不宜放糖过多。饮咖啡时,适当放点糖可增加咖啡的味道,但是,若放糖过多,人饮用后会没精打采,甚至还会感到十分疲倦。这是因为饮咖啡时加糖过多,会反射性地刺激胰脏中的胰岛细胞,分泌大量的胰岛素,而过量的胰岛素能降低血液中的葡萄糖含量,一旦血糖过低,就会出现心悸、头晕、肢体软弱无力、嗜睡等低血糖症状。此外,在饮咖啡时,也不宜过多地吃蛋糕、糖果等高糖食物,否则也会产生上述现象。

4.酒后忌饮咖啡。酒后饮咖啡会加重酒精对人体的损害,酒与咖啡皆有兴奋作用,饮之对人体有害,两者共饮,如火上浇油,会让大脑由极度兴奋转入极度抑制,并刺激血管扩张,加快血液循环,极大增加心血管负担,这样做对人体造成的损害大大超过了单纯喝酒。

◎什么时间吃西红柿最好

西红柿应该在餐后再吃。这样,可便肯

酸和食物混合大大降低酸度，避免胃内压力升高引起胃扩张。

◎ 早上该喝什么

清晨饮用一杯凉开水，有润喉、醒脑、防止口臭和便秘等作用。早晨空腹饮下新鲜的凉开水后，由于水在胃中停留很短时间，便可迅速进入肠道，被肠黏膜吸收而进入血液循环，将血液稀释，从而对体内各器官组织产生一种绝妙的"内洗涤"作用，因而增强了肝脏解毒能力和肾脏的排泄能力，促进了人体新陈代谢，增强免疫功能。有些医学家证明说，经常饮用25℃～30℃的新鲜凉开水，可防治感冒、咽喉炎和某些皮肤病。

◎ 饮用冰镇啤酒的禁忌

饭前饮冰镇啤酒，容易使人胃肠道内温度骤然下降，血管迅速收缩，血流量减少，从而使生理功能失调，影响正常进餐和食物的消化吸收；同时，还会使人体内的胃酸、胃蛋白酶、小肠淀粉酶、脂肪酶的分泌减少，导致消化功能紊乱。胃肠道受到过冷刺激，变得蠕动加快，运动失调，久之，易诱发腹痛、腹泻及营养缺乏等症。

有人认为将汽水兑上啤酒喝，既醇甜可口、消热解暑，又稀释了酒精，不易醉人。实际上，这种做法是不科学的。

汽水中含有一定量的二氧化碳，人们在口渴时喝汽水，可促进胃肠黏膜对液体的吸收，能生津止渴。但是，啤酒如兑上汽水就不一样了，因为啤酒中自身就含有少量的二氧化碳，兑入汽水后，过量的二氧化碳会更

加促进胃肠黏膜对酒精的吸收。因此，不宜用啤酒兑汽水喝。

◎ 不宜蹲着吃饭

吃饭时胃肠道需要大量的血液，以帮助消化吸收。蹲着吃饭会使下肢的血液不能很快回流，必然影响食物的消化吸收。

再则，蹲着吃饭会使腹部受到挤压，吃进的食物在胃里停留时间延长，同时也影响肠胃蠕动和胃液的分泌，久而久之，人的食欲和胃的功能就会受到不应有的抑制，使身体健康受到影响。

◎ 剧烈运动后不宜喝冷饮

剧烈运动时，心脏跳动加快，血流速度增加，刚停下来时，包括胃肠道在内的全身的毛细血管全部扩张，如果在这时马上饮用冰冷饮料，可导致胃肠道痉挛，影响食物的消化和营养的吸收，有些人还会因此而出现不思饮食、腹痛、腹泻等症状。

剧烈运动后，立刻喝冷饮对嗓子也有害无益。咽部黏膜突然受寒冷刺激，可使抵抗力减弱，使人体呼吸道黏膜上的病毒乘虚而入，出现以喉部症状为主的急性喉炎。如果喉炎影响到声带，引起黏膜充血、肿胀，就会使嗓音嘶哑。

另外，由于目前国内的冷饮市场还不太规范，难免有鱼目混珠的现象。冷饮虽经冷加工处理，很多细菌已被杀死，但少数能耐低温的细菌仍能生存繁殖，危害人体健康。

◎胡萝卜与萝卜不宜混成泥酱

不要把胡萝卜与萝卜一起磨成泥酱，因为，胡萝卜中含有能够破坏维生素C的酵素，会把萝卜中的维生素C完全破坏掉。

◎不宜多补胡萝卜素

宝宝过多饮用以胡萝卜或西红柿做成的蔬菜果汁，都有可能引起胡萝卜血症，使面部和手部皮肤变成橙黄色，出现食欲不振、精神状态不稳定、烦燥不安，甚至睡眠不踏实，还伴有夜惊、啼哭、说梦话等表现。

◎香菇不宜用水浸泡

香菇中含有麦角固醇，在接受阳光照射后会转变为维生素D。但如果在吃前不过度清洗或用水浸泡，就不会损失很多营养成分。煮蘑菇时也不能用铁锅或铜锅，以免造成营养损失。

◎不宜吃未炒熟的豆芽菜

豆芽质嫩鲜美，营养丰富，但吃时一定要炒熟。不然，食用后会出现恶心、呕吐、腹泻、头晕等不适反应。

◎韭菜做熟后不宜存放过久

韭菜最好现做现吃，不能久放。如果存放过久，其中大量的硝酸盐会转变成亚硝酸盐，引起毒性反应。另外，宝宝消化不良也不能吃韭菜。

◎绿叶蔬菜不宜长时间焖煮

绿叶蔬菜在烹调时不宜长时间地焖煮，不然，绿叶蔬菜中的硝酸盐将会转变成亚硝酸盐，容易使宝宝食物中毒。

◎速冻蔬菜不宜煮得时间过长

速冻蔬菜类大多已经被涮过，不必煮得时间过长，不然就会烂掉，丧失很多营养。

◎猪身上的三样东西不宜吃

1. 肾上腺。肾上腺位于猪的肾脏前上方，即人们常说的"小腰子"。人食用肾上腺后，便会出现血压升高、恶心欲吐、头晕头痛、心悸乏力、四肢及口舌发麻、肌肉震颤等症状，严重的还会面色苍白、瞳孔扩大。高血压、冠心病人有可能因此诱发中风、心绞痛、心肌梗塞等。

2. 甲状腺。甲状腺位于猪气管喉头的前下部，俗称"粒子肉"。人吃含有甲状腺的肉后，会出现心悸气短、心率失常、头痛耳鸣、烦躁不安、多汗、厌食、恶心、呕吐、腹痛、腹泻等不良症状。

3. 淋巴结。猪的淋巴结，为灰白色或淡黄色如豆子至枣大小的"疙瘩"，分布于猪的全身，俗称"花子肉"，当猪发生疾病时，淋巴结常常是病变转移最明显的地方。吃猪肉如不摘除淋巴结，会食入大量的病菌而使人发生中毒或患传染病。

因此，在宰猪的时候，猪身上的这三样必须去掉，以保证猪肉的食用安全。

◎ 未成熟的西红柿不宜食用

发绿的西红柿没有成熟，这种西红柿中含有有毒的西红柿碱，食后会出现头晕、恶心、呕吐和全身疲劳等症状。成熟后变红的西红柿，西红柿碱可自行消失。

◎ 鲜黄花菜不宜食用

对鲜黄花菜未加处理而直接食用，往往会引起黄花菜中毒。其中毒症状通常为头昏、头痛、口渴、喉干、恶心、呕吐、腹痛、腹泻等，严重者还可出现血便、血尿甚至导致死亡。引起鲜黄花菜中毒的原因在于它体内含有一种叫秋水仙碱的化学物质。秋水仙碱本身虽然无毒，但经胃肠吸收之后，在代谢过程中可被氧化转化为秋水仙碱，这是一种剧毒物质。

成年人如果一次摄入秋水仙碱0.1～0.2毫克（相当于吃鲜黄花菜50～100克），可在0.5～4小时内出现中毒症状。如果一次摄入量达到3毫克以上，就会导致严重中毒，甚至有死亡的危险。

因此，在食用鲜黄花菜时，要注意两点：一是每次食用的量不要太多，一般不要超过50克；二是利用秋水仙碱易溶于水的特性，吃前必须经水浸泡两小时以上，或用开水烫以除去汁液中的秋水仙碱，烹调时必须彻底炒熟后再食用。

◎ 餐中饮食八项禁忌

1. 忌吃饭看书。由于注意力分散，会食之无味，并影响消化液的分泌。

2. 忌餐中训子。有的父母喜欢在吃饭时询问孩子的学习情况，不满意时往往当场加以训斥，使孩子情绪低落，食欲大减，常此以往还易形成条件反射，孩子一上餐桌就准备挨训，大大影响消化吸收功能。

3. 忌高声说笑。一方面高谈阔论和大笑易引起喷饭和唾液飞溅，有碍卫生，另一方面易使食物误入器官发生危险。

4. 忌忧郁悲伤。忧郁悲伤的心情会抑制食欲和影响消化液的分泌，导致消化吸收不良。

5. 忌多喝饮料。吃饭时不宜多喝碳酸类饮料，否则会稀释胃液，降低胃液的杀菌能力，影响消化，同时会导致腹胀，影响食欲。

6. 忌肉食过多。肉类摄入过量对健康不利，时间长了会诱发心血管疾病以及肥胖症。

7. 忌吃饭过饱。过饱会使胃膨胀过度，蠕动缓慢，消化液分泌不足，食物得不到充分消化且会在大肠里腐败产生毒素，导致消化功能障碍，加快人体衰老。

8. 忌边吃边唱。人在进餐时，大脑皮层的消化中枢处于兴奋状态，胃肠道有节律地蠕动，分泌大量的消化液。倘若一边就餐一边唱歌，大脑皮层的歌唱中枢往往处于兴奋状态，而消化中枢就会相对抑制，这会影响食物的消化吸收；况且酒宴之上多油腻食物，经常如此极易导致胃部疾患。

◎饭后不宜立即饮茶

饭后立即饮茶，会冲淡胃液，影响食物消化。同时，茶中的单宁酸能使食物中的蛋白质变成不易消化的凝固物质，给胃增加负担，并影响蛋白质的吸收。所以进餐后不可立即饮茶，尤其不要立即喝浓茶。

◎饭后不宜立即吸烟

饭后胃肠蠕动加强，热量增加，人体各器官处于兴奋状态，血液循环加快，如果此时吸烟，人体吸收烟中有毒物质的能力也会最强。

◎饭后不宜立即吃冷饮

老年人的肠胃对冷热十分敏感，因而饭后立即吃冷饮，极有可能引起胃痉挛，导致腹痛、腹泻或消化不良。

◎饭后不宜立即吃水果

水果中富含单糖类物质，它们通常在小肠吸收，但饭后它们却不易立即进入小肠而滞留于胃中，因为食物进入胃内，须经过1～2小时的消化过程，才能缓慢排出，饭后立即吃进的水果会被食物阻滞在胃内，如停留时间过长，单糖就会发酵而引起腹胀、腹泻或胃酸过多、便秘等症状。

◎饭后不宜立即刷牙

饭后立即刷牙会使牙釉质受损，因为此时刷牙，会把部分釉质划掉，有损于牙齿的健康。

◎饭后不宜立即洗澡

洗澡会促使四肢皮肤血管扩张血液汇集身体表面，使胃肠血流量减少，消化液分泌减少，降低消化功能，会引起胃肠疾病。另外，还易导致冠心病人发生心绞痛和心肌梗塞，尤其是对高血压、高血脂者更为危险。饭后1～3个小时洗澡比较适宜。

◎饭后不宜立即散步

饭后胃处于充盈状态，即使是很轻微的运动也会使胃受到震动，增加胃肠负担，影响消化功能。饭后大量血液集中到消化道，大脑供血相对减少而出现轻微的缺血，因而有昏昏欲睡的感觉，此时散步，尤其是老年人，易出意外。饭后立即散步对患有冠心病、心肌梗塞的人可导致头昏、乏力、肢体麻木；对患有消化道溃疡和胃下垂的病人则会加重病情。饭后宜静坐30分钟再活动。

◎饭后不宜马上松裤带

因为饭后立即松裤带会使腹腔内压力突然下降，消化道的支持作用减弱，致使消化器官和韧带的负荷增加，促使胃肠蠕动加剧，容易发生肠扭转、肠梗阻以及导致胃下垂等。

◎饭后不宜立即伏案工作

饭后马上伏案工作会影响人体对消化

器官的供血量，不利于充分吸收营养。

◎饭后不宜立即看书读报

饭后读书看报或思考问题，会使血液集中于大脑，从而导致消化系统血液量相对减少，影响食物消化。

◎饭后不宜立即唱卡拉OK

吃饱后人的胃容量增大，胃壁变薄，血流量增加，这时唱歌，会使隔膜下移，腹腔压力增大，轻则引起消化不良，重则引发胃肠不适及其它病症。另外，如果吃饭时饮酒者，随着酒精的刺激，人的喉头、声带自然充血，此时唱卡拉OK，会加重喉头、声带的充血和水肿，极易引起急性咽喉炎。

◎饭后不宜立即上床

因为刚吃了饭，胃内充满食物，消化机能正处于运动状态，这时睡觉会影响胃的消化，不利于食物的吸收。同时，饭后脑部供血不足，如果立即上床，很容易因大脑局部供血不足而导致中风。另外，入睡后，人体新陈代谢率降低，易使摄入食物中所含热量转变为脂肪而使人发胖。

◎忌烟酒同食

首先，酒精会导致血管扩张，促使体内血液循环加快，而烟雾中的有害物质被酒精溶解后，会随着扩张的血管将毒物迅速吸收再扩散到全身，降低机体免疫力。

其次，由于酒精的作用，损害了肝脏对烟雾中尼古丁等有害物质的解毒能力，加重了对身体的损害。据报道，饮酒又吸烟的人最易患食道癌及肝、胃肠道等处的疾病，而且要比不吸烟的人高出数十倍。

◎女性忌经常大量饮酒

酒对女子健康的损害比男子严重，由于雌性激素的影响，妇女体内代谢乙醇的能力较低，速度较慢，所以乙醇更容易在体内蓄积，对身体造成损害。

◎忌浓茶解酒

饮了过量的酒或饮了酒精浓度高的酒，会使心血管系统受到很大的刺激，使心跳加快，血压上升。此时若再喝浓茶，心脏又会受到浓茶的兴奋作用，在酒和茶的刺激下，心跳会更快，血压会更高。当超过一定限度时，就会发生心律失常和血压升高。如果是原来就有心脏病和高血压的人，可能会发生严重的后果，甚至死亡。

因此，醉酒后千万不要用浓茶来解酒，可以喝些白开水或糖水，中药葛花煎汤口服也有一定的解酒效果。

◎忌饮酒御寒

喝酒以后，由于酒精成分的刺激，皮肤温度会升高，使人产生温暖感觉。但是，这种温暖感是不能持久的。因为体表的血管越是舒张、松弛，体热的散发就越快，使体温急剧下降，人就产生了强烈的寒冷感觉，喝了酒，反而比不喝酒更易产生寒战，引起受凉或感冒。

◎忌长期以酒代饭

适当少量地饮酒，可以促进血液循环，有利于消除疲劳。但有些人，常常以酒代饭，这对人体健康是十分有害的。如果长期以酒代饭，就会损害人体健康。首先是经常大量饮酒，会引起酒精中毒、肝病变、动脉硬化，诱发食管癌、胃癌等疾病。其次，饮酒虽然可以补充一些热量，但人体所需的许多营养素，如各种维生素、矿物质、蛋白质等，是各种酒类均不能提供的。

◎忌划拳饮酒

划拳饮酒是边吃、边喝、边喧嚷乃至大笑，这样容易使食物进入气管或鼻腔，而引起呛咳、打喷嚏或流泪。输者罚酒，饮酒过多则头晕目眩，神志不清，影响身体健康。

◎忌饮啤酒过量

大量饮用啤酒，不仅会导致慢性胃炎，还可能造成食物中毒。啤酒中含有某种特殊成分，它能减少或阻止胃黏膜合成前列腺素E，使胃酸损害黏膜。因此，经常大量饮啤酒的人，就可能诱发慢性胃炎。特别是某些已患有慢性胃炎的人，饮啤酒就会加重胃黏膜的损害。狂饮啤酒，还会影响肝脏的排毒功能，导致肝细胞受损，甚至肝硬化。

◎忌饮不卫生啤酒

市面出售的散装啤酒，很易被空气中细菌污染。夏季若无冷藏设备，细菌会很快生长繁殖并产生毒素，使啤酒变质，人如饮用了变质的啤酒，就会发生腹痛、腹泻等食物中毒症状。

◎剧烈运动后忌饮酒

剧烈运动后饮酒，会造成血液中尿酸急剧增加，易导致痛风病。尿酸是人体内高分子有机结合物，是被酶分解的产物，当血液中尿酸值异常高时，就会聚集于关节处，使关节受到很大的刺激引起炎症，造成痛风病。

◎啤酒、白酒忌同饮

啤酒虽然是低酒精饮料，但其中含有二氧化碳和大量水分，与白酒混喝后，酒精会迅速渗透到全身，对肝脏、胃肠等器官产生强烈的刺激和严重的危害，影响消化酶的产生，使胃酸分泌减少，导致胃痉挛、急性胃肠炎、十二指肠炎和胃出血等症，对心脑血管危害更大。因此，啤酒与白酒不宜同时饮用。

◎忌饮冷黄酒

黄酒中含一定数量的甲醇、醛、醚类物质，如果冷饮黄酒，对人体有一定害处的有机化合物，就会全部进入人体。因此，黄酒必须烫了再喝。在烫热过程中，这些有害物质就可随温度的升高而挥发掉。另外，在加热过程中，黄酒中的脂类、芳香物质也会随温度的升高而蒸腾，从而使酒味更加芬芳浓郁。

◎忌饮刚酿制的白酒

由于新酿的白酒酒精浓度较高，常饮会导致酒精中毒外，还因甲醇含量较高，进入人体内不易排出，长期积蓄对人的中枢神经有损害作用，尤其对视网膜神经的损害难以恢复；甲醇在人体内代谢产生的氧化物为甲酸和甲醛，毒性更大。甲酸比甲醇的毒性大6倍，甲醛的毒性比甲醇大30倍。未经过滤处理的新白酒，也极不卫生。因此，刚酿制的白酒，不宜饮用。

◎女性在哺乳期的饮食禁忌

女性在喂母乳期间，为了自身及宝宝的健康，应改变个人的一些特殊嗜好，避免摄取某些会影响乳汁分泌的食物，以免破坏良好的哺喂效果。

1. 抑制乳汁分泌的食物。如韭菜、麦芽水、人参等食物。

2. 刺激性的东西。产后饮食宜清淡，不要吃那些刺激性的物品，包括辛辣的调味料、辣椒、酒、咖啡以及吸烟等。

3. 药物。对哺乳妈妈来说，虽然大部分药物在一般剂量下，都不会让宝宝受到影响，但仍建议哺乳妈妈在看病时，要主动告诉医生自己正在哺乳的情况，以便医生开出适合服用的药物，并选择持续时间较短的药物，达到通过乳汁可能影响婴儿的

药量最少。

4. 过敏的情况。有时新生儿会有一些过敏的情况发生，产后妈妈不妨多观察宝宝皮肤上是否出现红疹，并评估自己的饮食，以作为早期发现早期治疗的参考。

建议产后妈妈喂母乳，并避免吃任何可能会造成宝宝过敏的食物。

◎中年妇女饮食宜忌

1. 中年妇女应补钙

为预防骨质疏松症，妇女从中年开始就应适当增加某些营养，特别要增加钙质的摄入。每天应饮一瓶牛奶，再多吃些虾米、虾皮、骨粉、豆腐等含钙丰富的副食品。

2. 中年妇女不宜多吃糖

专家分析，中年妇女通常运动量少，这就会使其胆囊肌的收缩力下降，造成胆汁排空延迟，很容易导致胆汁淤积，使胆固醇结晶析出。如果中年妇女嗜吃甜食，过量的糖分不但会自动转化为脂肪，使得人体发胖，还会增加胰岛素的分泌，加速胆固醇的积累，造成胆汁过于黏稠，为胆结石的形成制造了条件。

同时，吃糖多也会妨碍维生素、矿物质和其它营养成分的摄入，干扰矿物质代谢，使钙质在体内沉积结石。

◎不宜给宝宝过多地吃菠菜

菠菜中含有大量草酸，不宜给宝宝过多吃。草酸在人体内会与钙和锌生成草酸钙和草酸锌，不易吸收和排出体外，影响钙和锌在肠道的吸收，容易引起宝宝缺钙、

缺锌，导致骨骼、牙齿发育不良，还会影响智力发育。

◎不宜给宝宝吃没用沸水焯过的苦瓜

苦瓜中的草酸会妨碍食物中的钙吸收，因此，在吃之前应先把苦瓜放在沸水中焯一下，去除草酸。需要补充大量钙的宝宝不能吃太多的苦瓜。

◎儿童不宜多吃的食品

爆米花。由于爆米花在制作过程中，机罐受高压加热后，罐盖内层软铅垫表面的铅一部分会变成气态铅，所以，爆米花含铅量很高，铅进入人体会损害神经、消化系统和造血功能。儿童对铅解毒功能弱，常吃多吃爆米花极易发生慢性铅中毒，造成食欲下降、腹泻、烦躁、牙龈发紫以及生长发育不良等现象。

彩色食品。生产彩色食品所用的是人工合成色素，这种染料是从石油或煤焦油中提炼出来的原料经过化学方法合成的，有一定毒性，易引起腹胀、腹痛、消化不良等。合成色素还能积蓄在体内，导致慢性中毒。当合成色素附着胃肠壁时，使之产生病变；附着泌尿系统器官时，容易诱发器官结石。儿童体内各器官组织比较脆弱，对化学物质尤为敏感，如过多食用合成色素，会造成神经冲动，容易引起好动或多动症。

山楂片。山楂片是由山楂加工制成的，酸度甜度皆很高，正好适合儿童的口味。但处在换牙期的儿童若多食山楂片，会损伤牙齿，对牙齿的发育极为不利。

葵花子。葵花子中含有不饱和脂肪酸，儿童吃多会消耗体内大量的胆碱，影响肝细胞的功能，还能造成因"津亏"而引起的儿童干燥症。

◎儿童不宜多吃的含糖类食品

果冻。果冻不是用水果汁加糖制成的，而是用增稠剂、香精、酸味剂、着色剂、甜味剂配制而成，这些物质对人体没有什么营养价值，却有一定毒性，吃多或常吃会影响儿童的生长发育和智力健康。

泡泡糖。泡泡糖中的增塑剂含有微毒，其代谢物苯酚也对人体有害。再者，儿童吃泡泡糖的方法很不卫生，容易造成胃肠道疾病。

巧克力。孩子吃了巧克力不易消化。由于巧克力味道浓厚，还会降低儿童味觉的敏感性，使得儿童食欲下降。同时，巧克力如与咖啡一同食用，会使孩子大脑兴奋而难以入睡。另外，食用过多的巧克力可在儿童体内产生过敏反应，使膀胱壁膨胀、容量减少、平滑肌变得粗糙、产生痉挛，同时这一过敏反应又使小儿睡得过深，使其在尿液充盈时不能及时醒来，造成尿床。

糖精。儿童食用带甜味的食品和饮料，很多加入了糖精。据研究表明，大量食用糖精会引起血液、心脏、肺、末梢神经疾病，损害胃、肾、胆、膀胱等脏器。因此我国规定在病人和儿童食品中不得使用糖精。

葡萄糖。如果长期以葡萄糖代替白糖，就会造成胃肠消化酶分泌功能下降，消化功能减退，影响除葡萄糖以外的其它营养素的吸收，从而导致儿童贫血、维生素和各种微量元素缺乏，使抵抗力降低等。

◎儿童不宜多吃的甜性食物

甜食。吃甜食过多，会使口腔细菌繁殖、发酵、产酸，腐蚀牙齿，从而形成龋齿。吃甜食过多，还会使体内消耗大量维生素 B，降低体内钙质，使眼球弹力减弱，易患近视或加重近视的程度。此外吃甜食过多，会影响食欲，使进食减少，甚至影响身高的增长。因此，儿童不宜过量食用甜食。

橘子。橘子虽然营养丰富，但含有叶红素，吃得过多，容易产生"叶红素皮肤病"、腹痛、腹泻，甚至引起骨病。故儿童吃橘子一天不宜多于中等大小的 4 个。

皮蛋。在腌制皮蛋的原料中，含有氧化铅，因而腌制好的皮蛋内含有少许铅。如果长期食用微量的铅元素，会对孩子的神经系统、造血系统和消化系统造成明显的危害。

鸡蛋。鸡蛋虽然营养成分比较全面，但若吃得过多，会增加体内胆固醇的含量，容易造成营养过剩，导致肥胖，还会增加胃肠、肝肾的负担，引起功能失调。

◎儿童不宜多吃的食物

豆类。豆类含有一种能够制止甲状腺肿的因子，可促使甲状腺素排除体外，结果导致体内甲状腺素缺乏。成年人机体为适应这一需要可使甲状腺体积增大。儿童正处于生长发育期更易受害，故儿童不宜常吃多吃豆类食物。

菠菜。菠菜含有草酸，草酸和食物中的钙结合会产生草酸钙，草酸钙不能被人体吸收利用。所以，常吃菠菜会引起缺钙。缺钙则影响儿童的生长发育，易患佝偻病、手足抽搐症等。儿童不宜多吃菠菜。

猪肝。猪肝含有大量的胆固醇，儿童常吃或多吃猪肝，会使体内胆固醇含量升高，成年后容易诱发心脑血管疾病。

肥肉。儿童吃肥肉过多，对身体发育无益。因为肥肉里含有 90% 左右的动物脂肪，虽然吃起来香美，但大量地摄入动物脂肪，对正在生长发育中的儿童不利。还因为儿童的饮食要求各种营养素比例适当，脂肪供给人体大量的热量，在胃内停留时间长，一顿饭吃上几块肥肉就觉得挺饱，从而影响其它蔬菜、豆制品等的进食量。

◎酒足饭饱不宜洗桑拿

"酒足饭饱，桑拿洗澡"，似乎是现代都市上层社会的生活时尚，甚至是请客求人、联络感情的必要程序。实际上，酒足饭饱去洗澡，身体会受不了；半醉半醒去桑拿，身体会更受不了。

饱餐后立即洗桑拿会影响消化功能。洗桑拿时，由于热气蒸腾，皮肤血管扩张，血流旺盛。饱餐后立即洗桑拿，消化道的血流量就会相对减少，消化液分泌也因此而减少，使消化功能低下，不利于食物的消化。

喝酒后立即洗澡或洗桑拿，人体内储存的葡萄糖会在洗澡时消耗掉，可导致血糖浓度大幅度下降，同时，酒精也会抑制肝脏的正常活动，阻碍体内葡萄糖存量的恢复。

所以，在酒足饭饱之后马上洗澡，会影响健康。如果喝酒过多，处于极度兴奋或抑制状态的情况下，更不宜洗澡或洗桑拿。

另外，空腹饥饿时也不宜洗桑拿，否则容易引起低血糖，甚至发生休克。还是在不饱不饿时洗桑拿为好。

◎ 栗子忌与豆腐同食

造成后果：可能导致结石。原因：豆腐里含有氯化镁、硫酸钙这两种物质，而栗子中则含有草酸，两种食物遇到一起可生成草酸镁和草酸钙。这两种白色的沉淀物不仅影响人体吸收钙质，而且还易导致结石症。同理，豆腐也不能与竹笋、茭白、菠菜等同吃。

◎ 鸡蛋忌与豆浆同食

造成后果：可能影响消化。原因：生豆浆中含有胰蛋白酶抑制物，它能抑制人体蛋白酶的活性，影响蛋白质在人体内的消化和吸收；而鸡蛋清中含有黏性蛋白，可以与豆浆中的胰蛋白酶结合，使蛋白质的分解受到阻碍，从而降低人体对蛋白质的吸收率。

◎ 菠菜忌与豆腐同食

菠菜中所含的草酸，与豆腐中所含的钙产生草酸钙凝结物，阻碍人体对菠菜中的铁质和豆腐中蛋白的吸收。

◎ 鸡蛋忌与白糖同食

很多地方有吃糖水荷包蛋的习惯。其实，鸡蛋和白糖同煮，会使鸡蛋蛋白质中的氨基酸形成果糖基赖氨酸的结合物，这种物质不易被人体吸收，对健康会产生不良作用。

◎ 鸡蛋忌与兔肉同食

《本草纲目》中说："鸡蛋同兔肉食成泄痢。"兔肉性味甘寒酸冷，鸡蛋甘平微寒，二者都含有一些生物活性物质，共食会发生反应，刺激肠胃道，引起腹泻。另外，鹅、鸭肉忌与鸡蛋同食，否则会大伤人体中的元气。鸡蛋忌糖精，同吃会中毒，重者死亡。红糖忌皮蛋，同食会中毒。

◎ 饮料搭配禁忌

1. 汽水与辛辣食物同食使萎缩性胃炎病人胃脘疼痛。

2. 白酒与茶同食易造成肾脏损害。

3. 咖啡与白酒同饮会严重伤及大脑。

4. 白酒掺啤酒刺激心脏、肝、肾、肠胃。

5. 汽水、啤酒忌白酒：汽水、啤酒中含有大量的二氧化碳，容易挥发，如果与白酒同饮，就会带动酒精渗透，使人易醉。

6. 白酒忌柿子：同食会引起心闷。

◎ 海鲜不宜与水果混食

海鲜中的鱼、虾、藻类等都含有比较丰富的蛋白质和钙等，如果把它们与含有鞣酸的水果如葡萄、石榴、山楂、柿子等同食，不仅会降低蛋白质的营养价值，而且容易使海味中的钙质与鞣酸结合成不宜消化的物质。这些物质刺激肠胃，便会引起人体不适，重者会胃肠出血，轻者出现呕吐、头晕、恶心和腹痛、腹泻等症状。所以，吃了海鲜之后，不宜马上吃水果。

◎不宜用旺火煮挂面

挂面本身很干，用旺火煮，水太热，面条表面形成黏膜，水分不容易向里渗透，热量也无法向里传导。同时，由于旺火催动水沸开，产生动力，面条上下翻滚，互相摩擦，更降低了水的渗透性，这样煮出的面条发黏，会出现硬心。相反，如用慢火煮，就有了让水和热量向面条内部传导渗透的时间，这样，反而能将面条煮透煮好，并且汤清、利落。

◎不宜用热水浸洗猪肉

猪肉的肌肉组织和脂肪组织内含有大量的蛋白质。猪肉蛋白质可分为肌溶蛋白和肌凝蛋白两种，肌溶蛋白的凝固点是15℃～60℃，极易溶于水。当猪肉置于热水中浸泡的时候，大量的肌溶蛋白就溶于水面排出体外。同时，在肌溶蛋白里含有机酸、谷氨酸和谷氨酸钠盐等各种成分，这些物质被浸出后，就影响了猪肉的味道。因此，新鲜猪肉不要用热水浸泡，而应用干净的布擦净，然后用冷水快速冲洗干净，不可久泡。

◎爆锅用油应注意的事项

在炒菜做汤时爆锅，宜用凉油。因为在油烧开时就爆炒葱、姜、蒜等，闻着还挺香，可是做出的菜却不香（原因是葱、姜、蒜的香味在爆锅时已挥发掉）。不过要注意，凉油是指烧开后晾凉的油，没烧开的油不仅有生味儿，而且还残留着"苯"，对人身体有害。

◎鳝鱼炒制宜忌

1. 宜用热油。用热油滑后，可使菜肴脆嫩、味浓。相反，如果用温油滑，因鳝鱼的胺性大，难以除去异味，菜肴的口味差。

2. 宜加香菜。炒鳝鱼配香菜，可以起到调味、鲜香、解腥的作用。

3. 上浆不宜加调味品。鳝鱼含有大量的蛋白质、核黄素，如果在上浆时加入盐等调味品，会使鳝鱼中的蛋白质封闭，肉质收缩，水分外溢。如果用淀粉上浆，油滑后浆会脱落，因此在上浆时不加基本调味品。

◎炒菜时油不宜太热

炒菜的油温高达200℃，不仅植物油中对人体有益的不饱和脂肪酸将被氧化，而且会产生一种叫做丙烯醛的气体，它是油烟的主要成分，对人体的呼吸系统极为有害。另外，丙烯醛还会使油产生极易致癌的过氧化物。因此，炒菜时不要使油的温度过高，达到八成热的油较好。

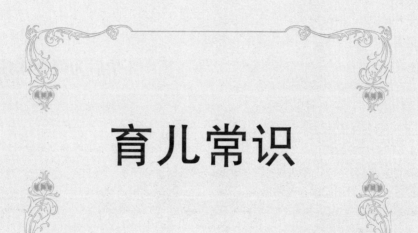

育儿常识

孕育宝宝

◎妇女最佳生育年龄应是多大

妇女最合适的生育年龄是 25 ~ 29 岁之间。临床资料证实，妇女在此年龄之间，生育能力较旺盛，子宫收缩力很好，出现难产的机会较少，低体重儿、畸形儿和新生儿死亡率也相对减少，先天畸形者可以减少一半以上。在这段年龄内精子和卵子的质量较高，下一代体质也最好。而此时妇女工作和生活上都趋于成熟，思维稳定，创造了一定的物质和生活环境条件，对生育及抚养下一代都很成熟，有利于下一代的成长，更有利于社会的发展，对夫妻双方的身心健康也都十分有利。

◎怀孕后月经会有哪些变化

月经的形成与卵巢排卵有关。正常情况下，卵巢每月形成一个成熟卵泡。卵泡早期分泌雌激素，促使子宫内膜增生、变厚。排卵以后，卵泡变成了黄体，分泌孕激素，使子宫内膜增厚。如果卵子未受精，子宫内膜脱落，血就由子宫腔通过阴道流出来，这就是月经。卵巢功能正常的妇女，定期排卵，两次月经间隔时间大约是 28 天，提前或推迟 7 天左右均属正常范围。经期为 3 ~ 7 天，经量约 20 ~ 60 毫升，第二天量较多，呈暗红色，内混有子宫内膜碎片和黏液，略有血腥味。如果已婚妇女，平素月经正常，在无特殊情况下（如精神刺激、过度疲劳与衰竭等），突然月经超过 40 天没来，首先应考虑是怀孕。如果月经周期正常，但最后一次月经量极少，经期由 3 ~ 7 天变成 1 ~ 2 天，也应考虑是否妊娠并有先兆流产的可能。

◎怀孕后为何会尿频

由于受孕激素的影响，使输尿管平滑肌松弛，宫腔扩大，蠕动能力降低，因而尿流缓慢，以致肾盂和输尿管中有尿潴留。随着妊娠进展，子宫逐渐增大，压迫膀胱，使膀胱的容积变小，受到刺激而产生尿频、尿急感。如果孕妇无任何不适，无需治疗，但要注意局部卫生。

◎怀孕后会有什么变化

受到内分泌的影响，孕妇腹壁、乳房或大腿外侧的皮肤上，因弹性纤维断裂而出现斑纹，叫"妊娠纹"。初次妊娠者呈紫红色，随着时间的增加"妊娠纹"变成白色。妊娠时皮肤色素常加深，尤其在乳头周围、外阴、脐下正中线等处更为明显。而孕妇在面部、鼻两侧常有对称的棕褐色斑纹，似蝴蝶，俗称"妊娠斑"，或称"蝴蝶斑"。一般产后随着内分泌的恢复而消退，但有部分妇女则未能完全消退。出现"妊娠斑"应注意饮食清淡，少食酱油等色素食品，多吃果蔬食品。

◎怀孕后应定期做产前检查

怀有小宝宝后，母体便进入了一个新的内分泌环境，母体的全身器官都要发生变化，并出现不同的反应。随着妊娠月份的进展，母体各器官也发生相应的改变，以便利于胎儿生长发育的需要，为胎儿足月，自母体排出做好了准备工作。由于胎儿的增大，母体重要脏器的负担也加重，会出现手脚浮肿、走路气喘等现象。怀孕4个月后要定期去医院进行检查，以后每半个月检查一次，9个月后，每周检查一次。临时发生异常，要及时去医院检查。定期检查，可以了解母亲的健康状况和胎儿的发育情况，所以孕妇要选择离家近、治疗条件好的医院做定期检查，让医生对日后生产情况有详细的了解，便于发现异常及时诊治。

◎孕妇的最佳睡眠姿势

妊娠晚期，随着胎儿的增大，子宫的体积、容积都有显著的增加。产前一段时间，困扰孕妇的一大难题便是睡眠姿势。孕妇的卧位姿势对母体的健康与胎儿的安危都有重要的关系。如果采取仰卧位睡眠或休息，必然会使重量增加的子宫压迫腹主动脉，从而使子宫动脉的压力降低，影响子宫的血液循环，胎盘的供应受到直接影响，使胎儿的营养供给和代谢物的排除受到障碍。

根据临床观察，孕妇最好采取左侧卧位，因为这种卧位可以纠正增大子宫的右旋，能减轻子宫对腹主动脉和髂动脉的压迫，改善血液循环，增加对胎儿的供血量，有利于胎儿的生长发育。

◎为什么要进行胎教

怀孕后经常听音乐，到户外散步、活动、呼吸新鲜空气，有利于胎儿发育。孕妇在白天或睡前，特别是妊娠晚期，对胎儿进行抚摸训练，可以激发胎儿的积极性。孕妇躺在床上，腹部放松，然后双手放在腹部，用手指轻轻地安抚胎儿，这时胎儿会出现蠕动。经过这种训练的婴儿，站立和行走都会早于未经训练者。另外，在胎儿神经系统发育形成过程中适时进行胎教、接受良好的刺激，有利于胎儿生长发育，出生后很快能适应新的生长环境。丈夫要尽心体贴妻子，防止相互吵架，使孕妇无忧无虑，保持情绪稳定。

哺育宝宝

◎如何满足小儿日常营养

机休必须摄取食物以维持生命，食物中的有效成分称为营养素。人体所需营养素约有几十种，可概括为六大类：蛋白质、脂肪、糖、无机盐、维生素及水。

来源于奶、蛋、肉、鱼等食物的蛋白

质称为动物性蛋白质；来源于谷类、豆类、干果类的蛋白质称为植物性蛋白质。一般来说，动物性食物中所含蛋白质成分多，营养价值也较高；植物性食物中所含蛋白质量少，营养价值也较低。脂肪在人体内分布较广泛，贮存于皮下、肠系膜、结缔组织及肾周围等，是构成人体细胞膜的基本成分。糖是给机体提供能量的最重要物质，机体消耗能量的 50% 由糖氧化后提供。肌肉活动、心脏的跳动、胃肠道的蠕动及大脑的思维活动等均要消耗能量。糖还能维持脂肪的正常代谢，能减少蛋白质的消耗。维生素是维护身体健康，促进生长发育和调节生理功能所必需的有机化合物。维生素人体需要极少，由于大多不能在体内合成，所以必须经常由食物供给，如长期摄入不足，便会造成维生素缺乏性疾病。水及无机盐：水占小儿体重的 60%~80%，年龄越小，体内所含水分越多。无机盐中主要元素有钙、镁、磷、铁、锌等，它们参与人体组织构成，调节生理机能，并维持人体正常新陈代谢，是机体生长发育中不可缺少的物质。

◎奶粉越浓越有营养吗

奶粉太浓不仅不能达到营养价值高，反而会有害于婴儿的身体健康和智力发展。因为奶粉中含有较多的钠离子，如果不用水适当稀释，婴儿吸收大量钠离子对血管壁的压力不断增强，势必引起婴儿血压增高。由于婴儿的毛细血管很嫩弱，所以血管壁受压后，脆性增强，容易引起脑部毛细血管破裂、出血、抽筋及昏迷。脑部出血严重的婴儿，若并发病菌感染，又极容易引起化脓性脑炎，甚至

危及生命，所以婴儿饮用奶粉要适量稀释。

◎如何防止孩子吐奶

让宝宝趴在妈妈肩上给宝宝喂完奶后，妈妈轻轻将他抱起，让宝宝的身体尽量竖直些，小头伏在妈妈的肩膀上，妈妈一手托好宝宝的小屁股，另一只手轻轻拍打或抚摩宝宝的背部，等到听见有气体从宝宝嘴里排出的声音即可。

让宝宝坐在妈妈的大腿上，妈妈用一只手撑住宝宝的胸脯，但一定要给宝宝的头以适当的支撑，让宝宝的头稍稍向前倾，注意不要往后仰。

让宝宝的头和肚子贴在妈妈的腿上妈妈坐下，然后用一只手扶好宝宝，另一只手轻轻地拍他的背。

◎缺钙儿童不宜多吃菠菜

菠菜里含有一种草酸，草酸和食物中的钙结合在一起会产生草酸钙，草酸钙不能被人体吸收利用，所以常吃菠菜会引起缺钙。缺钙常会影响幼儿的生长发育，易患佝偻病、软骨病。如果幼儿已有缺钙症状，吃菠菜会使病情加重。因此，幼儿忌多食菠菜。如果在烹调前先将菠菜放在热水中浸泡一下，可以除去部分草酸。

◎小儿缺锌有什么危害

儿童如果缺锌，不仅智能、心理发育障碍，骨骼发育也慢。

儿童对锌元素的需求量大约每天每公

斤体重 0.3 ～ 0.6 毫克，猪、牛、羊等畜肉每克中含锌 20 ～ 60 微克，鱼与其它海产品中也都在 15 微克以上，牛奶及乳制品中则较少。故以奶类为主食的婴幼儿，应注意添加含锌量较多的辅食。

◎ 小儿缺铜有什么危害

导致广泛性骨质疏松，容易在外力作用下变形或折断。同时还可影响磷脂的合成，致使新骨生成受到抑制。

人体对铜的需要量与年龄有关，儿童每天约需 1 毫克。坚果类、海产品、动物肝、小麦、干豆类等含铜颇丰，可适当增食一些。

◎ 小儿缺锰有什么危害

锰元素是软骨生成中不可缺少的辅助因子，若缺乏则可引起一种叫作硫酸软骨素的物质合成障碍，从而妨碍软骨生长，造成软骨的结构和成分的改变，最终导致骨骼畸形。锰缺乏也可通过影响骨钙调节而引起新骨钙化不足，导致骨质疏松。

婴儿每天需锰 0.5 ～ 1.5 毫克，儿童为 1.5 ～ 3 毫克。动物性食品中含锰较少，但吸收率高；植物性食品中含锰较多，但吸收率低。因此，只要不偏食、择食，即可摄取足量的锰元素。

◎ 小儿缺镁有什么危害

镁在骨骼的生长发育中起间接调控作用。缺镁最常见的表现为骨骼过早老化、骨质疏松、软组织钙化。

绿色蔬菜、水果、蕃茄、海藻、豆类、燕麦、玉米、坚果类含镁丰富，都可供选择。

◎ 如何为婴儿做胡萝卜汤

取胡萝卜 500 克，洗净切碎，放入锅中加水适量，煮沸约 1 小时离火，待温，用纱布过滤取汁，加入白糖少许调匀，即可饮用。

◎ 如何为婴儿做清炖肉汤

将鸡肉或牛肉 500 克，在开水中去血污，切成碎块放入锅中，加入葱花、姜丝和水适量，加入食盐少许，再慢火炖 3 小时，至肉酥烂离火。吃面条、面片或豆腐脑时适量加入。

◎ 如何为婴儿做鸡蛋面片汤

取大碗 1 只，加入面粉 100 克，打入鸡蛋 1 个，用筷子搅成面团，放在面板上擀成薄片，用刀切细。煮烂后离火，加入酱油和少许香油，即可喂用。

◎ 如何为婴儿做浓米汤

取大米或小米，淘洗干净后，煮成烂粥后，撇取米汤即可喂用。

◎ 怎样能健康喂养婴儿

1. 吃母乳的婴儿，出生后 2 ～ 3 个月就可吃蔬菜汁、果汁。4 ～ 5 个月可吃少量煮蛋黄、米汤，也可吃饭、馒头、饼干等。

2. 每次最好加吃一种食物，吃习惯了再加第二种，每次喂量由少渐多，但不要过量。

3. 喂辅助食物。最好在喂奶以前，这时婴儿胃里是空的，容易接受食物，也于消化。"

4. 注意小儿消化情况。如消化不良，辅助食物应减量或暂停。

5. 喂奶期间母亲要注意营养，以便让乳汁充足。婴儿母亲可以多吃些新鲜蔬菜、豆类、肉类等食物，不可偏食。

6. 乳母要经常保持乳头卫生，勤擦洗、勤换衣，喂奶前要洗奶头。

7. 喂奶次数：一般隔 3 ~ 4 小时喂一次，夜间最好不喂。每次喂奶 20 分钟，体弱的婴儿喂奶时间可稍长一些，但不要超过 30 分钟。

8. 每次喂奶后，将小儿放在肩头，轻轻拍打婴儿脊背，使吞进去的空气从胃里排出来，以免吐奶。

9. 白天每喂两次奶的中间要喂一次水，但不要过多。每天给婴儿喂水时，可加少量食盐。

10. 婴儿 3 个月后，应有意识地让婴儿养成吃东西的习惯，为断奶打下基础。婴儿满周岁时应断奶，最迟不超过 1 岁半。如果断奶过迟，乳汁稀薄不能满足婴儿发育的需要，容易产生营养不良或贫血。

断奶最好在秋季或春季，采取逐渐减少喂奶次数、以辅助食品代替母乳的办法断奶。

◎如何为婴儿做蛋黄泥

取鸡蛋 1 个，洗净后放入锅中煮熟，去壳及蛋白，取其蛋黄，加开水少许，用汤匙搅烂成泥，即可喂用。亦可将蛋黄用牛奶、米汤、菜水调成糊状喂用。

◎如何为婴儿做肝泥

将猪肝用沸水冲去血污。锅内加水适量，放入葱花、姜丝及酱油少许，同猪肝一块急火烧开，慢火炖熟。加少许原汤，用汤匙搅成泥状即可。

◎如何为婴儿做菜泥

将洗净切碎的青菜投入沸水中，急火煮烂，捞出后盛碗中，用汤匙捣烂，去除粗渣纤维，加入少许精盐即可。

◎如何为婴儿做水果泥

各种熟透的水果如香蕉、苹果、梨等均可。将水果洗净去皮，用小勺轻轻刮削果肉呈泥状即可。

◎如何为婴儿做土豆泥

取土豆洗净去皮，切成小块，放入水中煮烂，盛入碗中，用汤匙捣成泥状，然后用少许油、盐、葱花炒过即可。

◎孩子长牙时吃什么最好

牙齿的生长发育需要蛋白质、矿物质（如钙、磷、氟）、维生素A、维生素D和纤维素等。因此要保证儿童时期牙齿的正常生长发育，就必须重视其饮食营养。对儿童摄入的食物不仅要求富含上述营养素，而且要求它对牙周组织有足够的生理刺激和机械的洗刷作用。对儿童长牙有好处的食物有鱼、肉、蛋、肝、牛奶、虾皮、豆制品、青菜、萝卜、芹菜、豆角、菠萝。苹果、橄榄、玉米、花生、谷类，这些食物应适当多吃。

而富有黏性或精制的碳水化物，如奶糖、巧克力、精制甜点心、各类甜蛋糕、甜饼干、甜年糕等，则容易附着与滞留在牙齿的沟窝内，加速致龋细菌的繁殖，同时致龋菌又可以合成大量的多糖类新性物质，黏在牙釉质表面，吸附细菌斑，产酸，破坏牙齿。所以软而黏的甜食儿童要少吃，食后要注意刷牙、漱口。特别是睡前吃糖的习惯对牙齿的危害较大，一定要纠正。

◎如何预防小儿偏食

1. 饮食忌单调。虽然新生儿已具有感知食物味道的味觉，但是其味觉的完善是在断乳期。如果在断乳后到幼儿期这段时间内饮食单调，就会限制小儿味觉的发展，这是造成偏食的一大原因。

2. 食物忌外观不佳。小儿对色彩鲜艳的西红柿、胡萝卜往往感兴趣，而对乌贼鱼、海带常常望而生畏。食物不良的感官性状往往影响着小儿对该食物的喜好程度，是造成小儿偏食的又一大原因。

3. 父母有严重偏食或神经质，小儿易养成偏食习惯。如果小儿吃了有怪味的食品或食后发生恶心呕吐，或因食物烹调不当，或食物本身不洁、腐败等，都会给小儿造成不良的体验，使小儿对这些食物产生反感。

4. 此外，偏食的形成还与自身性格有关，那些神经质、谨慎、内向、胆怯的小儿较容易形成偏食，单调的生活和缺乏新鲜事物的环境也容易促成小儿偏食。

培育宝宝

◎怎能知道婴幼儿发育是否正常

一月：体重由出生 3000 克左右，增加到约 3600 克，身长由出生 50 厘米左右，增加到 52 厘米。新生儿大部分时间都在睡觉；两手握拳，手臂和小腿弯曲，除会哭及吮奶外，不会做别的动作，呼吸脉搏较快，大小便次数较多。

二月：体重约 4200 克，身长约 55 厘米。对鲜美的玩具、明亮的光线有所注视，能听到较响的声音。

三月：体重约 4800 克，身长约 58 厘米。俯卧时能抬头，睡眠逐渐减少，能对他说话的人微笑。

四月：体重约 5400 克，身长约 60 厘米。端坐和抱起时，头能竖起，颈、腿、足开始有力，会扑打悬空的玩具。

五月：体重比出生时增加 1 倍，身长约 62 厘米。能分辨声音的方向，在大人的辅助下，腿可以站直。

六月：体重约 6500 克，身长约 64 厘米。开始长乳牙，对声、光的反应更加明朗，开始牙牙学语，能认识母亲和身边的其他亲人。

七月：体重约 7000 克，身长约 66 厘米。能坐起和翻身，自主拿玩具。

八月：体重约 7500 克，身长约 67 厘米。会爬，能独立站起，门齿基本长齐，语言增多。

九月：体重约 8000 克，身长约 68 厘米。能扶墙或栏杆站立、行走，动作有一定目的，会说"爸"、"妈"等单词。

十月：体重约 8400 克，身长约 69 厘米。可食易消化流质性普食，能区分出大人喜怒表情，并能做出相应的反应。

十一月：体重约 8700 克，身长约 70 厘米。用手能指出自己的所要之物，能自己抱起奶瓶吸乳。

十二月：体重在 9000 克以上，身长在 70 厘米以上。能短时间单独走路，懂得一些常见物品的名称，并开始向大人索要零食，能懂得给与不给的含义，并能做出相应的反应。穿衣、小便能与大人合作，能点头示意，招手再见。饮食以普通食物为主，完全可以断奶。

◎如何防止小儿脸长歪

婴儿在睡觉时，大人要定时帮助他们变换头部的位置，以免他们的脸一侧长期受压。

小儿常用一侧牙齿吃东西，往往是因为另一侧牙齿有毛病。因此，对于牙齿有毛病的小儿，家长要及时带他们到医院治疗。

对有偏头睡觉和用一侧牙齿嚼食物习惯的小儿，家长要耐心地教育，帮助他们纠正。

小儿如果已经形成偏脸，家长也不必过分着急，只要及时纠正不良习惯，孩子的脸是会慢慢恢复平衡的。不过，偏脸小儿如果错过了儿童时期再去纠正，那就很难奏效了。

◎怎样对宝宝进行早期教育

新生儿的早期教育格外重要。父母应根

据婴儿的情况每天进行 10 分钟教育，具体训练要求是：

视觉训练：用一个红球放在婴儿的眼前，引起婴儿两眼注视，并可慢慢移动，使两眼随红球方向转动。

听觉训练：用摇鼓或铃在婴儿耳边轻轻摇动，婴儿听到铃声可转向铃声方向。

触觉训练：当乳头触及婴儿的嘴边，婴儿会做吮吸的动作；抚摸婴儿的皮肤，婴儿会露出舒适的微笑。

发音训练：经常和婴儿讲话，虽然婴儿听不懂，但听到父母的讲话声、笑声，婴儿会感到舒适、愉快。

抓握训练：把有柄的玩具塞在婴儿手中，让婴儿练习抓握。

动作训练：洗澡后，室温保持 27℃，给婴儿做被动操，使婴儿手足运动 2 ～ 3 分钟；有时也可训练婴儿俯卧，使其抬头，但时间只能在几秒钟之内。

◎ 如何防止儿童发生意外

不要把孩子单独留在桌子或台面上。不要使用皮带和背带，以免孩子缠在里面，造成窒息。

不要在孩子房间的窗户下放置小桌、书架或其它可以攀登的家具。

不要给孩子易碎的普通玻璃餐具。

不要把孩子单独放在澡盆里。

药品和洗涤用品应放在孩子够不到的地方或锁在小柜里。

定期检查缺乏必要保险装置的电器，以免孩子触电。

不要让孩子玩塑料薄膜口袋，以免粘在鼻部皮肤上使孩子窒息。

不能买易燃布料给小孩做衣服。

培养孩子的警惕性。如果发现大门敞开、虚掩或是窗户打破了，或是任何异常情况出现，教导孩子千万别进屋门，或报警或通知家长赶紧回家。

指导孩子若发生火灾怎样以最快速度、最安全办法逃出家门，切勿将孩子反锁在家里。

◎ 入学前孩子应会些什么

1. 能说出自己家的住址，全家人的姓名、职业。

2. 看到大人能主动称呼，能做出相当的礼貌表示。

3. 在生疏人面前能有正确的姿态，动作大方，说话声音清晰，不扭扭捏捏，不吞吞吐吐。

4. 说话有一定的条理性、连贯性，发音正确。

5. 基本上对 20 以内的数字有正确的概念，会两位数的加减法、一位数的乘除法。

6. 认识 300 ～ 400 个汉字，会拿笔，能画出方和圆，能写出自己的名字，大体上能懂孩子的图书。

7. 会背几首儿歌、诗词，能讲几个简单的小故事。

8. 懂得一定的生活常识，能分清春夏秋冬、东南西北、前后左右等。

9. 有一定的生活自理能力，能自己洗脸、穿衣、吃饭，有较强的劳动观念，愿意帮助大人干自己能干的活儿。

10. 吃东西的时候不贪婪，能想到长辈或他人。

11. 能和小朋友团结友爱，能拿自己的玩具和小朋友一道玩。

12. 能听大人话，不任性、不调皮，有不满意的地方能正常地说出自己的理由，不乱发脾气或哭闹。

13. 有一定勇敢精神。

14. 不撒谎，不拿别人东西，敢于承认错误。

15. 不骂人，不打人，不做别人不喜欢的事。

16. 自己的学习用具和玩具用完后，能自己收拾、保管。

17. 有起码的卫生常识和习惯，不随地吐痰、便溺，不乱扔秽物，饭前洗手，不喝生水，不吃脏东西。

18. 懂得一般交通规则，达到自己可以过马路的水平。

19. 对上学有兴趣，知道尊敬老师，团结同学，遵守纪律，爱护公物。

20. 身体健康，动作灵活。

◎如何对幼儿进行排尿训练

3～4个月，家长应给孩子把尿。把尿时，妈妈可发出嘘嘘声音。要训练几次，孩子就能形成条件反射。一般坚持3个月，在这种声音刺激下，孩子就会排尿了。且应逐渐养成习惯，孩子吃完奶后10分钟可把次尿，以后可每隔1.5个小时再把次尿。每次把尿时间不超过1～2分钟，时间太长，孩子会不舒服，甚至产生反感情绪。

6～7个月，婴儿会坐时，父母应训练孩子坐盆排尿，但时间不能超过5分钟。

起初训练时，孩子不习惯，父母不应强迫他们。孩子坐盆时，不要让孩子玩玩具，更不能让孩子边坐盆边吃东西，以防孩子转移注意力。让孩子排尿不宜过勤，一般1.5～2小时排次尿即可。频繁排尿会养成孩子尿频毛病，有时甚至会影响到孩子成年后的习惯。

1～2岁，自己能排尿，也会坐盆，但父母应注意观察孩子的排尿次数和间隔时间，以掌握规律并提醒孩子坐盆。在习惯未养成前，孩子有时尿湿了裤子，父母不能因此而责备孩子；当孩子主动说要撒尿并坐盆排便时，父母要及时表扬，如用"真是好孩子，学会自己大小便了"等鼓励性话语。

◎如何开发婴儿的智力

当婴儿开始咿呀发声时，要有意识地引导其正确发音，教会孩子用规范正确的语言表达自己的想法。

逐渐训练婴儿的四肢动作。如让孩子抓住有柄的玩具，用四肢爬行，抓住大人的手指站立、跨步。

给婴儿玩各种颜色和形状不一的玩具，从看玩具、摸玩具到辨别玩具，逐渐增加。

让婴儿听一些轻松活泼富有童趣的音乐。

父母宜经常与婴幼儿说话。即使孩子听不懂，也要进行，语气要温柔，语速要适中，语调不要太高。

每天轻轻地抚摸孩子的皮肤，使之感受到父母的触摸。

多带婴儿到户外活动，接触大自然。

护理宝宝

◎ 如何给婴儿洗澡

天天给婴儿洗澡会使新生儿筋疲力尽。冬天每周 2 次，夏天每周 3 次足够了。给婴儿洗澡时应在饭前进行，水温以 36℃ 为宜，室温不可低于 20℃，婴儿在水中的时间不应超过 5 分钟。

◎ 幼儿居室如何布置

五要：一要阳光充足，空气流通，温度适宜，清洁卫生，环境安静。二要有高低适度的床、桌、椅各一张，有条件时可放书架、小收音机、玩具等。三要睡硬板床，床太软会影响小孩脊柱和胸廓发育，床应带栏杆，防止坠床发生意外。四要独立睡觉，按时作息，睡觉时保持环境安静。五要在墙上挂些彩色画片，以训练幼儿视觉，刺激大脑发育，促进智力发展。

五不要：一不要用纤维地毯及油漆地面。二不要放电视机、组音箱及高档精细装饰品。三不要放农药、化肥和其它药物。四不要饲养动物。五不要在屋内吸烟，放置樟脑球。

◎ 怎样给新生儿穿衣服

家长在给孩子穿衣服的时候一定要特别小心，由于新生儿的皮肤娇嫩，颈部和四肢都很柔软，如果穿衣服时动作过于粗暴，就很容易把新生儿的皮肤擦伤或把软组织扭伤。在穿衣时，家长必须轻手轻脚，穿上衣时要握住小儿肘关节，一点点送入衣袖中，小儿下身可不穿衣服，垫上尿布包上被子即可。包被子不要包得太紧，应该让孩子的双腿有自由活动的余地。

新生儿的体温调节中枢很不健全，体温容易随外界温度而改变，所以在夏天家长要注意新生儿的散热，冬天要做好新生儿的保暖。夏天小儿穿盖不宜过多，只要一个小兜肚围住胸腹部即可。冬天一般室内温度至少要保持在 20℃ 以上。

◎ 婴幼儿穿裤 "五不宜"

不宜穿合成纤维制成的内裤。合成纤维本身对皮肤就有刺激性，此类内裤吸水性差，易使汗水或尿液滞留于皮肤，而婴幼儿皮肤娇嫩，由此可诱发过敏或湿疹。故婴幼儿直选柔软的全棉内衣内裤。

男性婴幼儿不宜穿拉链裤。男性婴幼儿穿拉链裤时，他们自己拉动拉链，有可能将外生殖器的皮肉嵌到拉链内，造成意外伤害。

不宜穿健美裤。孩子正处于生长发育旺盛阶段，如果将健美裤紧紧束缚住臀部和下肢，就直接妨碍了生长发育。另一方面，孩子活泼好动，代谢旺盛，产热量多，紧裹不利于散热，影响体温调节，健美裤裆短，裤裆与阴部摩擦增多，容易引起局部湿疹和皮炎。

幼女不宜穿开裆裤。婴幼儿体内雌激素水平低，外阴皮肤抵抗力弱，穿开裆裤容易引起会阴部细菌感染，出现局部红肿，甚至发生粘连，导致排尿困难。特别是幼儿无知，女幼儿穿开裆裤易将异物塞入阴道内，从而引起细菌感染，严重者还可发展成为败血症。故女孩子到1岁左右应逐渐穿满裆裤。

不宜穿喇叭裤。喇叭裤大腿处特别瘦窄，紧裹在肢体上，可使下肢血液循环不畅，从而影响生长发育。幼儿臀部包紧、裤裆反复摩擦外生殖器，还容易发生瘙痒，诱使幼儿抚弄生殖器，极易形成不良习惯。此外，又长又肥的裤腿并不利于小儿活动，学步行走也不安全。

◎怎样保护儿童的视力

家长应及早定期检测儿童的视力，早期发现视力低下的儿童，采用应有的防治措施。

1.指导儿童从小培养良好的用眼习惯，自觉地注意用眼卫生。走路和乘车时不要看书，不要歪头写字和躺着看书。一般在连续看电视半小时后应休息5~10分钟。眼睛与电视屏幕的位置，应比儿童的眼睛稍低一些。

2.儿童的学习环境要保证适当的照明条件。不要在昏暗的弱光下、月光下看书；儿童读书写字时，要有适宜的课桌和椅子。

3.防止用眼过于疲劳。当连续阅读或写字时间较长时，每过一小时，就应当使眼睛休息，进行几分钟远望。

4.加强周身锻炼，注重适当的休息。生活要有规律，早睡早起，保证足够的睡眠和适当的休息。

5.摄取适当的营养，避免偏食和暴饮暴食，多吃动物肝脏、豆类、奶类、蛋类、鱼虾、柿子、胡萝卜、蔬菜及粗粮等食品。

◎怎样校正孩子吮手指

吮手指是婴儿和幼儿期间常见的现象，不但吃奶的婴儿喜爱吮手指，不少断了奶的孩子甚至三四岁的孩子，也常常以吮手指为乐。

吮手指会影响婴儿和幼儿的发育。手指上常常带有有害细菌，吮指头就会造成"病从口入"的后果；再者，经常吮手指会影响孩子的牙齿发育，吮手指还会造成手指甲发育的不良。一旦发现婴儿特别喜爱吸吮指头，要及时予以纠正，不要使其养成习惯。

对较小的正在吃奶的婴儿，可以考虑在其指头上包上洁净的纱布，也可以用玩具等吸引其注意力，使其腾出手来去摆弄玩具；人工喂养的婴儿，可以延长其吃奶的时间；对断了奶、年龄稍大的孩子，则可通过耐心讲道理、引导来改变其不良习惯。

◎如何防治小儿长痱子

发现孩子身上有痱子后，在洗澡时挤点牙膏代替肥皂，尤其是在痱子多的颈部、背部可抹一些，并进行摩擦。由于牙膏中含有发泡剂，加上含有薄荷、丁香等杀菌消毒的香料，小孩浴后会通身凉快清爽，感到十分惬意。居室开窗通风，保持婴幼儿皮肤清洁。头发剪短，防止汗液积聚。衣服要柔软宽大，以便身体凉爽舒适。喂奶、喝水时不应过急、过热，避免出大汗。平时可喝些绿豆汤，多吃些蔬菜水果，以清暑、利湿、通便。凉席上应铺上被单或毛巾，使汗液易被吸收，头部的汗渍要及时抹去。

◎怎样预防小儿消化不良

小儿消化不良，是两岁以下的小儿常见胃肠道疾病，一年四季都有发生，尤其是夏秋季节，发病率较高。小儿消化不良的症状主要是每天大便四五次或更多，看上去很像蛋花样，有时带有白色的奶瓣。

预防消化不良要从 3 个方面入手：①要合理地喂养。喂容易消化、营养丰富的食物，最好喂母奶。母奶不够的，人工喂养食品要符合营养的需要和卫生要求。②做好小儿护理。预防受凉和感冒，随气候变化及时更换衣服。③小儿用的奶瓶等餐具，要讲究卫生，防止餐具被污染，最好每天煮沸消毒一次。

◎如何校正孩子的嫉妒心理

首先，家长和老师不要偏爱孩子。在家庭中，无论是分食品，还是买玩具，要尽量做到合理公平，如果出现偏差，要及时解释并进行适当补偿。如果父母真是偏心，想掩盖也掩盖不了，子女迟早会感觉到的，长大后往往会形成家庭成员间别扭和争吵的局面，甚至会酿成家庭悲剧。

袒一个，处罚一个。

同时，使女孩子心胸开阔，使男孩子尽量避免"女性化"，也是克服嫉妒心理的重要措施。

一旦形成嫉妒心理，家长要做好疏导工作，引导孩子看到别人的长处，学习别人的长处，将嫉妒转化成要强、上进的动力，去争取赶上比自己强的人，将嫉妒变成前进的动力。

◎怎样治疗儿童厌食症

引起厌食的原因主要包括精神因素和不良的饮食习惯，例如吃饭不专心、边吃饭边看电视，家长在吃饭时批评或责打孩子等。因此对正玩得兴致勃勃的孩子，在用餐前 15 分钟要告诉孩子把活动逐渐停下来。家长还要注意食物的烹调，如色、香、味要经常有变化，以提高孩子的吃饭兴趣。

另外，厌食与营养素的缺乏有很大关系。如维生素 B_1 缺乏时肠蠕动减少，食欲就会减低；缺乏赖氨酸也会引起肌肉无力，肠蠕动减弱，造成食欲低下。

如果孩子因为长期厌食而出现了营养不良的症状及体征时，则需要适当补充赖氨酸及维生素 B_1，以促进肠的蠕动。

早期教育

◎开拓孩子创新思维十二招

1. 加一加：可在这件东西上添加些什么吗？把它加高一些，加厚一些，行不行呢？

把这件东西跟其它东西组合在一起，会有什么结果？

2. 减一减：可在这件东西上减去些什么呢？把它降低一些，减轻一些，行不行？可省略、取消什么吗？

3. 扩一扩：使这些东西放大、扩展，会怎么样呢？

4. 缩一缩：使这件东西压缩、缩小会怎么样呢？

5. 变一变：改变一下形状、颜色、音响、味道、气味，会怎么样？改变一下顺序会怎么样？

6. 改一改：这件东西还存在什么缺点？还需要改进吗？它在使用时会不给人带来不便和麻烦？

7. 联一联：某个事件的结果跟它的起因有什么联系？能从中找到解决问题的办法吗？

8. 学一学：有什么事物可以模仿、学习一下吗？模仿它的形状、结构会有什么结果？

9. 代一代：有什么东西能代替另一种东西吗？如果代之以另一种材料、零件、方法等行不行？

10. 搬一搬：把这件东西搬到别处还能有别的用处吗？

11. 反一反：如果把一件东西、一个事物的正反、上下、左右、前后、横竖、里外，各颠倒一下，会有什么结果？

12. 定一定：为了解决某一问题或改进某一件东西，为了提高效率和防止事故，需要制定些什么标准呢？

◎ 如何培养孩子的胆量

1. 让孩子多与伙伴交往。孩子在相互交往的"小社会"之中，彼此获取经验，从而逐渐了解自己的力量、胆量，同时也认识别人，学会如何保持彼此之间的良好关系，学会协商、恳求、谦让。

2. 民主的家庭气氛能提高孩子的能力。父母应从小和孩子共同商量家事，把孩子当

做可信、可靠、可用的家庭成员。

3. 忌家长为了阻止孩子的欲望或行为，用恐吓的手段。"不要出去，外面有坏人！"这不但使孩子误解客观事物，而且使他产生错误及糊涂观点，产生奇怪的恐惧心理，造成胆小、拘谨、怯懦、软弱无能的个性品质。

4. 具体地教孩子自卫的方法和活动技能。教育孩子地湿时注意防滑，不玩电源插座，不往嘴、耳、鼻塞异物等。在活动技能方面，如走独木桥时展开双臂以取得平衡，两眼向前看等。总之，多活动，多实践，多鼓励，不但胆量会大，而且遇事处理问题能力也会提高。

◎ 开发智力应从什么时候开始

要使儿童智力有较高的水平，从妊娠胚胎时就应开始注意为智力的发育创造条件。

儿童的智力，主要是经过后天训练获得的，但接受同样训练的人，为什么智力水平会有差别呢？主要原因在于大脑先天发育的差异。而大脑发育的关键时期是在胚胎时期。胚胎的发育是从受精卵的分裂开始的，受精后的 2～8 周称为胚胎期，其间，第 4 周受精卵神经管的脑片已开始形成，第 7 周胎儿头部明显增大，发育迅速。因此，要使儿童大脑及各器官发育良好，应从胚胎时期开始，注意避免一些不利于胎儿发育的因素。孕妇的精神、情绪及外界环境也会影响胎儿的发育。所以，在怀孕期间，夫妻双方要互相体贴，使家庭生活过得和谐愉快；生活环境要尽量舒适些、安静些；孕妇还要适时胎教，以利于胎儿今后的智力发展。

美容保健

身心健康

◎ 如何知道你是否健康

根据世界卫生组织规定的健康标准，请自我判定是否健康。

躯体健康可用"五快"来衡量：

吃得快：进食时有良好的胃口，不挑剔食物，能快速吃完一餐饭。

走得快：行走自如，活动灵敏，说明精力充沛，身体状态良好。

说得快：语言表达正确，说话流利，说明头脑思维敏捷，心肺功能正常。

睡得快：有睡意上床后很快入睡，且睡得好，醒后精神饱满，头脑清醒。

便得快：一旦有便意，能很快排泄完大小便，且感觉良好，说明胃肠、肾功能良好。

◎ 怎样保持心理健康

良好的个性：情绪稳定，性格温和，意志坚强；感情丰富，胸怀坦荡，豁达乐观。

良好的处世能力：观察问题客观现实，具有较好的自控能力，能适应复杂的社会环境。

良好的人际关系：助人为乐，与人为善，与他人的关系良好。

◎ 如何保持健康睡眠

休息的目的是使身体运动和思维活动减低到最低限度，以使身体积蓄能量，有利于下一步的工作和学习。睡觉是主要的休息方式，身体运动和思维活动处于相对的静止状态。为了睡好觉，睡前应洗澡、洗脚，不宜过饱，不要喝茶，不要喝咖啡，不吃巧克力，内衣应宽松，枕头高度、软硬适度。睡眠时间的长短要根据个人情况而定。根据年龄不同，大致有相对的时间标准：学龄前儿童每日应睡眠 12 小时，少年儿童 10 小时，13 ~ 15 岁 9 小时，15 岁以后 8 小时，成年人 7 ~ 8 小时，老年人 5 ~ 6 小时即足够。

睡眠姿势应随个人的习惯，但主张以右侧卧位、微曲双腿、全身自然放松为好，以使心脏不至于受压，全身肌肉松弛，睡眠效果好。

调节生活的方式多种多样，如体育锻炼、跳舞、娱乐、野游、听音乐等，根据个人的爱好、身体素质和年龄来选择。生活调节对于长期、持续的脑力劳动者尤其有益。

◎ 如何保护大脑

大脑是人体的高级中枢，是人类聪明才智的物质基础。中年人注意用脑的卫生，讲究科学用脑，能充分发挥大脑在中年时期的优势功能。

保护大脑要勤于用脑，但不要用脑过度；保证大脑的合理营养；保持乐观的情绪。

此外，不抽烟，不酗酒，防止各种有害的因素对大脑的损害，平时生活有规律，适当参加体育锻炼和文娱活动等，对保护和加强大脑功能也很有好处。

适量的睡眠。一般来说，一天有 7 ～ 8 小时的睡眠时间就差不多了。充足的睡眠，应以精神和体力的恢复为标准。

要有正确的睡眠姿势。一般主张向右侧卧，微曲双腿，全身自然放松，一手屈肘放枕前，一手自然放在大腿上。

要养成良好的睡眠习惯。无论是每晚的睡眠还是白天的小睡都要尽量保持在同一个时间上床和起床，节假日也不例外。

要进行有规律的适度的行动。

◎ 健康饮食六宜

宜早：早饭宜早，晚饭不宜迟。

宜缓：细嚼慢咽，有利消化。

宜淡：过酸、过辣、过咸都不利于身体健康。

宜暖：饮食宜温，生冷宜少。

宜少：食不可过饱。

宜软：胃病、年高者更应注意。

◎ 每天吃多少盐有益健康

盐中的钠离子是人体新陈代谢过程中的重要元素。通常，人们会觉得吃盐有劲儿，还增强食欲，吃咸的虽然能增强食欲，但无形中也为肥胖埋下了隐患，还容易导致高血压。按照世界卫生组织的建议，成人每天盐的摄入量不应该超过 6 克，可是我国成年人平均对盐的摄入量却已经超过了正常生理需要的 10~25 倍。

确确我们在平时完全不用吃那么多盐，每天有 3 克就足够了。如果平时口很重，吃盐吃得很多，可以逐量递减，尽可能多吃水果和清淡的蔬菜，每天少吃一点儿盐，逐渐把口味变清淡对身体很有好处。

◎ 如何进行口腔保健

口腔是呼吸道和消化道入口的大门，含有大量的致病菌，经常保持口腔清洁，对预防口腔和全身疾病有重要作用。

刷牙是口腔保健的重要措施，其目的是清除口腔细菌、食物残渣、牙垢、牙石、牙面色素斑。刷牙习惯应为早晚各一次，饭后漱口。一些人往往早上刷牙，而忽略了晚上刷牙，事实上晚上刷牙更重要，刷完后睡觉香甜，次日起床没有口腔发黏带臭的感觉。"拉锯式刷牙"方法不利于牙缝的清洗，刷牙时应顺着牙齿生长的方向刷洗，才能刷净牙齿间的污物。正确的方法应是"横颤加竖刷法"。

◎ 夜间如何增加免疫力

晚上 21 时至 23 时是身体免疫系统的调节时间，此时身体需要保持一个良好的轻松状态，任何激烈的活动都会影响到免疫系统的调节。如果您能在这一时段选择听音乐，相信你很少生病。因为音乐释放的 β 波可以刺激脑垂体，强化人体免疫力。

中老年的健康保健

◎ 为什么说"男人四十一道坎"

俗话说："男人四十一枝花。"四十多岁的男人，正处人生黄金年龄段，值得关注的是这个阶段也是疾病的形成期，生理功能从峰顶开始下滑，部分器官开始衰退，动脉硬化开始形成，糖尿病症状开始显现等，许多疾病都在这时暴发或显现。男人四十一道坎，要过好这个坎，平日就要注意保健。

◎ 什么是"10少10多"

美国一位著名的保健专家给四十岁的男性设计了"10少10多"原则：

少一小时忧虑，多一小时欢笑；少一次午餐会，多一次松弛时间；少一星期紧张生活，多一次休息；少社交聚会，多阅读有趣的图书；少参加酒宴，多与家人共进晚餐；少在灯光下，多在日光下；少在汽车里，多步行；少一小时工作，多一小时去医院体检；少吃肉食，多吃蔬菜；少一次酒会，多一小时的睡眠。

◎ 人到中年须"四防"

一防暴饮暴食。据B超显示，经常豪饮的人多患脂肪肝。如患病后不及时戒酒，会失去最佳治疗期，将预后良好的小病酿成难以治愈的肝硬化。另外，还应制定科学的营养食谱。多食蔬菜、水果等高纤维素食品，适量进食动物蛋白。被营养学家列为致癌和导致血管硬化的危险食品，应尽量少食。

二防生活无规律。工作忙家务忙而有序，分轻重缓急，合理利用时间提高办事效率，才是科学可行的办法。而不是依靠加班加点使身体疲劳到极点，这样，不仅使工作欲速则不达，而且会严重地危害身体健康。长此以往，高血压、心脏病、糖尿病等"生活方式疾病"会找上门来。

三防焦虑。长期地处于焦虑状态中则成为心理障碍甚至心理病。要学会一些自我排解的方法来缓解与消除焦虑感。

四防有病不求医。中年时期是疾病的多发期，肝炎、肾炎、心肌炎甚至癌症在初发期及时就医施治、注意休息、调节饮食均可痊愈。有些疾病，等到觉得不舒服了再去检查已经贻误至晚期了，因此，中年人的定期体检非常重要。

◎ 中老年人晨醒后有"七忌"

忌醒后立即起床。从睡眠中醒后，机体由抑制状态转入了兴奋状态，但从抑制到兴奋的转变，也需要一个过程。如果一觉醒来则立即着衣起床，易于出现头晕、眼花等不适，对于中老年人来讲还易于发生意外。

忌醒后恋床不起。

忌醒后立即起立解小便。早上绝不可立

即起身小便,尤其是直立位解小便更属禁忌。否则很容易因膀胱排空而引起头晕,甚至会出现排尿性晕厥。

忌醒后立即投入紧张的工作。有的人工作任务紧迫,睡醒来后等不及伸伸懒腰,洗把脸,或喝几口水,就立即投入紧张的工作。这样做的结果不仅使工作效率降低,容易产生疲倦感,并且也严重影响了气血阴阳的变化,对健康十分不利。

忌醒后即刻剧烈运动。如果起床后未经运动前准备,马上投入比较剧烈的活动,容易发生心脑血管意外,尤其是中老年人更应特别谨慎。

忌晨起时行房事。中医认为,晨起时阳气渐升,阴气渐降,此时行房易使机体的阳气受到戕伐,可致终日精神萎靡不振。

忌醒后立即进食。早上胃液分泌不充分,如果立即进食,易导致消化不良。因此,晨起后最好先喝一杯水,休息半小时后再进食。

◎中年人如何保持饮食营养

中年是一个重要的生命阶段,如果不注意饮食与营养的科学性,不仅会导致疾病,影响中年人能力的发挥,而且会加速衰老的到来。根据中年人生理特点,在饮食方面需遵循以下原则:

1. 要重视饮食的合理性和科学性。

2. 中年后期应开始节食,防止营养过剩而导致肥胖。每顿吃八分或九分饱即可。

3. 严格限制高脂肪、高胆固醇及高糖类的食物,并限制钠盐的摄入量。

4. 避免摄入易诱发或加重已患疾病的食物。

5. 进食定时定量,忌暴饮暴食。

中年人饮食还要注意一日三餐的合理安排:"早吃好,午吃饱,晚吃少。"

◎男人宜食用一定量的铬

铬有助于促进胆固醇的代谢,增强机体的耐力,另外,它在一定身体条件下还可以促进肌肉的生成,避免多余脂肪。中年男子一天至少需要50微克的铬,而那些活动量较大的男士一天则需要100～200微克的铬。如此剂量的铬是很难从食物中获取的,因此建议男士们服用含铬的药物制剂(如复合维生素和矿物质)或饮用啤酒。

◎男人宜食用含有镁的食物

研究表明,镁有助于调节人的心脏活动、降低血压、预防心脏病、提高男士的生育能力。建议男士早餐应吃2碗加牛奶的燕麦粥和1个香蕉。含镁较多的食物有大豆、烤马铃薯、核桃仁、燕麦粥、通心粉,绿叶蔬菜和海产品也都含有丰富的镁。

◎男人宜食用含维生素A的食物

研究发现,维生素A具有提高免疫力和抗癌作用,而且对保护视力大有益处。一个男人每天维生素A的正常摄入量为1000毫克,而半碗蒸胡萝卜的维生素A含量是其4倍。其它富含维生素A的食物有肝、奶制品、鱼、西红柿、杏和甜瓜。专家们不主张额外补充维生素A。

◎男人宜食用含维生素B₆的食物

维生素 B₆ 这种人体不可缺少的营养成分对增强免疫力有良好的作用。研究表明，它还可以防止皮肤癌和膀胱癌。维生素 B₆ 保护肾脏不患结石症（男性肾结石发病率是女士的两倍），而且对失眠症有治疗作用。你每日只需 2 毫克维生素 B₆（约等于 2 个大香蕉的含量）。好运动的男人消耗的维生素 B₆ 较多，因此应多补充几毫克。其它富含维生素 B₆ 的食物有鸡肉、鱼、肝、马铃薯、鳄梨和葵花子。专家们主张每日摄入量不超过 50 毫克。

◎男人宜食用含锌的食物

锌可以保证男人的性能力，治疗阳萎，另外，它还有助于提高人体的抗病能力。建议男士们每天服用 15 微克的锌，该剂量是针对运动量大的男士，一般情况下，男士只需服用该剂量的 2/3 就可以了。但是，每天锌的用量绝不能超过 15 微克，因为过量服用锌会影响人体内其它矿物质的作用。120 克瘦肉中含锌 7.5 微克。另外，火鸡肉、海产品、大豆中的含锌量也很高。

◎男人宜适量饮用水

在所有的营养成分中，水最重要，人体任何一个细胞都不能缺乏水分，成年人身体的 60%～65% 是水分，肝、大脑、皮肤含 70% 的水，骨骼含水 45%，血液含水 80%。肌肉中所含的水分比脂肪中多三倍。

（在普通男性的身体中，肌肉占 40%；在普通女性身体中，肌肉占 23%。）水可以润滑关节，调节体温，水还可以向人体供应所含的各种矿物质。普通人每天至少需要 2 公升水，相当于 8 玻璃杯的容量。如果你喜好运动，需要量则增加一倍。

◎早餐该吃什么

据营养专家分析，早餐其实是一日之中最重要的一餐。早餐最好不吃或少吃稀饭、甜面包或炒面等含碳水化合物多的食物，以免使脑中的血清素增加。因血清素具有镇静作用，使大脑无法达到最佳状态。另外，早餐也不宜吃油条、蛋和熏肉等含有大量脂肪和胆固醇等不易消化的食物，因为我们不需要那么多的脂肪和胆固醇。上班族的早餐因为生活节奏快，时间紧的缘故，因此可以选择一些低脂高营养、方便快捷的食品作为早餐。可以选择多吃些瘦肉、鲜果或果汁等脂肪含量低的食物，要保证有一定量的牛奶、豆浆或鸡蛋等优质蛋白质的摄入，就能使人的头脑反应灵活，思维敏捷，工作和学习效率高，拥有快乐的一天。

◎午餐该吃什么

午餐是补充能量最关键的一餐，除了要补充上午工作的消耗，还要满足下午工作的需要。一般午餐也不宜以碳水化合物为主，如吃了富含糖和淀粉多的米饭、面条、面包和甜点心等食物，会使人感觉疲倦，上班工作精力难以集中。尤其忌吃方便食品代替午餐，例如方便面、西式快餐等，这些食品营养含量低。上班族的午餐结构应以吃蛋白质和胆碱含量高的肉类、鱼类、禽蛋和大豆制品等食物为主。因为这类食物中的优质高蛋白可使人的血液中酪氨酸增加，进入人脑之后，可转化为使人头脑保持敏锐的多巴胺和去甲肾上腺素等化学物质；而胆碱则是脑神经传递乙酰胆碱的化学介质，乙酰胆碱对脑的理解和记忆功能有重要作用。

◎晚餐该吃什么

俗话说"晚饭少一口，活到九十九"，由于晚饭后至次日清晨的大部时间是在床上度过的，机体的热能消耗并不大。晚餐不可暴饮暴食，讲究量少质高，可以应选择碳水化合物为主的食物，这样可以促使体内分泌胰岛素，帮助肌肉细胞吸取血清中大量的氨基酸，进而使较多的色氨酸进入脑部，转化为有镇静作用的血清素，可以使你拥有一个甜美的睡眠，使上班族恢复脑力，积蓄精力，更好地面对第二天的工作。同时晚餐要少吃蛋白质含量丰富、脂肪和胆固醇含量高的食物，因为晚餐的热量摄入太多，多余的热量势必要转化成脂肪贮存在体内。

◎你应该这样保护胃

咖啡、酒、辣椒等会刺激胃液分泌或是使胃膜受损的食物，应少食用。有些食物容易产气，使患者有饱胀感，应避免摄食；但食物是否会产气而引起不适，因人而异，可依个人的经验决定是否应摄食。此外，炒饭、烤肉等太硬的食物，年糕、粽子等糯米类制品，各式甜点、糕饼、油炸的食物及冰品类食物，应留意选择。

吃饭要定时定量，进餐要细嚼慢咽，且心情要放松，饭后略作休息再开始工作。

◎男士睡前"三宜三忌"

一个男人的一生中，有三分之一多的时间是在睡眠中度过的。正常良好的睡眠，可调节生理机能，维持神经系统的平衡，是生命中重要的一环。睡眠不良、不足，翌日会使人头昏脑涨、全身无力。由此可见，睡眠与健康、工作和学习的关系甚为密切。要想晚间获得良好的睡眠，注意睡前"三宜三忌"非常重要。

"三宜"是：宜睡前散步。宜睡前足浴，"睡前烫脚，胜服安眠药"。睡前用温水洗脚15～20分钟，使脚部血管扩张，促进血液循环，使人易入睡乡。宜睡前刷牙。

"三忌"是：一忌饱食，晚餐七八成饱即可。睡前不要吃东西，以免加重胃肠负担。二忌娱乐过度。睡前不宜看场面激烈的影视剧和球赛，勿谈怀旧伤感或令人恐惧的事情。三忌饮浓茶与咖啡，以免因尿频与精神兴奋影响睡眠。此外，要注意夜间环境舒适，卧室整洁，空气流通，以有益于健康。

◎中年人需要警惕哪几种疾病

中年人要提高保健意识，不可自恃年富力强，对健康满不在乎。如果你是一个工作狂，请记住，一味废寝忘食，不仅会降低工作效率，而且会使体质变差，最终无法胜任工作。中年人应及时纠正"透支"健康的行为。

肺部感染。肺部感染不能忽视，尽早采

取增强呼吸道抵抗能力的措施，可以预防或延缓呼吸器官的衰变。

心脑血管疾病。高血压在中年人群中发病率较高，该病危害性大，常易并发糖尿病、高脂血症、中风等症。对中年人来说，中风的危害性远超过癌症，是造成中年死亡的罪魁祸首。冠心病如发现胸闷、心前区压迫感、有早搏都要引起重视，及时做心电图检查，以明确诊断。

糖尿病。隐性糖尿病是中年期多发而被忽略的疾病之一。

◎吸烟对人体的危害

1. 烟草里没有任何对人体有益的东西，相反对身体有害的物质有 20 多种，在吸烟产生的烟雾里，大约有 70 多种有害物质。

2. 烟草中含量最高的毒性物质是烟碱。一支烟含烟碱高达 5 ~ 15 毫克，而烟碱对人的致死量为 50 毫克。也就是 5 ~ 10 支纸烟中所含的烟碱，一次注入人体，就可以要人的命。烟碱的慢性中毒对人的神经系统、心血管系统、消化系统等均有严重的损害。

3. 肺癌的第一位原因就是吸烟。人体其它的一些癌症，如食道癌、膀胱癌、胰腺癌、大肠癌、喉癌、唇癌等也与吸烟密切相关。

4. 吸烟者每日每时都在接受放射线辐射的危害，可导致和加重动脉硬化，并导致冠心病和中风。

5. 吸烟还能造成室内环境的污染，被动吸烟者所受到的危害，也不亚于吸烟者。

6. 吸烟既不能解乏，也不能增加灵感，反而会降低神经系统的功能。

◎如何防止酒的危害

酒的主要成分是酒精，化学名叫乙醇。乙醇进入人体，能产生多方面的破坏作用。

酒精对人的损害，最重要的是中枢神经系统。它使神经系统从兴奋到高度的抑制，严重地破坏神经系统的正常功能。过量的饮酒就是损害肝脏。慢性酒精中毒，则可导致酒精性肝硬化。此外，慢性酒精中毒对身体还有多方面的损害，如可导致多发性神经炎、心肌病变、脑病变、造血功能障碍、胰腺炎、胃炎和溃疡病等，还可使高血压病的发病率升高。还有人注意到，长期大量饮酒，能危害生殖细胞，导致后代的智力低下。常饮酒的人喉癌及消化道癌发病率明显增加。

◎中年人如何保持心理健康

1. 要注意掌握适度。即劳逸适度、张弛适度、快乐适度和饮食适度等。

2. 要掌握心理调节。除了掌握适度外，还要学会及时进行心理调节。就是说，当心理压力过重时，要从心理上进行主观的调节，以尽量减少压力过重带来的消极影响，保持心理上的平衡。

3. 要培养良好的个性。良好的个性应当保持和巩固，不良的个性也可以通过适当的锻炼去改造。

4. 要协调人际关系。一个人善于与周围的人保持良好的关系，维持一种融洽、正常的人际关系，能够给人带来一种存在的安全感，有助于个人的进取和发展。

常用保健按摩法

◎保健按摩有什么作用

按摩是通过各种手法，刺激人体的皮肤、肌肉、关节神经、血管以及淋巴等处，促进局部的血液循环，改善新陈代谢，从而促进机体的自然抗病能力，促进炎症渗出的吸收，缓解肌肉的痉挛和疼痛。按摩长于舒筋通络、活血散瘀、消肿止痛，所以最常用于伤科疾病和各种痛症。

◎不适合按摩的情况有哪些

1. 流感、乙脑、脑膜炎、白喉、痢疾以及其它急性传染病的病人。

2. 急性炎症的病人，如急性化脓性扁桃体炎、肺炎、急性阑尾炎、蜂窝组织炎等。

3. 某些慢性炎症，如四肢关节结核、脊椎结核、骨髓炎。

4. 有严重心脏病、肝脏病、肾脏病及肺病的人。

5. 恶性肿瘤、恶性贫血、久病体弱而极度消瘦虚弱的人。

6. 血小板减少性紫癜或过敏性紫癜的病人。

7. 大面积的皮肤病人或患溃疡性皮炎的病人。

◎按摩的一般手法

1. 按：用手指或手掌在皮肤或穴位上有节奏地按压。

2. 摩：用手指或手掌在皮肤或穴位上进行柔和的摩擦。

3. 推：用手指或手掌向前、向上或向外推挤皮肤肌肉。

4. 拿：用一手或两手拿住皮肤、肌肉或盘膜，向上提起，随后又放下。

5. 揉：用手指或手掌在皮肤或穴位上进行旋转活动。

6. 搓：用单手或双手搓擦肢体。

7. 掐：用手指使劲压穴位。

8. 点：用单指使劲点按穴位。

9. 叩：用掌或拳叩打肢体。

◎失眠的自我按摩

一、先取坐位，全身放松，全神贯注。

1. 双手握拳，用拇指关节沿脊柱旁两横指处，自上而下慢慢推按。

2. 用右手中间三指摩擦左足心涌泉穴，然后换成右足心。

二、然后脱衣仰卧于被盖内，双目自然闭合。

1. 用两手食指第二节内侧缘从两眉内侧推向外侧。

2. 用两手中指端轻轻揉按太阳穴。

3. 用两手拇指螺纹面，沿两侧颞部由前向后推摩。

4. 用手掌根部轻轻拍击头顶囟门处。

5. 用两手拇指端揉按风池穴。

6. 将两手叠放在腹部，然后用手掌大鱼际轻轻揉按中脘穴。

7. 将两手移至下腹部，然后用手掌大鱼际徐徐揉按丹田。

◎预防感冒的自我按摩方法

1. 擦鼻梁：用两手食指摩擦鼻梁两侧，直至有热感为止。

2. 按迎香：用两手食指尖轻轻揉按迎香穴（在鼻唇沟的上段与鼻翼最凸处的中间）。

3. 摩风池：用两手掌心摩擦风池穴（在后颈项肌两旁头发边上的凹窝中）。

4. 擦胸部：将右掌心扩在左胸乳头上，作环形摩擦数次，然后换成左胸。

◎对眼的保健按摩

采取坐式或仰卧式均可，将两眼自然闭合，然后依次按摩眼睛周围的穴位。要求取穴准确、手法轻缓，以局部有酸胀感为度。

1. 揉天应穴：用双手大拇指轻轻揉按天应穴（眉头下面、眼眶外上角处）。

2. 挤按睛明穴：用一只手的大拇指轻轻揉按睛明穴（鼻根部紧挨两眼内眦处）先向下按，然后又向上挤。

3. 揉四白穴：用双手食指揉按面颊中央部的四白穴（眼眶下缘正中直下一横指处）。

4. 按太阳穴、轮刮眼眶：用双手拇指按压太阳穴（眉梢和外眼角的中间向后一横指处），然后用弯曲的食指第二节内侧面轻刮眼眶一圈。对于假性近视或预防近视眼度数的加深有好处。

◎肾虚阳萎自我推拿法

1. 仰卧位，以双手食指同时按压阴茎的左右根部，旋揉按摩 200 次。

2. 以一手食指旋揉会阴穴 200 次。

3. 以右手掌横放于脐下的石门穴上，左手叠放在右手背上，向下推至毛际处，反复 200 次。

4. 用两手的拇指、食指、中指分别捏住同侧的睾丸，并同时揉搓 200 次。

5. 用两手握住两睾丸，向下反复牵拉阴囊 200 次。

◎慢性肝炎自我推拿

1. 按压足三里穴：以拇指或食指端部按压双侧足三里穴。指端附着皮肤不动，由轻渐重，连续均匀地用力按压。此法能舒肝理气，通经止痛，强身定神。

2. 揉肝炎穴：下肢膝关节屈曲外展，拇指伸直，其余四指紧按踝部助力，拇指指腹于内踝上 2 寸之"肝炎穴"处进行圆形揉动。此法可疏经络，补虚泻实，行气止痛。

◎低烧推拿法

1. 捏大椎穴：坐位，头略前倾，拇指和食指相对用力，捏起大椎穴处皮肤，作间断捏揉动作。此法能疏通经络，祛风散寒，扶正祛邪。

2. 掐内、外关穴：以一手拇指、食指相对分别按压内关、外关穴位，用力均匀，持续 5 分钟，使局部有酸重感，有时可向指端放射。此法能通经脉,调血气,气调则低烧止。

◎胃脘痛自我推拿法

1. 揉内关:用拇指揉按,定位转圈 36 次,两手交替进行,疼痛发作时可增至 200 次。此法可健胃行气,解痉止痛。

2. 点按足三里:以两手拇指端部点按足三里穴,平时 36 次,痛时可揉 200 次左右。手法可略重。

3. 揉按腹部:两手交叉,男右手在上,左手在下;女左手在上,右手在下。以肚脐为中心揉按腹部划太极图,顺时针 36 圈,逆时针 36 圈。本法可止痛消胀,增进食欲。

◎高血压自我推拿法

1. 浴面分抹法:搓热双手,从额部经颞部沿耳前抹至下颌,反复 20 ~ 30 次。然后再用双手四指指腹从印堂穴沿眉弓分抹至双侧太阳穴,反复多次,逐渐上移至发际。手法轻松柔和,印堂穴稍加压力以局部产生温热感为度。本法可降低血压,增进面部光泽。

2. 揉攒竹穴:用双手拇指端部分别按揉双侧攒竹穴约 100 次,用力要均匀。此法可减轻头痛、头晕等症状。

3. 抹桥弓:头偏向一侧,用双手四指指腹分别在对侧耳后隆起处沿大筋向下推抹至胸廓,双手交替进行,反复多次。此法有显著的降压作用。

◎颈椎病自我过伸仰枕法

1. 患者仰卧,将枕头上缘置于平肩位,使头向后过伸呈仰枕位,坚持 20 ~ 30 分钟。

2. 继之将枕头向上移至肩与枕后粗隆之间,尽可能使枕头与后项部充分接触,并使局部体位舒适,以保证颈椎的生理前屈位。此位置可自然入睡,坚持 1 ~ 1.5 小时即可,每日 1 ~ 2 次。

3. 枕头应呈长圆柱形,断面直径 15 厘米,长度约 40 厘米,内装荞麦皮为宜。

◎腰肌劳损自我推拿法

1. 摩腰肌:用双手食、中、无名指指面附着于腰椎两侧肌肤上,以腕关节连同前臂作环形的有节律的按摩,用劲自然,动作缓和协调,每分钟 120 次左右,做 2 分钟。

2. 理腰筋:双手叉腰,拇指在后,指面紧压在腰部骶棘肌肌腹上,并沿骶棘肌肌腹行走的方向,用深在均衡而持续的压力,自上而下,缓缓移动,顺筋而理,反复 20 次。此法能使筋肉理顺而舒展。

3. 扣腰肌:双手叉腰,拇指在后,拇指指面抵着腰部骶棘肌脊椎缘,然后用力由内向外扣拨,扣拨时可上下移动,反复 50 次。此法可缓解腰肌痉挛,有消除腰肌疲劳的作用。

◎落枕自我推拿法

1. 将左手或右手中、食、无名指并拢,在颈部疼痛处寻找压痛点(多在胸锁乳突肌、斜方肌等处),由轻到重按揉 5 分钟左右。可左右手交替进行。

2、用小鱼际有肩颈部从上到下、从下到上轻快迅速击打 2 分钟左右。

3. 用拇指和食指拿捏左右风池穴、肩井穴 1～2 分钟。

4. 以拇指或食指点按落枕穴（手背第 2、3 掌骨间，指掌关节后 5 分处），待有酸胀感觉时再持续 2～3 分钟。

5. 最后进行头颈部前屈、后仰、左右侧偏及旋转等活动，此动作应缓慢进行，切不可用力过猛。

◎ 小儿健脾推拿法

补脾、摩腹各 5 分钟，揉足三里 100 次，捏脊 3～5 次。

1. 补脾：脾穴在拇指桡侧缘赤白肉际处。自指尖推至指根为补脾。

2. 摩腹：以掌心或四指并拢，按顺时针方向，揉摩整个腹部。

3. 揉足三里：足三里在外膝眼下 3 寸处，以拇指指腹揉之。

4. 捏脊：患儿俯卧，医者用双手拇指指腹与食、中二指捏紧脊柱皮肤，边捏拿边向前推进，自长强穴损坏至大椎穴为 1 遍，每次 3～5 遍。为了加强刺激，每捏 3 次向上提拿 1 次。

◎ 小儿保肺推拿法

清肺、平肝、补脾、清天河水各 5 分钟。

1. 清肺：肺穴在无名指掌面。自指根推向指尖为清肺。

2. 平肝：肝穴在食指掌面。自指根推向指尖为清肝，亦称平肝。

3. 清天河水：天河水穴在前臂掌侧正中，自腕横纹至肘横纹成一直线。医者食、中二指并拢，自腕横纹推向肘横纹称清天河水。用力要均匀，向前推动，不可歪斜。

◎ 小儿安神推拿法

平肝、清天河水各 5 分钟，捣小天心 50 次，揉摩两手十指面 2 分钟。

揉摩两手十指面，用拇指指腹在小儿十指指腹面，按顺时针方向揉之。然后将儿抱起，俯在大人肩部，用食、中、无名三指并拢，轻轻而有节奏地叩拍督脉，自大椎向下经心俞、膈俞、肝俞直至尾骶部，拍 2～3 分钟，在相当于心肺部位，可改用空掌拍之。

美容常识

◎ 什么是健美的皮肤

1. 肤色红润、白嫩、均匀，无雀斑。
2. 皮肤细腻、光滑。
3. 皮肤柔软，富于弹性，无皱纹。

4. 皮肤抗过敏，抗病能力强。

◎ 皮肤如何保养

为保证皮肤旺盛的新陈代谢，第一要注意皮肤的清洁，预防各种细菌的感染。

第二是要经常按摩皮肤，促进皮肤的血液循环，保持皮肤的弹性。

第三是要合理选用护肤品，供给皮肤充足的营养，使皮肤白嫩、光滑、柔软。

第四是注意劳逸结合，生活要有规律，避免过于紧张的精神负担，有充足的睡眠。

第五是要注意多喝开水，多食青菜和水果。忌烟酒、浓茶、浓咖啡、辣椒和吃过咸的食物等。

◎ 什么是健康的中性皮肤

中性皮肤属健康型皮肤。这种皮肤对气候和环境的变化，适应能力很强。其特点是双细孔小，皮肤润泽、细腻、弹性好，没有粗糙感，化妆后保留时间较长。这种皮肤，冬季稍觉干硬，夏季稍觉油腻。皮肤腺、汗腺分泌和谐，肌肤较有光泽，护肤用的霜、膏、蜜都可使用，只要擦在面上，皮肤感到舒适、润滑就可以了。

◎ 如何护理中性肌肤

洁肤品宜用性质温和的中性洗面奶、卸妆油和高级香皂。护肤品早晚各有不同，晚间的洁肤是为了清洁皮肤一天的"辛劳"，把皮肤的代谢物和附着在肌肤上的污染物彻底清除，然后使用保湿水、晚霜或者精华液类补充肌肤营养。在早晨洁肤后，使用收敛水、化妆水、乳液等，是为了给肌肤新一天更多的"鼓励"，使肌肤倍添活力。

拥有这样的肌肤是令人羡慕的，但是应特别注意保持肌肤的酸碱平衡，避免因季节变换给肌肤带来侵害。

◎ 如何护理干性皮肤

干性皮肤洗脸后，有时有微痛感。毛孔细，脂肪分泌少，没有光泽。表皮薄而脆，冬季尤其严重。眼角、口边易起小皱纹，过分干燥时，可使面颊松弛而皲裂。但不易发生酒刺、面疱。

干性皮肤缺水现象最为明显，肌肤容易在干燥的秋季形成细小皱纹。补水重点是面霜，使用偏油质的保湿产品（保湿霜、保湿乳液）会有很好的锁水效果。此外还要多涂一些滋润成分较高的润肤品及精华素。需要提醒的是，不要给干性皮肤一次补过了水，以防大量喝水的细胞之间互相摩擦，让皮肤变得发红、发痒。

这种皮肤的人，应注意用温水洗脸。洗面后，擦适量的油脂，可使干性皮肤得到改善。

◎ 如何护理油性皮肤

油性皮肤的显著特征是皮脂分泌旺盛，多数人肤色偏深，毛孔粗大，甚至可以出现橘皮样外观，很容易粘附灰尘和污物，引起皮肤的感染与痤疮等。但是，这类皮肤对物理性、化学性及光线等因素刺激的耐受性强，不容易产生过敏反应。只要注意科学护养，将会给人以一副健康、强壮和自然的面容。

有这种皮肤的人，每日应多洗脸，选用优质香皂，保持皮肤的干爽，使皮脂腺、汗腺畅通。可用粉底霜、含霜多含脂少的化妆品及清洁剂、化妆水来护肤。这种皮肤也有弹性好、有光泽、润滑、丰满的优点。

◎什么是敏感性皮肤

敏感性皮肤容易因饮食、情绪或所用的美容用品，导致皮肤表面干燥、发红、起斑点、眼肿、脱皮或生暗疮等。这种皮肤，受气候的影响变化很大。春季风吹后，会因干燥而生"桃花癣"；夏季经紫外线照射，会发生红肿痒痛，进而患过敏性皮疹；接触芳香味强烈的物质，会立刻引起反应。

◎敏感性皮肤护肤误区

误区一：脸上冒出一堆痘痘，一定是皮肤没洗干净

很多人都认为只要长了痘痘，肯定和清洁不彻底有关，于是疯狂地洗脸去角质，其实这样只会让你的脆弱的痘痘肌肤更受伤害。

误区二：皮肤粗糙、红红干干的，好难看，多用些粉遮起来

发炎了，要停止化妆，正在发炎的肌肤很是敏感，要首先停止化妆，这样肌肤才能够轻松自由地呼吸，慢慢地恢复过来。如果使用化妆品，只会让肌肤更受伤。

误区三：皮肤过敏，又干又痒，改用滋润乳霜应该比较好

浓稠黏腻的保养品，对敏感肌肤是负担，千万别用。

误区四：把洗面奶直接抹在脸上搓洗

没搓起泡沫的洗面奶会紧紧地贴在皮肤表面，伤害皮脂膜。

误区五：一出现敏感现象，就换成整套敏感肌肤的专用保养品

这样不安全，皮肤一旦过敏，就变得异常娇气。

◎如何护理敏感性皮肤

1. 常用冷水洗面，增加皮肤的抵抗力。如皮肤不适应，可先用温水（20℃～30℃），再逐渐降低水温，使用天然材料制成的洗面奶或刺激性小的香皂。

2. 使用天然植物制成的护肤品，如用蔬菜水果制成的护肤品或面膜。不宜使用含有药物或动物蛋白的营养护肤品及面膜，因皮肤对其易发生过敏。

3. 使用新的护肤品时，先在前臂内侧或耳后涂少许，观察48小时后，如果局部出现红肿、水疱、发痒等，说明皮肤对该护肤品过敏，绝对不能使用。反之，局部无任何反应就可以使用，平时最好不宜多化妆和轻易更换化妆品。

4. 对寒风和紫外线过敏的皮肤，外出应保护好皮肤。如冬天戴好防寒帽及口罩，防止寒风侵袭；夏天应撑伞或戴遮阳帽，面部皮肤涂防晒霜，防止日光暴晒。

5. 晚上护理皮肤时，应用水果汁或蔬菜汁护肤，既起到营养皮肤的作用又防止皮肤过敏。

◎如何保养综合性皮肤

夏季气候炎热，会导致毛孔扩张，皮脂腺与汗腺的分泌会大大增加。混合性皮肤在夏季会变得偏油一些，到了秋冬又会变得比较干。因此在皮肤保养时应注意：

1. 每天需进行2～3次皮肤清洁。选

用适合自己肤质的洁面乳。清洁后可用滋润露补充大量水分和少量油脂。

2. 为了更好地使皮肤保持清新及光泽，每周可使用一次面膜。

3. 多喝水，吃新鲜水果、蔬菜，少吃油腻、辛辣食品。

4. 夏季化妆宜清爽素淡。在出油较多时，可以用粉饼或吸油纸吸去。睡前必须彻底卸妆以利于皮肤呼吸。

5. 防止日光对皮肤的损害，外出要涂防晒霜、戴遮阳帽。

6. 空气干燥会使皮肤中的水分迅速散失，所以，长期工作生活在空调环境中的人们有必要使用保湿产品。

◎ 预防黑斑的方法

黑斑通常在 25 岁以后容易出现，是后天性的。黑斑的形成原因十分复杂，一般认为有以下几个原因：

1. 使用劣质化妆品，其所含色素防腐剂与汗水相混合，侵入皮肤内层，加速了黑斑的产生。

2. 人体长期劳累，皮肤会紧张疲倦，血液偏酸，新陈代谢减缓，皮肤将无法取得充足的养分；角质层因缺乏水分而导致皮肤黯然无光。

3. 怀孕时母体为了保护胎儿在子宫内的安全，大量分泌黄体素，有部分孕妇面部可出现黑斑，但一般在分娩后逐渐消失。

4. 用脑过度，日晒过多，都是黑斑增多的原因。

预防的方法：避免过长时间的日晒，在日晒前于脸上搽防晒膏。服用维生素C，它

具有退色作用。选择营养性食物，注意适量的运动，保持充足的睡眠，心胸开阔，都能起到预防黑斑和使黑斑减退的作用。

◎ 什么是搓脸

搓脸是一种简便易行的美容方法，不论是青年人或是老年人，若能持之以恒，都能收到较好的效果。

搓脸的方法是：先将两手搓热（两手互相搓），然后用两手掌在面部上上下下揉搓，直到脸上发热为止。每日早、午、晚各一次，每次三至五分钟。搓脸时手掌和脸部皮肤互相摩擦，血管遇热扩张变粗，血液循环加快，新陈代谢旺盛。由于供给面部皮肤的营养增多，皮肤逐渐变得红润、光滑、丰满、皱纹减少，显得年轻。另外，由于搓脸时局部血液循环改善，抵抗力增强，还能够有效地预防痤疮、疖子、痱子。但是，脸部患有皮肤病如疖肿、顽癣、白癜风的人不要搓脸，以免使病变扩散。

◎ 如何防皱

1. 选用合适的化妆品。宜选用具有防水和防晒功能的化妆品，如水性面霜、防晒霜等。

2. 注意皮肤的清洁卫生。经常清洁皮肤，勤洗脸。

3. 减少阳光对皮肤的过度暴晒。外出时戴遮阳帽或搽珍珠膏。

4. 多喝饮料。

5. 睡眠时间充足。

脸部皱纹多的人不宜搽香粉，因为皱纹

是由于皮下脂肪减少，水分相对不足而出现的，香粉的收敛作用必然从皮肤中吸收不少油脂和水分，从而使皱纹显得更深了。

◎ 如何护手

为了保持手和手指的自然美感，必须保持清洁、滑净和富有光泽。每天至少要进行两次洁洗和滋润，特别是在冬季，洗完手后一定要擦干，涂些香脂，以嫩滑皮肤。经常按摩手指、手掌、手背。注意带手套，这对手的细腻、美观也大有益处。

为使手的动作变得优美文雅，您可对着镜子练习以下动作：

1. 手掌朝下，平放在一个平面上。
2. 伸展手指，手掌往下压。
3. 抬高双手与下巴平行，再以手腕为支撑点，让整个手自然下垂，就像柔软无力的样子。
4. 以腕关节为轴上下反复活动。

另外，手指甲的保养也很重要，经常修整、清洁指甲，不仅卫生，而且体现一个人的修养。

◎ 自己如何配制面膜

一些天然物质，如泥土、温泉中的矿物质和硫磺能使皮肤变得柔软、滑润，还具有清除皮肤斑点并促进伤口愈合的美容功效。目前美容化妆中所用的面膜正是用这些天然物质配制而成。

做面膜，可充分利用一些天然物质，最常用的有新鲜水果、蔬菜、鸡蛋、奶类、中草药和维生素油等。这里为您介绍几种面膜配方：

香蕉面膜：将香蕉捣烂或榨汁成糊状，敷脸。因内含多种维生素、钙、钾等，故用来治疗干性或过敏性皮肤，特别有效。

蛋清面膜：将蛋清调成白泡状，敷脸，有紧肤除皱和清除污垢之效。

奶油面膜：酸奶、白脱奶油调匀，有收敛作用，可使皮肤清爽滋润。

蜂蜜面膜：蜂蜜加少许水敷脸，能润肤除皱。

如想增白皮肤，可在做好的面膜里放少许柠檬汁。

◎ 怎样利用水果美容

胡萝卜：将鲜胡萝卜捣烂挤汁，早晚擦脸数次，待干后，再用涂有植物油的手帕轻轻拍打面部，并每日喝一杯胡萝卜汁，可治脸上的雀斑，使皮肤变白、光润。

西瓜：吃剩下的西瓜皮请不要扔掉，可用来擦洗脸部皮肤。几分钟后，再用清水洗净，涂上一点儿面脂。长期坚持下去，可使面部皮肤白皙细嫩。

菠萝：粗糙的皮肤可用煮过的菠萝汁擦洗，天长日久，不仅能清洁、滋润皮肤，还可以防止长疮。

甜菜：脸色苍白的人，可将甜菜（如无甜菜，可用石榴、樱桃代替）切片涂擦前额和面颊，待甜菜汁干后，再薄薄涂上一层雪花膏，可使皮肤变得红润起来。

西红柿：将西红柿捣碎，装入碗内，用汤匙挤出果汁，并加入少许的蜂蜜，涂擦面部和手臂，20分钟后，用清水洗净。1日数次，可使皮肤渐渐变白，还能治雀斑和色斑。面黄肌瘦的人，每天服用 1 杯加入 5 克左右鱼肝油的西红柿汁，可使面部慢慢红润起来。

残酒：喝剩的残酒不要倒掉，可滋润皮肤，方法是用残酒搓擦面部，效果甚佳。

黄瓜：对于皮肤干燥的人来说，每天早晨洗脸前，用黄瓜汁擦脸，可使脸上的黑斑褪色；将黄瓜捣烂挤汁，涂擦在脸上皱纹较多的地方，每日一次，长期坚持可收敛皮肤皱纹；用黄瓜和牛奶一起煮汁，每两天往脸上涂抹一次，可使皮肤光润、洁白。

玫瑰花：干玫瑰花用热水浸泡后，滴上几滴橄榄油，用来敷面，能使皮肤显得光滑、润泽。

◎正确洗头的方法

由于人们头部分泌油脂的多少不同，头发也可分为干性、中性和油性三种。干性头发，因油脂分泌不多，可以 10 天左右洗头一次；油性头发，因油脂分泌较多，应 5 天左右清洗一次；中性头发，宜每周洗发一次。不过，由于四季更迭，职业各异，洗发的次数也应有不同。洗发时，不要用去油腻较强的肥皂，更不要用碱水洗头。如果能按照头发的性质选用相应的洗发精、洗发膏则效果更佳。洗发时，水不要太热或太冷。头发洗干净后，任其自然风干，不宜用电吹风吹干，以免头发弹性减弱，产生断发现象。头发未干，不宜睡觉，否则容易因湿热郁蒸，损害健康。

◎洗头"三忌"

一忌用洗衣皂或洗衣粉洗头。此举易引起人头部和面部的皮肤过敏，从而诱发程度不同的皮炎或湿疹，也降低了皮肤的防护功能。还能使头发失去光泽，变得易脆，甚至从根部断裂。

二忌每天用卫生皂洗一次头。害处在于使头部皮肤的酸性防护层不能形成，还能促进头皮屑的生成。

三忌洗头时使劲抓洗。这样做容易损伤头部皮肤的表层组织，使该处易受到细菌的侵袭感染。

◎如何护发养发

1. 定期洗发。洗发可以清除头部皮屑和灰尘，保持头发的清洁卫生，而且还能促进头皮部分的血液循环，有利于头发的生长并延长其寿命。

2. 常常梳理。梳头不但可以梳去头发上的灰尘和头屑，而且在梳理过程中，使头发受到一定拉力，有利于头发生长，也有利于头皮的血液循环。

3. 少烫慎染。烫发，目前多用冷烫和电烫两种。所使用的药水都是碱性较强的化学物质，有害于头发、头皮和毛囊，会或多或少地使头发的角质蛋白发生变性，丝状强度降低。烫发不要太频，一年以 3 ~ 4 次为宜。染发必须谨慎，尽量少染，最好不染。

4. 注意保护。平日经常用两手指左右旋转着轻揉发根，也有促进头发生长、减慢头发变白的功效。每天用手指用力按摩头皮数分钟至 20 分钟，也有这种功效。但须持之以恒，方能奏效。

◎ 化妆品对身体有哪些危害

人的生长发育少不了阳光的滋润与氧气的吸收，如果过多地涂抹化妆品，就会使皮肤处于"封闭状态"，影响皮肤对阳光和氧气的利用，也阻碍了皮肤里面汗液和油脂的排出，从而影响皮肤的新陈代谢，使之抗病力减低，弹性减弱，失去光泽，过早出现皱纹。所以，少女应该不化妆或化淡妆，给人一种清新、淡雅、大方的自然美。

有些女士在谈话和进食时，不知不觉舔掉了唇膏，随着唾液咽下肚去，殊不知，这是潜在的致癌因素。生产唇膏所用的原料是煤焦油染料，而且大大超过食物中允许的标准含量，如果吞食了，就容易造成对肝脏、肾脏的损害。为此，喜爱涂唇膏的妇女应注意平时不要舔嘴唇，进食之前先要擦去或洗去唇膏，以保障健康。

◎ 孕妇应慎用的化妆品

妊娠妇女身体处于一种特殊情况中，胎儿也正处于生长发育中，此时使用某些化妆品对自身及胎儿都可能有不利影响。孕妇不宜用的化妆品主要有：

口红：口红涂在唇上后，通过唾液溶解，有害物质由口腔侵入体内，增加孕妇患病机会。有些有毒物质还可危害胎儿甚至引起畸胎。

染发剂：妊娠妇女经常使用染发剂，有致胎儿畸形危险。

冷烫精：孕妇使用冷烫精，有促进头发脱落作用，还会影响胎儿的正常生长发育。

◎ 穿扎耳眼要注意什么

1. 月经期间应禁止穿扎耳眼，因为此时全身各器官充血，抵抗力相对下降，穿耳眼容易导致出血和感染。

2. 耳垂患有急性期炎症或慢性皮肤疾病的姑娘，应在炎症控制和皮肤病治愈后方可穿扎耳眼。

3. 容易留下疤痕的姑娘不宜穿耳眼，否则穿耳眼处容易引起纤维组织增生，形成疤痕疙瘩，影响美观。

4. 穿耳眼时，应在无菌操作的情况下进行。

5. 穿耳眼手术做完后，7～10天内应保持耳垂处干燥清洁，不要随便牵留在耳眼上的线环，避免感染。

养生常识

不同性格的养生

◎豁达开朗性格的养生方式

性格特点：生性豪爽，言行坦率，毫不掩饰，善于交往，真诚相见，失之谨慎，时遭暗算。应该说这是一种优良的性格，会受到大家的肯定，但常会因处事单刀直入导致失误而遭到他人的攻击。

养生方法：这种性格的人，大都会因对事物考虑简单而出现偏差，也很容易被激怒而引发疾病。但豁达开朗的性格对老年人养生保健来说是难能可贵的。心态平和，很少疑虑，笑看人生，不计得失，无论正常生活或是面对疾病，都有积极意义。

◎孤傲自尊性格的养生方式

性格特点：高傲自大，唯我独尊，英雄逞强，好为人师，专横跋扈，独断专行，性情急躁，易于发怒。这种性格的人一旦步入中年，特征尤为突出。年龄也会成为这类人目空一切、蔑视他人的资本。这类人极容易患心脑血管方面的疾病，如高血压、冠心病、脑血栓等，会直接影响健康甚至危及生命。

养生方法：这种性格的人，不妨多读点书，尤其是养生保健方面的书。可以从书中增长知识，学点方法，拓宽眼界，开阔胸怀，移情易性，强化修养，如此，能够正视自己，客观认识和评价自我，通过与书中人与事的对话交流，平衡人体阴阳气血，增强免疫功能。

◎多愁善感性格的养生方式

性格特点：孤僻消沉，心胸狭窄，离群独居，抑郁寡言，不露声色，神情呆滞，只见弊端，自寻忧烦。这种性格的人并不少见，对周围的人与事有诸多不满，耿耿于怀，而且埋怨于心中，从不与人交谈。终日怀着"无可奈何花落去"的心态度日，极容易得神经系统与消化系统疾病，如神经衰弱、失眠惊恐、慢性胃炎、应激性消化道溃疡及抑郁症等。

养生方法：这种性格的老年人，最好常听音乐，借此除忧解愁，心胸豁朗，缓解紧张情绪，辅助治疗疾病。特别对忧郁、焦虑、消沉、妄想、恐惧等症，都有一定的疗效。

◎谨小慎微性格的养生方式

性格特点：胆小怕事，懦弱多疑，谨慎有余，胆识不足，交友甚少，共事无力，适应性差，应变力弱。有这种性格的中老年人，容易加速心理与生理的衰老进程。特别是在患病以后，会导致失去信心，难以痊愈。

养生方法：强迫自己与亲友多交往，在与各种人的接触中增加胆识，扩大视野，敢于暴露个人心中的不快之事，学会界定大事与小事，慢慢懂得一些果断的处理方法。至于一些生活琐事，不必谨小慎微、惶惶不安，要淡然处之，一掠而过，从而减少焦虑和烦恼，增加快慰和宽心。

春季养生

◎四时应有不同的养生之法

中医学认为人体与自然界息息相关，人体要很好地生活在自然环境中，就得掌握自然界的四时阴阳变化规律特点，以一定的养生方法来维护和加强机体的阴阳平衡使之能够相适应。

四时之中，春温、夏热、秋凉、冬寒的气候变迁，是自然变化的一个明显规律，人当应之顺之，因而便有四时不同的养生之法。

◎春　捂

天气刚刚转暖，有些人便早早地脱掉冬装，换上轻便漂亮的春装。一些爱美女士更是迫不及待地穿上超短裙、丝袜，露出美丽的双腿。专家认为，民间的传统习惯春捂有一定道理，春天是多种疾病的高发期，春捂不能忽视。

春天适当捂一捂，可以减少疾病。冬去春来，人体皮肤逐渐苏醒，汗毛孔闭锁程度相应降低，因而春风较大的时候，尽管不是很冷，却能长驱直入肌体内部，人就可能感冒或并发其它疾病。再加上春天的天气不稳定，过早脱掉棉衣或穿得太少，也很容易着凉感冒。

"春捂"是传统的养生之道。冬去春来，寒气始退，阳气升发，而人们的肌体调节功能远远跟不上天气的变化，稍不注意，伤风感冒就会乘虚而入。一年之计在于春，只有掌握春季养生法，才能为新一年的健康打好基础。

◎首　足

对于春捂，医生的建议是注意捂两头，即重点照顾好"首足"两头。由于早春天气乍暖还寒，早晚低温，细菌病毒活跃，人容易生病，重点"捂"头颈与双脚，可以避免感冒、气管炎、关节炎等疾病发生。寒多自下而起，传统养生主张春时衣着宜"下厚上薄"，因为人体下身的血液循环要比上部差，容易遭到风寒侵袭。女士如果过早换裙装，会导致关节炎和多种妇科病。春天还是流脑、麻疹、腮腺炎等传染病的多发季节，这些疾病的发生虽与细菌、病毒感染有关，但感染后发病与否很大程度上取决于个人的体质和起居调养。不忙脱衣，"春捂"得法，可有效减少发病几率。

◎"春捂"请勿捂过头

生怕孩子着凉生病，父母们经常让孩子穿着臃肿的衣服在户外活动。年轻爸妈们更是用小棉被，把婴幼儿捂得严严实实。医生提醒父母，"春捂"也是有一定限度的，如果捂过了头，同样对健康不利。

春捂并不是衣服穿得越多越好，而是强调脱衣要"递减"，即衣物增减既要视天气的变化情况而定，也要考虑自身的体能素质。春季气温日差较大，早晚较冷，此时可适当捂一会儿。而晴日的中午时刻，气温一般都在 10℃ 以上，此时可适当减衣服。一般来说，春季可以让居室温度适当高一点儿，被子也要适当厚一点儿。

北方地区进入 4 月的时候，天气明显有些热了，如果这时还穿着棉衣，就会超过身体的耐热限度，体温调节中枢就会适应不了，同样对健康不利。尤其是长江流域，春季空气湿度较大，如果捂过了头，还容易诱发中暑。由于孩子好动易出汗，更不要捂得太多，出汗后骤减衣服很容易受凉感冒。要让孩子增加户外活动，以增强适应能力。而婴幼儿需要逐渐适应外界寒暖的变化，如果暖被厚衣捂得太多，宝宝需要调节体温就要出汗，而体液过多消耗，就更不能适应寒冷刺激。

◎春季养生的六要素

一"要"调养精神：春天阳光明媚，风和日丽，精神调摄应做到疏泄条达，心胸开阔，情绪乐观，戒郁怒以养性，假日去踏青问柳，游山戏水，陶冶性情，会使气血调畅，精神旺盛。

二"要"防风御寒：春天宜早晚睡早起，到室外多活动，舒展形体，使一天精力更加充沛。根据"春捂秋冻"的原则，一定要随气温的变化增减衣服，以适应春季气候多变的规律。

三"要"调节饮食：春天新陈代谢旺盛，饮食宜甘而温，富含营养，以健脾扶阳为食养原则，忌过于酸涩，宜清淡可口，忌油腻生冷，尤不宜多进大辛大热之品，以免助热

生火。春天宜多吃含蛋白质矿物质、维生素（特别是 B 族维生素）丰富的食品，特别是各种黄绿色蔬菜。此外，还应注意不可过早贪吃冷饮等食品，以免伤胃损阳。

四"要"运动锻炼：一年之计在于春，春天是体质投资最佳季节。

五"要"预防春困。

六"要"保健防病：春天温暖多风，最适于细菌、病毒等微生物繁殖传播，所以，一定要讲卫生，勤洗晒衣被，除虫害，开窗通风，提高防御能力。

◎怎样减轻与预防春困

春天风和日丽，阳光明媚。在这鸟语花香的季节里，很多人却感到困倦疲乏，头昏欲睡，早晨也不醒，这种现象就是常说的"春困"。春天犯困不是需要更多的睡眠，而是因体内循环季节性差异，春天气候转暖，皮肤血管舒张，循环系统功能增强，皮肤末梢血液供应增多，汗液分泌增加，各器官负荷加重，供应大脑的血液就相对减少，大脑的氧气就会感到不足，因而会感到困倦乏力。有人认为，只要春天多睡就不会发困了，其实成年人每天睡眠 8 小时左右就可以了，再增加睡眠反而会越睡越困。那么怎样减轻与预防春困呢？

1. 生活节奏要规律。保证睡眠，早卧早起，克服消极懒惰思想情绪。

2. 多运动。积极参加锻炼和户外活动，改善血液循环。

3. 饮食调理。研究证明，缺乏 B 族维生素与饮食过量是引发春困的重要原因，故宜多吃含维生素 B 族丰富的食品，吃饭不

宜大饱。

4. 保持室内空气流通，少吸烟，如不太冷，适当减些衣服，或用冷水洗脸，都会使困意尽快消除。

◎如何调节饮食驱赶春困

对于春困，有人说多吃点蔬菜水果就不困了，这种说法究竟有没有道理？

专家认为，对气温适应时间的长短与人的体质有关。体质较佳的人只需几天便能适应，有的甚至根本不会有春困现象出现，容易春困或被春困影响较大的人通常体质差，尤其是有心脑血管方面疾病的人群，由于血管情况不佳，血液循环不良，大脑缺血、缺氧比较严重，春困的反应也就比较大，而且持续时间长。

从饮食方面来说，春困与人体蛋白质缺少、机体处于偏酸环境和维生素摄入不足有关，因此饮食应注意增加蛋白质的摄入，多吃含维生素丰富的食品，如胡萝卜、香蕉等。解春困要多喝水、忌油腻，少吃大鱼大肉这些动物性的酸性食品，更不要过多饮酒。容易困乏的女士应多吃些含碱性的食物，如鸡蛋、牛奶、绿茶以及各类蔬菜水果等。

◎春季养生如何进补

神补。春天是精神病患者易发病季节，一般人也可能出现情绪不稳、多梦、思维活跃而难以集中，出现困倦乏力、精神不振等"春困"症状。尤其年老体弱多病者，对不良刺激承受能力差，春季常多愁善感、烦躁不安。改变这种不良情绪最佳方式就是根据个人的体质状况和爱好，寻求各自的雅兴，以陶冶情操，舒畅情志，养肝调神。春暖花开时，可约上亲朋好友外出踏青赏柳、玩鸟或散步练功等，有利于人体吐故纳新，以化精血，充养脏腑。

食补。春季食补宜选用较清淡、温和且扶助正气、补益元气的食物。如偏于气虚的，可多吃一些健脾益气的食物。

药补。药补是针对人体已明显出现气、血、阴、阳方面的不足，应在中医指导下，施以甘平的补药，以平调阴阳，祛病健身。

◎春季饮食分哪三阶段

春天饮食上应注意以下三个"时"的不同。

早春阴寒渐退，阳气开始升发，乍暖还寒。根据祖国医学"春夏养阳"的理论，此时可适当吃些姜、韭菜、芥末等，不仅能祛散阴寒，助春阳升发，而其中所含的有效成分，还具有杀菌防病的功效。

仲春古人云，春应在肝。肝禀风木，仲春时节肝气随万物升发而偏于亢盛。祖国医学认为，肝亢可伤脾（木克土），影响脾胃运化。因此，唐代药王孙思邈曾讲："春日宜省酸增甘，以养脾气。"此时可适当进食大枣、蜂蜜、锅巴之类滋补脾胃的食物，少吃过酸或油腻等不易消化的食物。这时正值各种既富含营养又有疗疾作用的野菜繁茂荣盛之时，如荠菜、马齿苋、鱼腥草、蕨菜、竹笋、香椿等，应不失时机地择食。

晚春气温日渐升高，此时应以清淡饮食为主，在适当进食优质蛋白类食物及蔬果之外，可饮用绿豆汤、赤豆汤、酸梅汤以及绿茶，防止体内积热。不宜进食羊肉、狗肉、麻辣火锅以及辣椒、花椒、胡椒等大辛大热之品，以防邪热化火，变发疮痈、疖肿等疾病。

◎春季三餐应吃什么

春季饮食分三时期：早春时期，春季中期，春季晚期。

一、早春时期：为冬春交接之时，气温仍然寒冷，人体内消耗的热量较多，所以宜于进食偏于温热的食物。

饮食原则：选择热量较高的主食，并注意补充足够的蛋白质。饮食除米面杂粮之外，可增加一些豆类、花生、乳制品等。

早餐：牛奶1袋（250毫升左右），主食100克，小菜适量。

午餐：主食150克，猪、牛、羊、瘦肉（或豆制品）50克，青菜200克，蛋汤或肉汤适量。

晚餐：主食100克，蛋、鱼、肉类（或豆制品）50克，青菜200克，豆粥1碗。

二、春季中期：为天气变化较大之时，气温骤冷骤热，变化较大，可以参照早春时期的饮食进行。在气温较高时可增加青菜的食量，减少肉类的食用。

三、春季晚期：春夏交接之时，气温偏热，所以宜于进食清淡的食物。饮食原则为选择清淡的食物，并注意补充足够维生素，如饮食中应适当增加青菜。

早餐：豆浆250毫升，主食100克，小菜适量。

午餐：主食150克，鱼、蛋、肉类（或豆制品）50克，青菜250克，菜汤适量。

晚餐：主食100克，青菜200克，米粥1碗。

◎春季养生法：伸懒腰

所谓伸懒腰就是把手臂的肘部向上抬高超过胸部的一种运动。然而，为什么这样一个简单的动作有如此神奇的作用呢？大家知道，伸懒腰时可使人体的胸腔器官对心、肺挤压，利于心脏的充分运动，使更多的氧气能供给各个组织器官。同时，由于上肢、上体的活动，能使更多的含氧的血液供给大脑，使人顿时感到清醒舒适。

人体解剖学、生理学告诉我们，人脑的重量虽然只占全身体重的1/50，而脑的耗氧量却占全身耗氧量的1/4。人类由于直立行走等因素，身体上部和大脑较易缺乏充分的血液和氧气的供应。久坐不动，加上大量用脑工作容易引起大脑缺血、缺氧症状，头昏眼花，腿麻腰酸，导致工作效率降低。所以经常伸伸懒腰，活动活动四肢对恢复疲劳是绝对有好处的。

◎花对人的保健有什么作用

五彩缤纷的花卉，能调节人的情绪，如红色能促进人的食欲；绿色可起到稳定情绪，能除焦虑，消除视觉污染，保护眼睛作用；紫色能使孕妇心情怡静；浅蓝色对发烧病人有良好的镇静作用；红、橙、黄色能使人产生一种温暖的感觉，让人体验热烈和兴奋；青、白、蓝色给人以情爽、宁静、肃穆的感觉。至于花香，那就更神奇了。淡雅的茉莉花，使人神经松弛，神志安宁；浓郁的郁金香，更有清神怡心之效；薄荷香味可使人兴奋，提高工作效率；菊花的芬芳能激发儿童智慧灵气，萌生求知欲和好奇心；水仙花和紫罗兰的香味，可使人感到温馨缠绵；康乃馨的幽香能唤醒老人对过去时代的美好回忆；铃兰香味能使人的精神更加集中；倍紫苏的气味能增强人的记忆力；天竺葵的香味能减缓紧张情绪；苹果香则对人的心理影响最大，具有明显的消除压抑的作用。

◎春季喝花茶有什么效用

中医学认为，春饮花茶好，因为这种茶可散发冬天积在人体内的寒邪，浓郁的香茶，又能促进人体阳气生发。春天万物复苏，人却容易犯困，此时若沏上一杯浓郁芬芳、清香爽口的花茶，不仅可以提神醒脑，清除睡意，还有助于散发体内的寒邪，促进人体阳气的生长。尤其是前列腺炎或前列腺肥大者、肝病者、少女经期前后和更年期女士等都宜饮用花茶。

花茶是我国特有的茶类，饮花茶不仅是一种乐趣，而且可以保健祛病，如常见的菊花茶就能抑制多种病菌、增强微血管弹性、减慢心率、降低血压和胆固醇。同时，可疏风清热、平肝明目、利咽止痛消肿。再如茉莉花茶，则有清热解暑、健脾安神、宽胸理气、化湿、治痢疾、和胃止腹痛的良好效果；桂花茶具有解毒，芳香避秽，除口臭、提神解渴、消炎祛痰、治牙痛、滋润肌肤、促进血液循环的作用；金银花茶能清热解毒、凉血止痢、利尿养肝、抗癌。

◎春季养生之蜂蜜水的效用

蜂蜜味甘，性平和。《本草纲目》说，

蜂蜜入药之功有五：清热、补中、解毒、润燥、止痛。蜂蜜质地滋润，可润燥滑肠；生用性凉，清热润肺；熟用补中，缓急止痛；甘以解毒，调和百药。

蜂蜜主要含葡萄糖、果糖和蔗糖，还有多种人体必需的氨基酸、蛋白质、淀粉、酶、脂肪、苹果酸、维生素、铁、钙、镁等多种成分。小儿食用能促进生长发育；老人食用可补中益气，润肠通便，久服强志健身，不饥不老，延年益寿。

蜂蜜的药用价值也很广泛，对肝炎、肝硬化、肺结核、神经衰弱、失眠、便秘、胃及十二指肠溃疡等都有很好的辅助治疗作用。

蜂蜜虽好，但多食令人脘腹胀满，胸腹不适，食欲不振，特别是腹泻者忌用。

◎春季家庭保健应注意什么

颜面防生癣。每当春暖花开、艳阳高照的季节，一些人尤其是20～40岁女士的面部、眼部周围常常出现一片片红斑，上面有细碎的鳞屑，奇痒难忍，俗称为"桃花癣"。"桃花癣"是由于花粉、灰尘等飘落在皮肤上，经日光照射分解后被皮肤吸收而产生的反应。防治办法：保持脸部清洁，平时多吃蔬菜、水果，以摄足维生素。

老人防中风。进入春季，老年人需要防脑血管病的发生。这是因为春季气温不稳定，常有寒潮入侵，气压变化大，在每次气温变化的过程中，可造成人体血管的伸缩难以适应而导致中风发生。防治办法之一：晚上坚持用温水洗脚。

婴儿防抽筋。每年春季，小宝宝患抽筋的症状明显增多，其祸根就在于维生素D和钙质的不足。原因是冬季出生的婴儿由于天气寒冷，缺少户外活动，日照较少，体表合成的维生素D较缺乏。

◎春季健身如何结合季节特点

步入春季，天气逐渐回暖，初春健身一定要结合季节特点合理安排，这样才能在保证健康的同时充分享受健身的快乐。

首先，要循序渐进、因人制宜，且运动前做足准备活动，防止外伤。

其次，选择喜爱并适合的健身项目，长期坚持。健身贵在持久，而生活中很多人健身都是"三分钟热度"，因而健身效果不明显。所以，合理选择健身项目，让自己能够长期坚持非常重要。骑自行车、登山、快步走、打篮球、踢足球等都是不错的户外运动项目。

再者，注意防寒保暖，健身时间可选择14：00至20：00。研究表明，14：00之后，人体机能开始上升，17：00至19：00达到最佳，锻炼选择在此时比较适宜。晨练也可以，但必须选择空气环境好的地方。初春万物复苏，空气中有很多对人体有利的负离子，易于人体吸收。但初春早晚依然较冷，且气候多变，所以户外运动应注意防寒保暖，避免着凉感冒。

最后，多饮水保持机体水分。当前气温尚低，人们锻炼时往往忽视饮水的重要性。事实上，此时气候较为干燥，运动中又要大量排汗，所以此时锻炼应注意水分的及时补充。

◎春季谨防四种疾病

初春气候变化无常，是一年中最不稳定的季节。同时，人的机体经过严冬的蛰伏，免疫力和抗寒能力均有明显的下降，这就为各种病菌的侵入铺垫了温床。按以往的情况，有四种疾病会随春而至，人们一定要提高警惕，精心预防。

一是甲型肝炎。春季是甲型肝炎的好发季节。

二是流行性出血热。这是一种春季急性传染病。在这个季节，一旦出现突然畏寒、继之高热、面红、颈红、胸肩部红、貌似醉酒、伴有头痛、眼眶痛、腰痛和皮肤粘膜有出血点的病人，应及时求治。

三是流行性脑脊髓膜炎。简称流脑，俗称脑膜炎，是脑膜炎双球菌引起的急性传染病。好发于春季，男女老幼都可得病，其中儿童为多。

四是风疹。风疹多危害幼儿及胎儿，怀孕妇女特别是妊娠早期得了风疹容易引起胎儿畸形。在风疹好发季节里，孕妇尽可能少去人多拥挤的公共场所，外出时尽可能戴口罩。

◎春天哪类人群应注意感冒

感冒包括普通感冒和流行性感冒，和其它许多疾病相比，感冒似乎是一种无关紧要的小病。实际上，对于某些人来说，感冒是一种十分危险的疾病，随感冒而出现的并发症甚至会对生命产生威胁，因而这些人对感冒不可麻痹大意。

老年人：人到老年，由于机体免疫功能和呼吸道防御功能减退，不仅容易患感冒，而且感冒后病程多较长，易反复发作，可引起肺炎，也易并发支气管炎、中耳炎、肾炎、心肌炎及败血症等严重疾病。

婴幼儿：由于机体防御功能尚未发育完善，婴幼儿患感冒后极易合并支气管肺炎、喉炎、中耳炎、扁桃体炎等病症。另外，感染的病毒和变态反应还可诱发风湿病、肾炎、心肌炎和肝炎等。

孕妇：怀孕妇女反复感冒，不仅损害自己的健康，还会影响到腹中胎儿的正常发育。尤其是患流感后，流感病毒可经血液侵入胎儿，易造成胎儿畸形，同时其流产、早产、死胎发生率也高。

心脏病患者：感冒是肺心病发生心衰或合并感染的重要诱因。冠心病患者也要预防感冒，因为它也是心肌梗死发作的诱因。感冒还会明显增加风湿性心脏病发作或合并细菌性心内膜炎的机会。

慢性呼吸道及肺部疾病患者：感冒首先侵犯并损害的是上呼吸道黏膜，慢性支气管炎、哮喘、肺结核、肺气肿等病人，因其防御功能进一步削弱，感冒常使这些病人病情加重或并发其它细菌感染。

◎老年人春季养生保健法

春季气温回升，自然界阳气逐渐上升，这一季节最利于化生精血津气，充实人体的组织器官。因此，老年人在这个要重视保健，确保一年之初时打下健康的好基础。

1. 晚卧早起。中老年人应顺应时令，在保证充足睡眠的情况下，晚睡早起，根据体质和天气情况，还可结伴游山玩水，让身心沐浴于春光之中，接受微风的洗礼，吸取大自然的活力，以增添生活乐趣，同时还能增强身体素质和抗病能力。

2. 合理调节膳食结构。春季饮食品种宜多样，宜清淡，易消化，饭菜温热；食味宜减酸亦甘，以养脾气。

3. 保持良好心情和精神状态。在春季应特别重视精神调养，既要力戒暴怒、肝火大动，更忌情志忧郁不舒。要做到心胸开阔，心情开朗，乐观愉快，而悲忧或思虑过度等都会伤及身体。

4. 加强体育锻炼，增强机体免疫力。春天阳光明媚，室外空气新鲜、宜人，是锻炼身体的最好时节。老年人应走出家门，多到户外活动，打拳、做操等能够改善机体免疫力，增加新陈代谢、血液循环等，从而可达到舒展筋骨、畅通气血、强身健体、增加机体抵抗力的目的。

春季时节气温、气压、气流变化无常，忽冷忽热，时风时雨，老年人应特别注意预防咽喉肿痛、头晕目眩、慢性支气管炎、风湿病、关节炎、冠心病、风心病、肺心病、消化道疾病等病症的复发、加重或恶化。在此时节老年人切不可过早脱掉棉衣，要注意随天气变化增减衣服，以防伤风感冒等病症的侵袭。

夏季养生

◎夏季养生的膳食结构

夏季多气温高而闷热，出汗亦较多，人体消化液分泌相对减少，胃酸降低，致使消化功能减弱，食欲欠佳，因此，炎热的夏季饮食应以清淡质软、易消化为主，少食油腻辛辣之物。

清淡的饮食能清热、祛暑、敛汗、补液，还可增进食欲。但在夏季切忌过食生冷，寒凉之物太过则伤脾胃。在夏季，常食绿豆粥，可起解热毒、止烦渴的作用；多吃些新鲜蔬菜瓜果，既能保证营养，保持钾钠平衡，又能保持身体对蛋白质和多种维生素的需要，还能预防中暑；菊花茶、酸梅汤、绿豆汁、莲子粥及荷叶粥等，可清热解暑，生津开胃；茶叶粥、薄荷百合粥、菊花粥等适用于夏季风热感冒者。夏天气温高，食物容易腐败变质，因此要特别注意饮食卫生，防止食物中毒及肠道传染病发生。另外，要根据自己的活动量，尽量多喝水，但不要喝含有咖啡因、酒精和太甜的饮料。

◎夏季养生如何做到静心安神

盛夏酷暑，烈日炎炎，人体新陈代谢最为活跃，良好的睡眠时间较其它季节又相对较少，致使体内消耗的能量增多，血液循环加快，心脏负担加重，极易造成心神不安，困倦烦躁，此时尤其要重视心神的调养，要

做到静心、气爽、神定、乐观愉快。加强对心脏的保养，保持良好的心态，切忌因暑热而烦躁不安，肝火大动而致神伤身损。另外，应做好防暑降温工作。家里应备些防暑药物和饮料，如十滴水、藿香正气水、凉茶、西瓜等；居住房间应经常通风换气，并保持房间清凉干爽；在天气过于炎热或房间密闭的情况下，尽量减少运动量；衣着应轻便、宽松。

◎夏日如何防治"内火"

心火分虚实。虚火主要表现为低热、盗汗、心烦、口干等，可喝点莲子大米粥，或用生地、麦冬等泡茶喝；实火则表现为反复口腔溃疡、口干、小便短赤、心烦易怒等，可服导赤散或牛黄清心丸以降火。

肺火

常表现为干咳无痰或痰少而黏、潮热盗汗、手足心热、失眠、舌红，可用百合、红枣、大米适量煮粥吃，或用沙冬、麦冬泡茶饮。

胃火

胃火也分虚实，实火表现为上腹不适、口干口苦、大便干硬，可用栀子、淡竹叶泡茶喝。虚火表现为轻微咳嗽、饮食量少、便秘、腹胀、舌红、少苔，可吃些有滋养胃阴作用的梨汁、甘蔗、蜂蜜等。

肝火

常表现为头痛、头晕、耳鸣、眼干、口苦口臭、两肋胀痛，可口服龙胆泻肝丸或龙

胆泻肝汤。

肾火

有肾火者常头晕目眩、耳鸣耳聋、牙齿过早松动、五心烦躁、腰腿酸痛，可常用枸杞子、地骨皮泡茶饮，或口服六味地黄丸、知柏地黄丸。

◎夏季早餐不宜吃冷食

进入夏天，一些人贪图凉爽，早餐喝蔬果汁代替热乎乎的豆浆、稀粥。这样的做法短时间内也许不觉得对身体有什么影响，但长此以往会伤害"胃气"。

从中医角度看，吃早餐时是不宜先喝蔬果汁、冰咖啡、冰果汁、冰红茶、绿豆沙、冰牛奶的。吃早餐应该吃"热食"，才能保护"胃气"。中医学说的胃气，其实是广义的，并不单纯指"胃"这个器官而已，其中包含了脾胃的消化吸收能力、后天的免疫力、肌肉的功能等。因为早晨的时候，身体各个系统器官还未走出睡眠状态，假如这时候你吃喝冰冷的食物，必定使体内各个系统出现挛缩、血流不顺的现象。也许刚开始吃喝冰冷食物的时候，不觉得胃肠有什么不舒服，但日子一久或年龄渐长，你会发现怎么也吸收不到食物精华，好像老是吃不结实，或是皮肤越来越差，时常感冒，小毛病不断。这就是伤了胃气，伤了身体的抵抗力。

因此早上第一个食物，应该是享用热稀饭、热燕麦片、热羊乳、热豆花、热豆浆等等，然后再配着吃蔬菜、面包、三明治、水果、点心等。牛奶容易生痰，产生过敏，不适合气管、肠胃、皮肤差的人及潮湿气候地区的人饮用。

◎夏季不宜凉水洗脚

脚是血管分支的最末梢部位，脂肪层薄，保温性差，脚底皮肤温度是全身温度最低的部位。夏天，如常用凉水洗脚，会使脚部进一步受凉遇寒，再通过血管传导而引起全身一系列的复杂病理反应，最终可能导致各种疾病缠身。

脚底的汗腺较为发达，夏天走路多了，出汗很多，这时如果突然用凉水洗脚，会使毛孔骤然关闭阻塞。

脚的感受神经末梢受凉水刺激后，正常运转的血管组织剧烈收缩，可能会导致血管舒张功能失调，诱发肢端动脉痉挛，引发一系列疾病，如红斑性肢痛、关节炎和风湿病等，所以，夏天不宜用凉水洗脚。

◎夏日如何养心

按照中医的养身理论，春养肝、夏疗心、秋补肺、冬固肾。由于生活节奏加快，人们承受的压力不断加大，如果不注意防治和调节，"过劳死"的情况会不断出现。预防的重点是要保持情绪稳定，坚持体育锻炼，善于劳逸结合，注重饮食调理。

◎夏季最佳蔬菜——苦味菜

夏季气温高湿度大，往往使人精神萎靡、倦怠乏力、胸闷、头昏、食欲不振、身体消瘦，此时，吃点苦味蔬菜大有裨益。中医学认为，夏季人之所以不爽缘于夏令暑盛湿重，既伤肾气又困脾胃，而苦味食物可通过其补气固肾、健脾燥湿的作用，达到平衡机体功能的目的。现代科学研究也证明，苦味蔬菜中含有丰富的具有消暑、退热、除烦、提神和健胃功能的生物碱、氨基酸、苦味素、维生素及矿物质。苦瓜、苦菜、莴笋、芹菜、蒲公英、莲子、百合等都是佳品，可供选择。

◎夏季最佳肉食——鸭肉

切莫以为夏季只宜吃清淡食物，其实夏季照样能进补，关键在于选准补品。这里向你推荐鸭肉，鸭肉不仅富含人在夏天急需的蛋白质等养料，而且能防疾疗病。其奥妙在于鸭属水禽，性寒凉，从中医"热者寒之"的治病原则看，特别适合体内有热、上火的人食用，如低烧、虚弱、食少、大便干燥和水肿等多见于夏季。鸭与火腿、海参共炖，炖出的鸭汁善补五脏之阴；鸭肉同糯米煮粥，有养胃、补血、生津之功，对病后体虚大有裨益；鸭同海带炖食，能软化血管、降低血压，可防治动脉硬化、高血压、心脏病；鸭肉和竹笋炖食，可治痔疮出血。

◎夏季最佳饮料——热茶

夏天离不开饮料，首选的既非各种冷饮制品，也不是啤酒或咖啡，而是极普通的热茶。茶叶中富含钾元素（每 100 克茶水中钾的平均含量分别为绿茶 10.7 毫克，红茶 24.1 毫克），既解渴又解乏。据英国专家的试验表明，热茶的降温能力大大超过冷饮制品，乃是消暑饮品中的佼佼者。

◎夏季最佳运动——游泳

夏令最好的运动是游泳。游泳不仅锻炼人体的手、脚、腰、腹，而且惠及体内的脏腑，如心、脑、肺、肝等，特别对血管有益，被誉为"血管体操"。另外，由于在水中消耗的热量要明显高于陆地，故游泳还能削减过多的体重，收到健美之效。

◎夏季最佳服色——红色

不少人认为穿白色衣服度夏最佳，其实穿红装更好。其奥妙在于红色可见光波最长，可大量吸收日光中的紫外线，保护皮肤不受伤害，防止皮肤老化甚至癌变，而其它服色（包括白色）此种功效较弱。至于面料，当以混纺的 T 恤衫为佳，其最佳混合比例为 33% 的棉和 67% 的聚酯。

◎最佳取凉"设施"——扇子

从健身角度看，取凉"设施"是扇子最佳。扇子虽然已是"老古董"了，但其健身效果却是其它任何现代降温设备所无法比拟的。摇扇是一种运动，可锻炼肢体（若有意识地换用左手摇扇，还可收到活化右脑、开发右脑潜能、预防中风的意外之效）。同时，扇子获得的风也最宜人。

◎夏日喝水有哪些讲究

真正有效的喝水才能让身体真正有效吸收。

一口气喝完一杯水。真正有效的饮水方法，是指一口气将一整杯水（约200至250毫升）喝完，而不是随便喝两口，这样才可令身体真正吸收使用。当然，所谓一次饮一杯水并非一定要一口气喝完，只是强调不要只随便喝一两口来止渴，这样对身体根本无济于事。

饮好水。尽量避免常饮蒸馏水（一般蒸馏水的水性太酸，容易伤害身体，对肾脏较弱的人士则更为不利），可选择优质的矿泉水。如可以的话，饮用碱性水对人体最有利。

饮暖水。夏日炎炎，很多人都会选择饮冰水。其实冰水对胃脏功能不利，饮暖开水更为有益，因为这有助于身体吸收。

空腹饮水。饮水随时都可以，口渴时才饮水往往只能解渴，未能济事。有效的饮水方法是在空腹时饮用，水会直接从消化管道中流通，被身体吸收；吃饱后才饮水，对身体健康所起的作用比不上空腹饮水。

◎夏季喝水时间表

6：30　经过一整夜的睡眠，身体开始缺水，起床之际先喝250毫升的水，可帮助肾脏及肝脏解毒。

8：30　清晨从起床到办公室的过程，时间总是特别紧凑，情绪也较紧张，身体无形中会出现脱水现象，所以到了办公室后，先别急着泡咖啡，给自己一杯至少250毫升的水。

11：00　在冷气房里工作一段时间后，一定得趁起身动动的时候，再给自己一天里的第三杯水，补充流失的水分，有助于放松紧张的工作情绪。

12：50　用完午餐半小时后，喝一些水，可以加强身体的消化功能。

15：00　以一杯健康矿泉水代替午茶与咖啡等提神饮料吧，能够提神醒脑。

17：30　下班离开办公室前，再喝一杯水，增加饱足感，待会吃晚餐时，自然不会暴饮暴食。

22：00　睡前一至半小时再喝上一杯水。今天已摄取2000毫升水量了。不过别一口气喝太多，以免晚上上洗手间影响睡眠质量。

◎夏季如何养阳

夏季骄阳普照，地热蒸腾，如何健康度过炎夏呢？祖国医学认为，夏季养生重在"养阳"。夏季温热，人体阳气活动旺盛，阴津易随汗液外泄而耗伤，人们比较注意养护阴津，往往忽视了养护阳气。夏热使人体腠理开泄，加之乘凉饮冷，每易损伤阳气。如何能做到夏季养阳呢？

（1）夏季养生重在精神调摄，保持愉快而稳定的情绪，切忌大悲大喜，以免以热助热，火上加油。心静人自凉，可达到养阳的目的。

（2）宜通过有益的文体活动来活动筋骨，调畅气血，养护阳气。运动要循序渐进，严格控制运动量，不要过度疲劳。

（3）慎起居。夏季自然界万物生长旺盛，起居也应随之作适应性调节，如清晨早起，洗漱后在室外清静处散步慢跑，呼吸新鲜空气，舒展人体阳气。

（4）中午人体散热量大，午饭后又昏昏欲睡，通过短暂午睡小歇，可以避开中暑高峰，又可补充夜间睡眠不足。

（5）不要贪凉。老年体弱者，阳气不足，如长时间对着电扇吹或久居空调室内，反会感到头昏脑涨，四肢疲乏，精神困倦，更容易导致受凉感冒等病症。

（6）节制饮食。夏季天气温热，应注意饮食调节，切勿极饥而后食，食不可过饱。亦忌极渴而后饮，饮不宜过多。还需慎食瓜果冷饮，以免伤脾胃阳气。素体阳虚的人，常食鲫鱼、大枣、胡桃仁等益气温阳的食物，往往能收到益气强壮的疗效。

（7）防止中毒。盛夏细菌繁殖迅速，70％的食物中毒发生在夏季。老人、小孩胃肠功能薄弱，抵抗力差，发病后极易发生脱水而危及生命，故应做好预防工作。

◎暑热期应注重养护肝

炎热酷暑，日照时间和紫外线强度都加大，不仅会引发中暑、肠炎等疾病，也容易使肝脏受损，因而出现黄疸、肝功能不好者特别多见。

夏季肝脏易受损的原因主要是肝脏负担过重。在持续高温的"大蒸笼"里，大量出汗引起体内水和电解质的丢失，并消耗大量的生命能源。肝脏是人体的"生命塔"，人体的各种代谢和解毒、免疫功能都靠肝脏承担。

酷暑天气自然影响肝内血流、能源，最后损伤肝组织。再加上夏季昼长夜短，睡眠不足。这样就会引起肝脏血流相对不足，影响肝脏细胞的营养滋润，导致抵抗力下降。一些人原来已经受损的肝细胞将难以修复并加剧恶化。那么，应该如何保护肝脏健康，安全度夏呢？

（1）防晒，保睡眠，安定情绪。白天要尽量避免在阳光下暴晒，要午睡半小时到一小时，晚上要尽量减少夜生活，保证8小时睡眠；保持情绪的安定，不烦躁。（2）忌饮酒。夏天很多人喜欢喝啤酒，认为清凉解暑。但中医学认为，"酒为火热之食，损伤肝阴"。无论啤酒如何冰镇，夏天饮用都如同"火上浇油"，不少患者就是因为过度饮酒导致酒精性肝炎、脂肪肝，直至肝硬化。（3）不宜在空调低温环境中久呆。空调房中不是自然风，空气污浊，易滋生病菌，损伤肝脏。因此，降温应适当。在空调环境中呆一段时间后要到户外活动，如打拳、散步，但不要大汗淋漓，消耗太多。（4）饮食保证。多食多汁水果、各种新鲜绿色蔬菜等。

◎夏季别让脚"中暑"

夏日是足部疾病的暴发季节，特别是对于那些不可能穿着凉鞋去上班的白领阶层来讲，更要格外注意保护自己的足部。

夏天温度高不仅可以使人的汗毛孔张开，也可以使人的出汗量增加，从而造成了有利真菌繁殖的环境，使足部发炎。例如足癣就是一种容易在温暖环境里暴发的足病。

在夏日里，人们的足部通常都会出现一些肿胀情况。因此，人们会感到原来挺合适的鞋子现在穿起来有些紧，鞋子紧会对足部的许多骨头和关节造成压力，人体内有近四分之一的关节长在足部，足部由于外界温度升高而引起的肿胀会对这些关节产生压力，产生酸疼的感觉。然后，这些压力又反过来进一步加剧原来的足部病症，如趾骨变形和拇指囊肿。由于这些已经畸形的骨头和关节已经没有更多可以活动的余地，所以外来的压力会使疼痛感加剧。

要想防止足部在夏日里发生以上问题，不要穿太紧的鞋子，尽可能穿透气性良好的薄棉袜子，每天不但应坚持洗脚，此外，经常换鞋也很重要。

◎夏季警惕缺水性头痛

临床实践和现代医学研究表明，夏季的高温、闷湿、雷雨、大风、天气骤变，常会诱发或加重头痛，而与气候有关的夏季饮食和睡眠，也常常直接导致头痛，因此夏季是头痛症的多发季节。

夏季气温常高于人体体温，因而汗液蒸发也多，如不及时补充水分，人体就容易脱水。人体脱水后，脑脊液也就减少，颅骨和脑组织的间隙就会加大，当体位变化，尤其是站立时，脑组织因轻度"下沉"或"震动"，使得脑部的神经根和血管受到牵拉而出现头痛症状。对于这种因脱水而出现的头痛，可以输入一定量的生理盐水，以消除或减轻脱水。同时患者应卧床休息，不用枕头，保持头的低位。预防这种头痛的关键是要及时补充水分。夏季易发生腹泻，腹泻时要防脱水，否则也易发生缺水性头痛。

◎夏季防暑应回避的误区

为了应对高温酷暑，人们各想高招，可有些招数却可能让人们在享受暂时的清凉惬意之后，健康受损。所以，夏季应谨防以下五种避暑误区：

（1）认为太阳镜颜色越深越能保护眼睛。镜片颜色过深会严重影响能见度，镜片应能穿过30%的可见光线，以灰色和绿色为最佳。

（2）认为天热少穿衣服能凉快些。盛夏最高气温一般都接近或超过37℃，皮肤散热从外界环境中吸收热量，越是暑热难熬之时，越不应赤膊，女士也不要穿过短的裙子。

（3）认为喝啤酒能解暑。夏天人体出汗较多，消耗也大，如果再不断地喝啤酒，由酒精造成"热乎乎"的感觉会不断持续，口渴出汗现象将更加厉害。饮啤酒应该适量。

（4）把空调保持恒温状态。不断调节居室温度，可使人逐渐适应温度的较大变化，不至于经常感冒或患其它疾病。居室变化的温度幅度，应控制在3℃～5℃。

（5）认为"冲凉"能使人更舒服。大汗淋漓时"冲凉"会使全身毛孔迅速闭合，使得热量不能散发而滞留体内，从而易引起各种疾病。应该选择温水浴，温水浴后会让人感觉通体清爽。

◎吹空调的禁忌

1. 空调温度不宜太低。一般控制在27℃左右为宜，室内比室外低3℃～5℃为佳。

2. 在空调房里适当多喝白开水。可用金银花、菊花、生地等煮水当茶饮用，清热解毒。

3. 限定空调时间。即便天气很热，也不要整天开着空调，更不能让它直冲着吹。

4. 注意保持房间空气新鲜。定时给房间通风，至少早晚各一次，每次10～20

分钟。同时，避免空调房里抽烟。即便是开着空调，最好也把窗户开一条小缝通风。

5.出入空调房，随时增减衣服。晚上睡觉时，盖上薄被或毛巾被，特别要盖严小肚子。

◎夏季养生忌"以冷抗热"

夏天气温接近人体的温度，人体散热方式以汗蒸发为主，所以用热来除热才是比较好的养生方法。

1.热毛巾擦身：夏天，人的脸面和躯干难免多汗，及时擦汗可促使皮肤透气，但必须用热毛巾，才能适应人体降温节律。

2.洗热水澡：夏天洗冷水澡会使皮肤收缩，洗后反觉更热，而热水洗澡虽会多出汗，但能使毛细血管扩张，有利于机体排热。夏天该出汗时出汗，这才是符合自然规律和人体节律的方式。

3.热水洗脚：脚有第二心脏之称，人的脚上分布有全身的代表区和五脏六腑的反射点。

古人云："睡前洗脚，胜似补药。"夏季也不例外。当时虽然感觉有点热，但事后反而会带来凉意和舒适。

4.喝热茶：冷饮只能暂时解暑，不能持久解热、解渴，而喝热茶却可刺激毛细血管普遍舒张，体温反而明显降低，这是简便易行的绝妙良方。

◎人为什么爱出汗

人的身体分布着300万左右的汗腺。汗腺是由单层上皮细胞组成的细管状结构。

汗腺一端为分泌部，有分泌汗液的作用；另一端为排泄部，直接开口于皮肤表面，称为汗孔。汗液的排出，有调节体温的作用，同时也排出部分代谢废物。

夏天由于运动出汗多，血液浓缩，宜及时补充水分。另外还应合理调配膳食，平时常吃些新鲜蔬菜、瓜果，西瓜是消暑佳品，享有"天然白虎汤"之美称，每天吃点西瓜大有裨益。还有，就是要保持皮肤洁净，天天洗澡。

◎夏季不宜怕出汗

由于空调日益普及，长期处于温度稳定环境中的人群，汗腺几乎被闲置起来，即使到了该出汗的季节———夏季，也不经常出汗，这对于健康是有害而无利的。由于长期使用空调不当而引发的"空调病"，可视作这种不利影响的初露端倪。按照我国古代名医张子和的学术见解：内毒外排，祛邪安正，疾病自愈。汗腺不畅就丧失了一条重要排毒管道，也就失去一道免疫防病的重要防线。夏天，汗孔开张，外来之毒易于侵入，不可不防；冬天，皮下脂肪日渐增厚，对低温已具适应能力，一般不易受风寒侵扰。因此，从顺应四季节律和生命规律出发，该出汗时就出汗。

汗液中含有较多的氯化钠，出汗多应该补充食盐和补充钙。据有关医学专家研究，在平时每天出的汗液中丢失钙仅15毫克并不十分重要，但夏季高温环境下劳作的人员，每小时汗液中丢失钙在100毫克以上，这个量几乎占总钙排量的30％，很容易导致低钙血症，表现为病人手足抽筋，肌肉抽搐，长期钙缺乏会导致成人患软骨病，易骨折，以及经常腰背和腿部疼痛。为了防止出汗后低血钙，应该多吃含钙的牛奶、乳制品、鱼类、海产品及绿叶蔬菜等食物。

◎ 消暑生津的药露怎么做

盛夏时节，烈日炎炎，人们常会出现口渴、心烦、厌食、失眠等不适症状。这时若选用具有消暑生津、清热解毒作用的药露，不仅能解除烦渴、补充水分，而且还能防病除疾。

金银花露：

金银花 20 克、白糖 15 克，同放茶壶内，冲入开水 1000 毫升，待凉即可分服。金银花清热解毒、消暑除烦、治痢，对多种致病菌和病毒有较强的抑止作用。

菊花露：

白菊花 10 克、白糖 10 克，同置茶杯内，冲入沸水加盖浸泡片刻即可饮用。白菊花具有散风热、清肝明目、解毒之功效，可用于防治风热感冒、头痛眩晕、目赤肿痛等症。其中所含的黄酮类物质有扩张血管、降低血压的作用，故对高血压病人更为适宜。

薄荷甘草露：

薄荷 10 克、甘草 3 克、蜂蜜适量。将两药同放入锅内，加开水约 3000 毫升，加盖煮沸 15 分钟，取汁加蜂蜜即可饮用。薄荷甘草露具有清肺止咳、解毒利咽的作用，可用于咽喉肿痛不适、声嘶、咳嗽等症。

西瓜翠衣露：

削去外表绿皮的西瓜翠衣 60 克，洗净后放锅内，加水适量，煮沸 15 分钟，然后取汁加糖即可分服。西瓜翠衣清暑解热、泻火除烦、利尿降压，对暑热烦渴、口舌生疮、

小便赤短、高血压病都有一定的防治作用。

◎ 夏季怎样防治热痉挛

热痉挛的的表现症状是体温升高、烦躁不安、四肢抽搐、头痛乏力。

在高温季节，当人体产热大于散热时，体内蓄热量就会不断增加。为了散热，人体往往通过出汗来蒸发。出汗多时，血液中的钠离子、血钾等含量就会下降，导致体内电解质紊乱，而使患者出现四肢及腹部肌肉收缩性痉挛，造成四肢不停地抽搐。

在高温季节，要减少活动量，以减轻机体热负荷。平时要多食冬瓜、黄瓜、菜瓜、西红柿等瓜果，补充多种维生素和矿物质。大量出汗时要补充淡盐水解渴。老年人因生理机能减退，口渴感觉不灵敏，应做到不渴也要喝水。经常喝些淡茶水、绿豆汤等，不仅能防脱水，还可稀释血液，预防心脑血管病的发生。热痉挛患者中的严重者，应及时静脉输入生理盐水。

◎ 夏季如何防治热伤风

热伤风也称夏季感冒，除了有鼻塞流涕、恶寒发热、头痛发热等症状外，不少人还会有口渴心烦等内热现象。

大部分夏季感冒是因为身体突然受凉，反射性引起鼻子和喉咙的一时性缺血，使抵抗力减弱，感冒病毒乘虚而入引起的。预防夏季感冒，首先要做到不要过度贪凉，在热得满头大汗时不要用冷水冲头或洗冷水澡，避免寒气进入体内；不要在树荫下、通道口纳凉或露宿，免受风寒；不要开着风扇睡觉

或睡觉时空调温度开得太低。夏季还要注意营养。气温高，基础代谢率高，蛋白质的分解就多，如食欲不好，营养素摄入少，蛋白质得不到补充，人体免疫功能就会下降，容易伤风感冒。一旦发生夏季感冒，如没有其它并发症，只需多喝水、多休息，症状就能缓解。

◎夏季中暑是什么原因

通常情况下，为了保持人体的恒温，体内新陈代谢产生的余热必须通过传导、对流、辐射等多种形式排出体外，使体温和外界的温度达到平衡。如果气温升高，以传导和辐射方式的散热减少了，汗液蒸发的散热将逐渐增加。当气温在 35℃ ~ 39℃时，人体余热的 2/3 将通过汗液蒸发排出。如果环境中相对湿度较高，汗液排泄就困难，人的体温调节系统不能完成调节功能，这时，人就要发生中暑。

中暑的发生不仅和气温有关，还与湿度、风速、劳动强度、高温环境、暴晒时间、体质强弱、营养状况及水盐供给等情况有关。诱发因素很复杂，但其中主要因素还是气温。

根据气象特点，可将发生中暑现场小气候分为两类：一类是干热环境，这是以高气温、强辐射热及湿度小为特点，环境气温一般可较室外高 5℃ ~ 15℃，相对湿度常在 40% 以下；另一类为湿热环境，气温高，湿度高，但辐射热并不强。由于气温在 35℃ ~ 39℃时，人体 2/3 余热通过出汗蒸发排泄，此时如果周围环境潮湿，汗液则不易蒸发。

据实验研究，导致中暑发生的气象条件为：相对湿度 85%，气温 30℃ ~ 31℃；相对湿度 50%，气温 38℃；相对湿度 30%，气温 40℃。

◎高温季节如何防中暑

中暑一般分为先兆中暑、轻症中暑、重症中暑。先兆中暑表现为患者出现大量出汗、口渴、头晕、胸闷、乏力等症。轻症中暑除有上述症状外，还会体温升高，有时达 38℃以上。重症中暑患者会出现高热、无汗、面色潮红、血压下降的症状，甚至昏迷、抽搐，从而危及患者生命。

盛夏高温季节，如果环境中相对湿度较高，人体出汗虽多，但蒸发散热反而减少，人的体温调节功能发生紊乱，中暑病例明显增多。一般在相同气温下，有风会比无风给人的感觉舒服些，就是因为风会促进汗液的蒸发，对散热有利。在容易中暑的高温、高湿天气里，旅游者、肥胖者、老人和婴幼儿以及有慢性病的体弱者，要特别注意防暑降温，减少外出，避免在烈日下暴晒。

一旦发现先兆中暑患者，要让其及时脱离高温环境并补充清凉、含盐的饮料。重症中暑患者除迅速采取降温措施外，要及时送医院救治。

◎细菌性痢疾的防治

细菌性痢疾简称菌痢。人在食用了被痢疾杆菌污染的食品或饮用了被污染的饮料等就可能发病。痢疾杆菌进入体内后，侵入结肠黏膜上皮细胞，破坏细胞的屏障，使结肠黏膜发生溃疡、脱落、出血。腹泻患者，特别是出现脓血便者要及时化验大便，一旦确诊要及时用抗生素治疗。有痉挛性腹痛者，不可随意使用解痉剂或抑制肠蠕动的药，以免导致大量毒素和细菌滞留在肠道而加重中毒症状。

需要注意的是，有些菌痢病人特别是儿童，没有腹泻症状，却表现为高烧、嗜睡、面色苍白、四肢厥冷、阵阵抽风、血压下降等症状，通过粪便化验才证实是患了菌痢，这便是中毒型菌痢。由于中毒型菌痢来势凶猛，在发病初24小时内变化急剧，延误诊治会有生命危险。因此在夏季遇到突发高烧、血压下降、呼吸循环衰竭而找不到病因时，即使没有腹泻也要多加警惕。

夏季是腹泻病的高发季节，由于引起腹泻的原因多种多样，需要针对病因采取相应的措施，千万不能一腹泻就用抗生素，否则会造成不良后果。

◎ 不宜乱服止泻药

食物被大肠杆菌等致病菌污染后变质，人体摄入这些食物后发病，得了此病应在医生的指导下服用抗肠道感染的药物，以抑制肠道细菌而达到止泻的效果。有人急于服用止泻药，认为只要止住腹泻就好了，其实不然。因为服用止泻药后，表面看来大便次数减少了，腹泻缓解了，但这样会使病原微生物滞留在肠道内不被排出，导致细菌等产生的大量毒素被肠黏膜吸收，引起严重后果。

◎ 夏日如何预防"冰箱病"

冰箱头痛：夏天，刚从冰箱冷冻室取出的食品温度在-6℃以下，而口腔温度在37℃左右，两者温差悬殊。若快速进食该食品，可刺激口腔黏膜，反射性地引起头部血管痉挛，产生头晕、头痛、恶心等一系列症状，故为"冰箱头痛"。

冰箱肺炎：冰箱如果平时不经常擦洗，冷冻机的排气口和蒸发器中就很容易繁殖真菌。这些真菌耐寒力极强，能在冰箱低温下生长繁殖，并随尘埃散布至空气中。过敏性体质者和儿童吸入这种带菌空气后，极可能出现咳嗽、胸痛、寒战、发热、胸闷和气喘等症状，临床上称之为"冰箱肺炎"。

冰箱胃炎：夏季，人若多吃冰箱内的冷食物，胃肠在受到强烈的低温刺激后，血管会骤然收缩变细，血流量减少，胃肠道消化液停止分泌，由此导致生理功能失调，诱发上腹阵发性绞痛和呕吐等症状，称之为"冰箱胃炎"。

冰箱肠炎：冰箱冷藏室内的低温虽能抑制多数细菌的繁殖，但有些嗜冷霉菌仍可继续生长。如耶尔森氏菌在0℃左右的低温环境中仍能大量繁殖，随未再加热的食品进入结肠后，可使结肠黏膜脱落，发生肿胀，引起广泛炎症，致人腹痛、腹泻、呕吐，该病称为耶尔森氏菌结肠炎。

◎ 夏天如何防痱子

痱子是由于环境中的气温高，湿度大，出汗过多，不能及时地蒸发，致使汗孔堵塞，汗液淤积或破裂所致，有的表现为小米粒大小浅表水疱，很容易蹭破，轻度脱屑而愈，多见于婴儿、孕妇，称为白痱；有的为散在红色小丘疹，但与毛囊无关，称为红痱，多见于小儿；有的为小脓疱，称为脓痱。

防止痱子的发生应该注意室内环境的通风降温，避免环境过湿，温度过高；衣着应宽大，减少出汗且利于汗液蒸发，勤换衣服；尽量保持皮肤干燥，用干毛巾擦汗，肥胖者、婴儿及产妇应勤洗浴，但不用冷水，揩干后扑痱子粉。治疗可用清凉、收敛止痒药物。若发生脓痱要到医院就诊做综合治疗。

◎夏季过敏性皮肤病的防治

过敏性皮肤病：由植物花粉及花粉螨虫引起的过敏性疾病，使过敏体质者呼吸道、眼部和皮肤过敏的反应。主要表现为阵发性喷嚏、流清鼻涕和鼻塞、头痛、流泪，状如感冒，皮肤可出现局部或全身性荨麻疹、颜面再发性皮炎、瘙痒等症状。

防止过敏性皮肤病的发生，应尽量少吃高蛋白质、高热量的饮食；有过敏史的人，尽量少去花草树木茂盛的地方；外出郊游时要穿长袖衣裤、鞋袜，并带脱敏药物。若遇皮肤发痒、全身发热、咳嗽、气急时应迅速离开此地，如症状较轻，可口服脱敏药，一旦出现哮喘症状时应及时到医院诊治。

◎潮湿季节如何防湿疹

夏季，有些人的手和脚会因为汗腺发达而分泌很多汗液，特别是脚，如果长期穿不透气的鞋子，闷热潮湿一起来，脚就会脱皮、痒、长水疱，很多人误认为是脚气，其实是湿疹。防治湿疹，局部要保持干燥，用皮炎平涂抹患处，一天两至三次。要穿透气的鞋子，如布底的布鞋。因为湿疹的症状和脚癣相同，所以，治疗前要做一个真菌试验，判断到底是否属于真菌感染。

◎如何预防食物中毒

炎炎夏季即将到来，各种生冷食物及冷饮纷纷出笼，你要如何健康过完这个夏天呢？请遵守以下饮食原则：

1. 新鲜：所有生鲜食品原料及调味料添加物，要保持其鲜度。

2. 清洁：食物应彻底清洗，调理及贮存场所、器具、容器均应保持清洁。

3. 迅速：食物要尽快处理烹饪，做好的食物也应尽快食用。

4. 加热：食物要煮熟再食用，一般超过70℃以上细菌易被杀灭。

5. 冷藏：食物之调理及保存应特别注意温度控制在7℃以下。

6. 人员卫生：调理食物前彻底洗净双手。

7. 手部有伤口，应完全包扎好才可调理食物（伤口勿直接接触食品）。

◎夏季喝冰饮料为何易中暑

炎炎烈日下汗流浃背，一杯冰水或冰饮料是个极大的诱惑。但专家告诉人们，冰饮料并不适合夏天解渴，而且大量饮用容易致病，因为冰饮料中水分子大部分处于聚合状态，分子团大，不容易渗入细胞；而热饮料单分子多，能迅速渗入细胞，纠正细胞缺水的状态。

因此，冰水或冰饮料的解渴效果反而不如热茶。而且，冰饮料虽然会带来暂时的舒适感，但大量饮用，会导致汗毛孔宣泄不畅，机体散热困难，余热蓄积，极易引发中暑。

◎夏季如何止痒

1. 肥皂涂抹止痒。蚊虫叮咬时，在蚊子的口器中分泌出一种有机酸——蚁酸，这种物质可引起肌肉酸痒，肥皂含高级脂肪酸的钠盐，这种脂肪酸的钠盐水解后呈碱性，肥皂的碱性与蚁酸的酸性中和后迅速消除痛痒。

2. 用食用碱面水少许涂擦，也可很快止痒。

3. 洗衣粉去痒。用清水冲洗被咬处，不要擦干，然后用一个湿手指头蘸一点儿洗衣粉涂于被咬处，可立即止痒且红肿很快消失，待红肿消失后可用清水将洗衣粉冲掉。

4. 用扑尔敏 1 片，蘸唾液反复涂擦叮咬处，止痒效果佳。

5. 白胡椒 20 克，捣碎浸泡在 60 度白酒 100 克中，将容器密封置于阳光下暴晒 3～7 天，即可搽蚊虫叮咬处，每天 1～2 次，可镇痛、止痒、消肿。

6. 氯霉素眼药水止痒。被蚊虫叮咬后，可立即涂搽 1 至 2 滴氯霉素眼药水，即可止痛止痒。由于氯霉素眼药水有消炎作用，蚊虫叮咬后已被抠破有轻度感染发炎者，涂搽后还可消炎。

◎夏季巧用藿香正气水

小儿痱子

痱子是婴幼儿及小儿常见病，多发于夏季，若不及时治疗可引起痱子融合导致脓疮从而继发感染。用藿香正气水治疗小儿痱子，效果较好。可取藿香正气水 1 支按比例加凉开水或生理盐水稀释，稀释浓度为：不满 3 个月者，药液与水比例为 1:3；4 个月至 12 个月者，药液与水比例为 1:2；超过 1 岁者，药液与水比例 1:1。用药之前先用温水将局部洗净擦干，然后用消毒药棉蘸稀释后的药液涂擦患处，每日 2~3 次。

蚊虫叮咬

夏日若不慎被蚊虫"侵袭"，可用藿香正气水外涂患处，半小时左右可减轻或消除瘙痒感。

足癣

将患足用温水洗净擦干，将藿香正气水涂于足趾间及其它患处，早晚各涂一次，治疗期间最好穿透气性好的棉袜、布鞋，保持足部干燥，5 天为一疗程，一般 1~2 个疗程即可见效。

湿疹

每日用温水清洗患处后，直接用藿香正气水外涂患处，每天 3~5 次，连用 3~5 天。

晕车晕船

乘坐车、船前，可用药棉蘸取藿香正气水敷于肚脐内，也可在乘车前 5 分钟口服一支藿香正气水（儿童酌减），可预防晕车晕船。

慢性荨麻疹

慢性荨麻疹是皮肤科常见疾病，致病因素较多，发病机制复杂，藿香正气水对本病有一定的治疗作用，患者可口服藿香正气水 10 毫升，每日 3 次，连服 2 周为 1 疗程（若伴有喉头水肿、休克、发热者，近 2 周来曾用过皮质激素治疗者以及阴虚火旺者不宜采用此方法）。

秋季养生

◎ "秋乏" 是怎么回事

民间有句俗语："春困秋乏。"从生理学来讲，人必须在一定的气温、湿度、气压以及气流等综合气象条件下，机体才感到舒适。夏天因气候环境差，人们得不到充足的睡眠，使过度消耗的能量得不到适度的补偿，结果欠下了一笔"夏耗债务"。

进入 9 月以后，气温冷暖适中，秋高气爽，而人体各系统也相应发生生理变化。秋季的夜间，最容易入睡，清晨醒后仍感到疲乏，是对盛夏季节人体超常消耗补偿的反应，又是机体在秋季这个宜人的气候环境中得以恢复所表现出的"保护性措施"，也可以说是机体内外环境达到新的平衡的过渡现象，这是一种正常的生理现象。

◎ 秋季到了天凉了注意什么

天气转冷后，肾最易受寒气侵袭，从而导致人体气血郁结，心、肝受影响，大脑供血不足，就会出现记忆力衰退、掉发、头晕目眩、失眠等相关症状。此外，在秋冬季节，许多人喜食油腻食品，导致肝脏过分劳累，不能保证大脑供血，也会影响记忆力。

在日常生活中多晒太阳，房间多通风，在含氧量充足的地方多做增加心肺功能的锻炼，如深呼吸、扩胸、慢跑等。早睡晚起也有益于大脑活动。在饮食上，应以清淡为主，

少食油腻，可以补充一些温肾驱寒的食物，如用黄酒煮生姜，多吃韭菜、山药、地瓜、木瓜等。

◎ 秋季睡眠注意"八忌"

睡眠是人们恢复体力，保证健康，增强机体免疫力的一个重要手段。秋季气候凉爽，人们睡眠的气象条件大为改善，但如果不适当加以注意，睡眠质量将会大受影响。所以，秋季睡眠应该注意以下几个方面：

一忌睡前进食。这将会增加肠胃负担，易造成消化不良，有害身体，还会影响入睡。睡前如实在太饿，可少量进食，休息一会儿再睡。

二忌饮茶。茶中的咖啡碱能刺激中枢神经系统，引起兴奋，睡前饮过浓的茶会因之而难以入睡，饮用过多的茶会使夜间尿频，影响睡眠。

三忌睡前情绪激动。睡前情感起伏会引起气血的紊乱，导致失眠，还会对身体造成损害，所以睡前应力戒忧愁焦虑或情绪激动，特别是不宜大动肝火。

四忌睡前过度娱乐。睡前如果进行过度娱乐活动，尤其是长时间紧张刺激的活动，会使人的神经持续兴奋，使人难以入睡。

五是睡时忌多言谈。卧躺时过多说话易伤肺气，也会使人精神兴奋，影响入睡。

六是睡时忌掩面。睡时用被捂住面部会使人呼吸困难，身体会因之而缺氧，对身体

健康极为不利。

七是睡时忌张口。睡觉闭口是保养元气的最好方法。如果张大嘴巴呼吸，吸入的冷空气和灰尘会伤及肺脏，胃也会因之而着凉。

八是睡时忌吹风。人体在睡眠状态下对环境变化适应能力降低，易于受风邪的侵袭，故在睡眠时要注意保暖，切不可让风直吹。

◎ "多事之秋" 如何养生

秋天，从立秋开始，历经处暑、白露、秋分、寒露、霜降六个节气，其中的秋分为季节气候的转变环节。《内经·素问·四气调神大论》说："秋三月，此谓容平，天气以急，地气以明。"

时至秋令，碧空如洗，地气清肃，金风送爽，万物成熟，正是收获的季节。秋季的气候是处于"阳消阴长"的过渡阶段，立秋至处暑，秋阳肆虐，温度较高，加之时有阴雨绵绵，湿气较重，天气以湿热并重为特点，故有"秋老虎"之说。

"白露"过后，雨水渐少，天气干燥，昼热夜凉，气候寒热多变，稍有不慎，容易伤风感冒，许多旧病也易复发，被称为"多事之秋"。

由于人体的生理活动与自然环境变化相适应，体内阴阳双方也随之发生改变。因此，秋季养生在对精神情志、饮食起居、运动导引等方面进行调摄时，应注重一个"和"字。

◎ "悲秋" 是怎么回事

为什么秋季里有些人容易伤感呢？现

代医学研究证明，在人体大脑底部，有一种叫"松果体"的腺体，它能够分泌"褪黑素"。这种激素能促进睡眠，但分泌过盛也容易使人抑郁，气温的变化对其分泌会产生间接影响，尤其是在冷热交替的换季时节。

祖国医学认为，人体的五脏六腑、七情六欲与五行学说和四季变化存在着相应的联系。因此在秋天，尤其是秋雨连绵的日子里，人们除了容易"秋燥"，有时也容易产生伤感的情绪。

此外，"一场秋雨一场寒"。气温的骤然下降，会使人体新陈代谢和生理机能均受到抑制，导致内分泌功能紊乱，进而使情绪低落，注意力难以集中，甚至还会出现心慌、多梦、失眠等一系列症状，即人们通常所说的"低温抑郁症"。

◎秋季注重如何调剂精神

进入秋天之后，从"天人相应"来看，肺属金，与秋气相应，肺主气司呼吸，在志为忧。肺气虚者对秋天气候的变化敏感，尤其是一些中老年人目睹秋风冷雨、花木凋零、万物萧条的深秋景况，常在心中引起悲秋、凄凉、垂暮之感，易产生抑郁情绪。

宋代养生家陈直说过："秋时凄风惨雨，老人多动伤感，若颜色不乐，便须多方诱说，使役其心神，则忘其秋思。"可见，秋季注重调摄精神为养生之要务。正像《内经·素问·四气调神大论》说的："使志安宁，以缓秋刑。收敛神气，使秋气平。无外其志，使肺气清。此秋气之应，养收之道也"。

因此，进入秋季后，应有"心无其心，百病不生"健心哲理，养成不以物喜，不为己悲，乐观开朗，宽容豁达，淡泊宁静的性格，收神敛气，保持内心宁静，可减缓秋季肃杀之气对精神的影响，方可适应秋季容平的特征。所以，中老年人要结伴去野外山乡，登高远眺，饱览大自然秋花烂漫、红叶胜火等胜景，一切忧郁、惆怅顿然若失，愉悦和谐的情绪焕发出青春般的活力。

◎秋季为何易抑郁

秋季阳气渐收，阴气渐长，是阳消阴长的过渡阶段。由于日照减少，气温渐降，草枯叶落，花木凋零，到处是一派肃杀的景象，人生活在这样的环境中，因景触情，往往会产生凄凉、忧郁、悲伤等伤感情绪。中医学也认为秋应于肺，在志为忧，如再遇上不称心的事，极易导致心情抑郁。

有人做过研究，人在心情愉快的时候，体内一些有益激素、酶和乙酰胆碱会增加分泌，使血液的流量、神经细胞的兴奋调节到最佳状态，有利于身心健康。相反，如果终日郁闷忧伤，就会使这些有益激素分泌紊乱，内脏功能失调，从而引发胃痉挛、高血压、冠心病等。

为此，古人认为秋季的精神养生应做到"使志安宁，以缓秋刑；收敛神气，使秋气平；无外其志，使肺气清，此秋气之应"。也就是说，以一颗平常心看待自然界的变化，或外出秋游，登高赏，令心旷神怡；或静练气，收敛心神，保持内心宁静。

◎秋季如何有个好心情

生物回馈法：坐在舒服的椅子上，眼微

闭、齿微分、下肩、开胯、集中心志静下来，专心感受肌肉酸痛的那个点，慢慢刺激调整它。接着深呼吸，感觉脉搏跳动甚至肠胃蠕动，感受手指头血液一张一缩的感觉。

肌肉松紧法：从头部开始，眼睛用力闭，然后放松；牙齿用力咬合，再放松；拳头握紧后放松；依次类推到全身各部位。最简单的就是起身，用力伸懒腰，然后放松，能在最短时间内达到放松效果。

大字舒服法：呈"大"字形躺在床上，再在脖子和膝盖下方枕个垫子，让自己处在舒服、放心的姿势。

◎秋季是补钙的黄金时间

钙是一种不能在人体自行合成的营养素，必须依靠外界供给，因而膳食结构直接影响到人体对的吸收和利用。我国人多食谷物，少食含钙丰富的乳制品，很容易缺乏钙。缺钙会危及到各类人群的身体健康。

秋季是补钙的最佳时期。由于气温逐渐降低，人体各组织的功能相应提高，对钙的吸收和利用的能力也有所提高。但是如果不掌握科学的方法进行补钙，即使服用大量的钙制剂，也难以达到理想的补钙效果。

◎秋季进补的禁忌

俗话说："入夏无病三分虚"，立秋一到，气候虽然早晚凉爽，但仍有秋老虎肆虐，故人易倦怠、乏力、讷呆等，此时进补十分必要。

但进补不可乱补，应注意"五忌"：
一忌无病进补。无病进补，既增加开支，

又害自身。如服用鱼肝油过量可引起中毒，长期服用葡萄糖会引起发胖，血中胆固醇增多，易诱发心血管疾病。

二忌慕名进补。认为价格越高的药物越能补益身体，人参价格高，又是补药中的圣药，所以服用的人就多。其实滥服人参会导致过度兴奋、烦躁激动、血压升高及鼻孔流血。

三忌虚实不分。中医的治疗原则是虚者补之，不是虚症病人不宜用补药。虚病又有阴虚、阳虚、气虚、气血虚之分。对症服药才能补益身体，否则适得其反，会伤害身体。

四忌多多益善。任何补药服用过量都有害，因此，进补要适量。

五忌以药代食。重药物轻食物是不科学的，药补不如食补。

◎立秋以后调理"三忌"

一忌无病乱补。无病乱补，既增加开支，又害自身。如服用鱼肝油过量可引起中毒，长期服用葡萄糖会引起发胖，血中胆固醇增多，易诱发心血管疾病。

二忌重"进"轻"出"。随着人民生活水平的提高，不少家庭天天有荤腥，餐餐大油腻，这些食物代谢后产生的酸性有毒物质，需及时排出，而生活节奏的加快，又使不少人排便无规律甚至便秘。故养生专家近年来提出一种关注"负营养"的保健新观念，即重视人体废物的排出，减少"肠毒"的滞留与吸收，提倡在进补的同时，亦应重视排便的及时和通畅。

三忌恒"补"不变。有些人喜欢按自己

口味，专服某一种补品，继而又从多年不变发展成"偏食"、"嗜食"，这对健康是不利的。因为药物和食物既有保健治疗作用，亦有一定的副作用，久服多服会影响体内的营养平衡。尤其是老年人，不但各脏器功能均有不同程度的减退，需要全面地系统地加以调理，而且不同的季节，对保健药物和食物也有不同的需求。因此，根据不同情况予以调整是十分必要的，不能恒补不变，一补到底。

◎秋补四大"宝"

秋季是一个从炎夏向寒冬过渡的季节，是人们抵抗力相对较弱的时候，因此，在秋季应该多吃一些能够增强人体抵抗力和免疫力的食品；同时秋天气候又比较干燥，人们往往会出现不同程度的口、鼻、皮肤等部位干燥感，故应吃些生津养阴、滋润多汁的食品，少吃辛辣、煎炸食品。

百合。百合含有丰富的蛋白质、脂肪和钙、磷、铁及维生素等，是老幼皆宜的营养佳品。

大枣。大枣不光是甜美食品，还是治病良药。大枣性味甘平，入脾胃二经有补气益血之功效，是健脾益气的佳品。

红薯。红薯含有丰富的淀粉、维生素、纤维素等人体必需的营养成分，还含有丰富的镁、磷、钙等矿物元素和亚油酸等。这些物质能保持血管弹性，对防治老年习惯性便秘十分有效。另外，红薯是一种理想的减肥食品，因其富含纤维素和果胶而具有阻止糖分转化为脂肪的功能。

枸杞。枸杞具有解热、治疗糖尿病、止咳化痰等疗效，而将枸杞根煎煮后饮用，能够降血压。枸杞茶则具有治疗体质虚寒、性冷感、健胃、肝肾疾病、肺结核、便秘、失眠、低血压、贫血、各种眼疾、掉发、口腔炎、护肤等作用。体质虚弱、常感冒、抵抗力差的人最好每天食用。

◎秋天应该多吃些什么

可滋阴润燥的食物：银耳、甘蔗、芝麻、梨、菠菜、豆浆、蜂蜜、藕等。

偏酸性水果：苹果、葡萄、石榴、杨桃、柠檬、柚子、山楂等。

常见的养阴药：枸杞、玄参、玉竹、麦冬，可促进唾液腺体的分泌，可润喉，也具有免疫调节的作用。

常见的补气药：人参、白术、茯苓。

◎秋季养生最关键的一点

一般来说，四季均可补，但秋冬最佳。这是因为秋冬是阴长阳消的阶段，顺应这个趋势养阴，效果就会比其它时候要好。中医认为，久病伤阴，许多慢性疾病如糖尿病、甲亢、高血压、慢性肾病、更年期综合征等，均有不同程度的阴虚表现，养阴补虚是这类慢性疾病调理的重要原则。

水为阴气之源，因此，秋冬季节应多喝水。现今人们吸取的地气（阴气）越来越不足，而这也影响到机体的阴阳平衡，使得体内的"阴"相对不足，引起阳热的偏亢，于是，人们越来越容易上火，热性疾病越来越多。所以，走进大自然的怀抱，漫步田野、山村、公园，都有助于养阴而调整机体阴阳。再就是护阴。出汗过多就会损人体之"阴"，因此，

防止出汗过多是护阴之关键，在秋冬季锻炼身体，要防止运动过度，避免大汗淋漓。

◎"先秋养阴法"有什么功效

古籍《石室秘录》录有"先秋养阴法"，即吞咽津液。具体做法是，或坐或立或卧，全身放松，排除一切杂念，两眼微闭，口唇微合，自然呼吸，呼吸宜匀长细柔。意念肺器津液满溢，流注全身，润养肌肤、关节、脏腑。待松毕静定，用舌头搅动口腔，在牙齿的外上、外下、里上、里下，依次轻轻搅动，各九次，待口中津液满口，鼓漱十余次，然后分三次吞下，鼓漱咽津后，舌抵上腭，上下齿轻轻相叩一百次，多多益善。吞咽时，要做到汩汩有声，有意念送至脐腹丹田。咽津的同时，要结合叩齿，这样不但使口中津液增多，还能健齿益肾。据《石室秘录》介绍，若每天能抽几分钟时间，认真地做，持之以恒，就可以收到"永无燥热之病"之效。

据现代医学研究，唾液中含有淀粉酶、溶菌酶及分泌性抗体，既可助消化，又能杀菌、抗病毒，是有效的祛病健身的物质。

◎秋季补粥有哪些

进入秋天后，一日三餐之食物宜以养阴生津之品为主，如芝麻、蜂蜜、梨、莲子、银耳、葡萄、萝卜、蔬菜等柔润食物，少吃辛辣燥热之品，必要时可服补品，但应清补，不可大补。以下药粥值得一试：

银耳大米粥。制作方法：银耳5克，发泡后加入大米50～100克淘净同煮。然后加蜂蜜适量，搅匀即可。

莲藕大米粥。制作方法：莲藕 10 克洗净切碎，大米 50 克左右同煮。煮成后可加蜂蜜。

山药大米粥。制作方法：山药 100 克，大米 50 克。山药洗净切块，大米淘净煮粥，一日 2 次分食。

大枣银耳羹。制作方法：银耳泡发，加入大枣 10 枚，加入适量水煮一两个小时，然后调入白糖或冰糖食用。

◎秋季保健为何拒绝秋膘

夏天天气炎热，能量消耗较大，人们普遍食欲不振，造成体内热量供给不足。到了秋天，天气转凉，饮食会不知不觉地过量，使热量的摄入大大增加。再加上宜人气候，让人睡眠充足，汗液减少。另外，为迎接寒冷冬季的到来，人体内还会积极地储存御寒的脂肪，因此，身体摄取的热量多于散发的热量。在秋天人们稍不小心，体重就会增加，这对于本来就肥胖的人来说更是一种威胁，所以，肥胖者秋季更应注意减肥。首先，应注意饮食的调节，多吃一些低热量的减肥食品，如赤小豆、萝卜、薏米、海带、蘑菇等。其次，在秋季还应注意提高热量的消耗，有计划地增加活动。秋高气爽，正是外出旅游的大好时节，既可游山玩水，使心情舒畅，又能增加活动量，达到减肥的目的。

◎秋季养生如何防肺疾

中医认为初秋燥气滋蔓，湿气未退，湿邪燥邪合并，易伤人肺气，极易引起上呼吸道感染、急性支气管炎等。中医有清热润肺

之法，可用麦冬 30g、菊花 15g，煎水代茶饮用，具有养阴润肺、清心除烦、益胃生津的功效，是秋季防治秋燥的良好保健饮品。

◎秋季养生如何防胸痹

胸痹类似现代医学的心肌梗死。由于寒气收缩，随着血管外周阻力增加，秋季的血压也会逐渐走高，是胸痹患者的潜在"杀手"，除了适度锻炼如散步、跑步外，晨起喝杯白开水稀释血液，接受耐寒训练，均能起到较好的预防作用。也可常饮活血开痹的开痹饮：枸杞 15g、山楂 20g，先用开水煎熬山楂 2 ~ 5 分钟，再用煎熬好的山楂水冲泡枸杞作茶饮。

◎秋季养生如何防肤损

秋季皮肤水分蒸发加快，外露部分的皮肤会因缺水会变得粗糙，弹性变小，严重者会产生皲裂。因此，洗浴不宜用碱性大的用品。要注意皮肤的日常护理，多吃泥鳅、鲥鱼、白鸭肉、花生、梨、红枣、莲子、葡萄、甘蔗、芝麻、核桃、蜂蜜、银耳、梨等食物，能较好地滋润肌肤，美化容貌。

◎秋季养生如何防水雾

秋冬寒气与近地气层中的水汽相遇，凝结成悬浮的小水滴，这就是雾。雾滴在飘移的过程中会吸附像酸、碱、盐、胺、酚、尘埃、病原微生物之类的有害物质，这给人们的健康、生活甚至出行都带来很大影响。所以雾天最好减少户外活动，晨练可

以暂停；外出时戴上口罩，并将头发保护起来，回归后要清洗裸露的肌肤。

◎秋季养生如何防伤胃

秋季昼夜温差悬殊，受到冷空气刺激后，胃酸分泌增加，胃肠发生痉挛性收缩；天气转凉，人们的食欲旺盛，胃肠负担加重，容易引发胃病。有胃病的人，在秋季尤其要注意胃部的保暖；饮食以温、软、淡、素、鲜为宜，做到定时定量，少食多餐；不吃过冷、过硬、过烫、过辣、过黏食物，戒烟禁酒；避免紧张、焦虑、恼怒等不良情绪的刺激。

◎秋季养生防寒腿

膝关节骨性关节炎俗称"老寒腿"，其发病与气候发生关系密切，因此到了秋季应特注意对膝关节的保养。首先是保暖防寒；其次要进行合理的体育锻炼，如打太极拳、慢跑、做各种体操等，活动量以身体舒服、微有汗出为度；适当饮用一些中医师调配的活血散寒药酒，对防治"老寒腿"有较好的作用。

◎秋季如何减肥

人的肥胖会随着季节的变化而有所改变，有关专家指出，秋季是容易发胖的季节，肥胖者更应注意减肥。

每年夏天，人的体重都会有所减轻，哪怕是肥胖者也是如此。这是由于天气炎热，人们活动量增加，出汗多，能量消耗较大，以散发热量为主，脂肪细胞代谢也较快，得到一定程度的消耗，因此，肥胖程度也会有

所改善。夏天白昼时间较长，天热也容易睡眠不足，造成身体内热量耗散，体内新陈代谢旺盛，相对散发的热量也增多。另一方面，夏季天气闷热，人们普遍食欲不振，摄取清淡的食物，清淡的食物含热量低，所以造成体内热量的供给不足。

到了秋天，天气转凉，人们的味觉增强，食欲大振，饮食会不知不觉地过量，使热量的摄入大大增加，身体摄取的热量多于散发的热量。在秋季，人们稍不小心，体重就会增加，人也就渐渐发胖起来。

所以，到了秋季应注意饮食的调节，多吃一些低热量的减肥食品；其次，在秋季还应注意提高热量的消耗，有计划地增加活动，早晨抓紧时间适当选择一定的体育锻炼。

◎秋季如何预防腹泻

预防秋季腹泻主要是防止着凉，尤其是要防止疲劳后着凉，因为疲劳使身体免疫力下降，病毒容易乘虚而入。此类病人除了注意保暖之外，应当进行体育锻炼，改善胃肠道的血液循环，减少发病机会。注意膳食合理，少吃多餐，定时定量，戒烟禁酒，以增强胃肠的适应力。秋后也要格外注意饮食卫生，养成良好的卫生习惯。切忌暴饮暴食，过甜、过油腻的食品会引发急性肠胃炎、胆囊炎、胰腺炎等病。

◎秋季如何预防时令病

立秋之后，秋风秋雨渐多，天气由热转凉，由于昼夜之间温差增大，也是人们发病

较多的时节。常见的有支气管炎、哮喘病复发，肠胃疾患增多，"热伤风"等。因此，人们在秋季一定要注意保健，做到防病于未然。

秋季，是慢性支气管炎高发期，其中有旧疾复发者，也有因着凉的新患者。此类病少则一二周，多则经月不愈。有旧疾者要注意锻炼身体，增强体质，保暖防寒，少食辛辣食物，最好戒烟，以防复发。正常人也应适当增减衣服，以防受凉而致病。

秋季气温下降，人体受冷刺激后，会产生一系列生理变化，如甲状腺素、肾上腺皮激素等分泌增多，对原有胃溃疡等胃部疾患者大为不利。另外，秋季由于阳气弱阴气长，肠胃的抵抗能力下降，病菌易乘虚而入，损伤脾胃，导致肠胃疾病。所以，有胃病的人要特别注意腹部保暖，多参加一些锻炼活动，以改善肠胃道的血液循环，增强对气候的适应能力；吃东西要定量、定时，少吃冷饮和瓜果，避免过热、过硬、过辣，以防加重胃疾。

◎秋季如何运动健肺

强健肺脏的最佳方法是体育锻炼，如散步、体操、气功等，其中气功尤为优越。由于秋主收藏，故以静功为妙。

1. 吸收功。晚餐后两小时，选择室外空气清新之地，先慢步走 10 分钟，然后站定，面对明月，两脚分开与肩平，两手掌相搭，掌心向上，放于脐下 3 公分处，双目平视，全身放松，吸气于两乳之间，收腹，再缓缓呼气放松，持续半小时即可。

2. 拍肺功。每晚临睡前，坐在椅子上，身体直立，两膝自然分开，双手放在大腿上，头正目闭，全身放松，意守丹田，吸气于胸

中，同时抬手用掌从两侧胸部由上至下轻拍，呼气时从下向上轻拍，持续约 10 分钟，最后用手背随呼吸轻叩背部肺俞穴数十下。

◎秋季锻炼要"四防"

秋令时节，若坚持适宜的体育锻炼，不仅可以调养肺气，提高肺脏器官的功能，而且有利于增强各组织器官的免疫功能和身体对寒冷刺激的抵御能力。然而，由于秋季早晚温差大，气候干燥，要想收到良好的健身效果，必须注意"四防"：

一防受凉感冒。秋日清晨气温低，不可穿着单衣去户外活动，应根据户外的气温变化来增减衣服。锻炼时不宜一下脱得太多，应待身体发热后，方可脱下过多的衣服；锻炼后切忌穿汗湿的衣服在冷风中逗留，以防身体着凉。

二防运动损伤。由于人的肌肉韧带在气温下降环境下会反射性地引起血管收缩，肌肉伸展度明显降低，关节生理活动度减小，神经系统对运动器官调控能力下降，因而极易造成肌肉、肌腱、韧带及关节的运动损伤。因此，每次运动前一定要注意做好充分的准备活动。

三防运动过度。秋天是锻炼的好季节，但此时因人体阴精阳气正处在收敛内养阶段，故运动也应顺应这一原则，即运动量不宜过大，以防出汗过多，阳气耗损，运动宜选择轻松平缓、活动量不大的项目。

四防秋燥。秋天气候干燥，对于运动者来说，每次锻炼后应多吃些滋阴润肺、补液生津的食物，如梨、芝麻、蜂蜜、银耳等；若出汗较多，可适量补充些盐水，补充时以少量、多次、缓饮为准则。

冬季养生

◎冬季养生的特点

冬季从立冬开始，经过小雪、大雪、冬至、小寒、大寒直至立春前一天。"冬者，天地闭藏，水冰地坼。"从自然界万物生长规律来看，冬季是万物闭藏的季节，自然界是阴盛阳衰，各物都潜藏阳气，以待来春。冬季之风为北风，其性寒。"寒"是冬季气候变化的主要特点。因此，冬季保健就显得更为重要。

◎冬季的饮食原则

冬季，气候寒冷，阴盛阳衰。人体受寒冷气温的影响，机体的生理功能和食欲等均会发生变化。因此，合理地调整饮食，保证人体必需营养素的充足，对提高人的耐寒能力和免疫功能是十分必要的。

首先应保证热能的供给，多吃薯类，这样不仅可补充维生素，还有清内热、去瘟毒作用。此外，在冬季上市的大路菜中，除大白菜外，还应选择圆白菜、心里美萝卜、白萝卜、胡萝卜、黄豆芽、绿豆芽、油菜等。这些蔬菜中维生素含量均较丰富，只要经常调换品种，合理搭配，还是可以补充人体维生素需要的。

冬季的寒冷，还可影响人体的营养代谢，使各种营养素的消耗量均有不同程度的增加。因此，应及时予以补充。可多吃些含钙、铁、钠、钾等丰富的食物，如虾米、虾皮、芝麻酱、猪肝、香蕉等。如有钠低者，做菜时，口味稍偏咸，即可补充。

◎冬季切忌动辄大补

冬季温度低，人们身体的热量散失较多，因此需要补充较多的食物。冬季饮食的基本原则是保阴潜阳，也就是清润养阴，扶正固本，阳气升发，增强体质。

冬天湿度较低，喉咙和鼻子比较干燥，此时如果喝上一碗清甜滋润的梨糖水或者清润的糊糊、粥品等，即可将体内的燥气化解。为了御寒，可以经常食狗肉、羊肉、虾、鸽、鹌鹑、海参等食材，这些食材含有丰富的蛋白质及脂肪。

营养专家强调，冬补只需温补，切忌动辄大补，特别是身体虚弱、有病患者，则需要在医生的指导下进补。

◎老年人冬季进补的方法

偏于阳虚的老年人，食补以羊肉、鸡肉、狗肉为主。羊肉、狗肉性温热，有温补强壮的作用；鸡肉偏甘性温，具有温中、益气、补精、填髓的功能。偏于阴血不足的老年人，食补应以鹅肉、鸭肉为主。鹅肉性味甘平，鲜嫩松软，清香不腻，常食鹅肉汤，对于老年糖尿病患者还有控制病情发展和补充营养的作用；而鸭肉性甘寒，有益阴养胃、补肾、除虚弱以及消肿、止咳化痰的作用。鸭肉同海带炖食，能软化血管，降低血压。鸭肉和竹笋炖食，可以治疗老年人痔疮。整鸭一只同当归30克炖服，还有益气补直、润肠通便的功能，用于治疗老年性贫血及便秘有较好的效果。除此之外，鳖、龟、藕、木耳等也都是阴虚老年人冬季进补的有益食品。

◎ "冬令进补" 好多处

冬令进补，是我国传统的防病强身、扶持虚弱的自我保健方法之一。

冬季是一个寒冷的季节。祖国医学认为，冬令进补与平衡阴阳、疏通经络、调和气血有密切关系。老年人由于机体功能减退，抵抗能力低下等，在寒冷季节，更宜进行食补。这对改善营养状况，增强机体免疫功能，促进病体康复等方面，更能显示出药物所不能替代的效果。

冬令进补应顺应自然，注意养阳，以滋补为主。现代医学认为，冬令进补能提高人体的免疫功能，促进新陈代谢，使畏寒的现象得到改善。冬令进补还能调节体内的物质代谢，使营养物质转化的能量最大限度地贮存于体内，有助于体内阳气的升发，为来年的身体健康打好基础。俗话说"三九补一冬，来年无病痛"，就是这个道理。

◎冬天该怎样增加营养

寒冷环境中人体会发生一系列明显生理变化。生活在寒冷的环境中，人们必须多吃富含糖、脂肪、蛋白质和维生素的食物，同时应多吃含钾、钠、钙等无机盐的食物，多吃些蔬菜，适当增加动物内脏、瘦肉类、鱼类、蛋类等食品，以保证肌体新陈代谢的需求。

在寒冷的气候条件下，人体对几种维生素的需要量显著提高，其中包括维生素A、C、B_1、B_2、尼克酸和维生素D。冬季是蔬菜和水果较少的时节，若无充分的奶类供应，很容易缺乏无机盐，主要是缺钙和钠。另外，食盐对于寒冷季节的居民也特别重要。实验证明，增加食盐的摄入，可使肌体产热功能加强。

◎冬季养生忌衣物过厚

冬天，人们为了防寒，往往里三层外三层地把自己包裹得严严实实，高领毛衣、小马甲、厚棉服，总之，能御寒的东西都被用上了。其实，衣服本身并不产热，只是把热量保存下来。如果空气层厚度超过1.5厘米，会导致空气对流加大，热量散发得更快了，保暖性自然下降，而且，穿得多了，人体自身体温调节机能会下降，反而容易发烧感冒。

专家观点：过冬的衣服要选择轻而保暖的羽绒服或者能抵挡寒风的皮衣，里面可以穿一件稍宽松的柔软毛衫，但不要让领口太紧，否则容易造成脑供血不足。

◎冬季养生忌戴围巾口罩

围巾如果围在嘴上，当人在呼吸的时候，细小的羊毛纤维和细菌就会被吸入肺部，引起呼吸道感染。还有不少人戴口罩御寒，但如果整天戴着口罩，鼻腔及整个呼吸道的黏膜得不到锻炼,对冷空气的处理功能被人为地减弱,稍微受寒,反而容易感冒。

专家观点:戴围巾要把嘴巴和鼻子露出来以保持呼吸畅通;如果不是空气污染严重,尽量别戴口罩。人的鼻黏膜里有丰富的血管和海绵状血管网,血液循环十分旺盛,当冷空气经鼻腔吸入肺部时,一般已接近体温。人体的耐寒能力应通过锻炼来增强。

◎冬季养生忌食麻辣过多

北方的冬天非常干燥,在这个季节里,本来就缺少户外运动的人体内常常会虚火上升,如果再多吃麻辣食物,势必犹如火上浇油,造成上火状况严重,引起脾胃失衡,消化功能紊乱,自然而然,痔疮、便秘、牙龈肿痛等症状也会找上门来。

专家观点:吃火锅要适量,一周至多吃上一到两次,且最好选择清汤不辣的火锅。每天要注意吃一些泻火、健脾健胃的食物,比如梨、苹果、山楂等等,更要多喝水,有助于新陈代谢,防止上火。

◎冬季养生忌喝酒为抵寒

酒精容易让体温调节功能失调,让热量在短时间内散失得过多,刚喝完酒的人会觉得很温暖很舒适,但当酒劲一过,反而会觉得异常寒冷。经常喝酒,不仅容易导致头脑不清楚,昏昏欲睡,引起痛风等疾病,而且还很容易导致胃炎。

吃肉可以产生高能量,帮助人体抵抗寒冷,但是如果食用过多,会导致肥胖,而且容易引起痛风、骨发育不良等疾病。

专家观点:建议每天最好吃一次肉菜,以午餐为佳,早餐或晚餐时补充点鸡蛋和牛奶就可以了。酒更要少喝。

◎冬季养生忌蒙头大睡

冬天常常有人喜欢把被子盖着头睡,觉得整个身体都在被子里,感觉暖和。蒙头睡觉对人体危害也很大。因为人在蒙头睡觉的时候,不断呼出二氧化碳,二氧化碳完全都集中在被子形成的一个狭小的空间内,氧气浓度不断下降,而人体又在整个睡眠过程中会自然散发出潮湿的热量,这样,被子里的空气是相当的潮湿而污浊的,如果长时间的蒙头睡觉,大脑会严重缺氧,第二天工作也不会有精神,人会变得头脑昏沉、疲乏无力。

专家观点:睡眠时一定要让脸露出来,让鼻腔能够在睡眠过程中正常呼吸。

◎冬季养生忌常开空调

一到冬天,办公楼里的中央空调就会转个不停,许多人还嫌家里暖气不够暖和,常常开启空调配和采暖。空调虽然能够在冬天带给人们温暖,但是空调尤其是办公室里的空调内部都存在长期积攒下来的细菌粉尘,当空调一开,这些物质自然随着空气进入到室内,被人吸入体内,有些体质弱的人,就有可能因此而引起呼吸系统疾病,比如气管炎、鼻炎等等,而且干燥的空气对皮肤也有损害。

专家观点:首先要经常对空调进行清洁,同时不要让空调一直运作,尤其是在办公室里。另外，室内最好配备加湿器，这样能够有效驱除干燥空气带来的负面影响。

◎冬季养生忌洗脸用热水

冬天，人的面部在冷空气刺激下，汗腺、毛细血管呈收缩状态，当遇上热水时则迅速扩张，但热量散发后，又恢复低温时的状态，毛细血管这样一张一缩，容易使人的面部产生皱纹，而且也不利于防止感冒。

专家观点：每天应让脸部浸入冷水中一次。如果不适应冷水洗脸，可以用温水洗脸，但不要用热水。因为冷水的刺激可以让皮肤的血管收缩，促进血液循环，加速代谢，增强脸部皮肤的弹性，使脸色看起来健康、红润而有光泽，还能有效预防感冒。

◎冬季养生忌高温洗澡

寒冬时节，在许多人看来，能够洗一个热腾腾的热水澡是一件很快意的事情。但是，如果水温太热，不仅让心脏产生高负荷，而且皮肤会变得异常干燥，毛细血管也会爆裂。

专家观点：冬天洗澡是有很多讲究的，首先是水温，冬天洗澡适宜的水温为37℃到42℃，也就是比人体体温高3℃即可。其次，冬天洗澡要从脚开始洗，因为冬天皮肤温度比洗澡水温度低，而冬天用的洗澡水温度又比夏天高，突然而来的热水会让心脏承受过大的负荷。另外，洗澡时间最好不要超过15分钟。

◎冬季有三件事不要轻易做

在冬季，有些看上去合理的措施，也不要随便去做，否则就会起反作用。

痒了想挠不能挠：冬天因干燥感到浑身发痒时，切不可用手抓搔，否则易抓破皮肤引起继发感染。防治方法是多饮水，多吃些新鲜蔬菜、水果，少吃酸辣等刺激性强的食物，少饮烈性酒，勤洗澡，勤换内衣。瘙痒严重者，就要看医生，对症涂些药物软膏。

受冻想烤不能烤：手脚受冻，烤烤火加加温好像是应该的，但不可取。冬天手脚长期暴露在外，血管收缩，血流量减少，此时如果马上用火烘烤会使血管麻痹，失去收缩力，出现动脉淤血、毛细血管扩张、渗透性增强、局部性淤血。轻的形成冻疮，重的造成组织坏死。所以，受冻的手脚只能轻轻揉擦，使其慢慢恢复正常温度。

唇干想舔不能舔：嘴唇干了，不能用舌舔来增加水分。因为唾液是由唾液腺分泌，用来滋润口腔和消化食物，里面含有淀粉酶等物质，比较黏稠，舔在唇上就好像抹上一层糨糊一样，风吹后水分蒸发，淀粉酶粘在嘴唇上，因而干得更厉害，甚至造成嘴唇破裂流血，引起化脓感染。因此，嘴唇干裂时，可用热水洗净，抹上一层香脂或甘油，平时多喝开水，多吃些蔬菜、水果。

◎ "寒头暖足"胜吃药

"寒头暖足"是古代医家泻实补虚的治

疗准则，也是一条养生保健的重要原则。

"寒头"。一般情况下人的头部总以相对地保持寒凉为好，这样才有利于健康。人们工作紧张忙碌之时，用冷水洗一洗脸，能起到清醒头脑和提高思维能力的效果。长年坚持用冷水洗脸还能预防感冒。

"暖足"。人的足部距离心脏最远，最易受到寒邪侵袭，因此，足部保暖很重要。有的人常用炉火烤足，这样容易导致足部皮肤皲裂。最好的暖足方法是用热水烫足。夜晚就寝以前用热水濯足可以提高睡眠质量。用热水烫足还有利于治疗脚癣。

◎冬季"三暖"指的是什么

头暖——"冬天戴棉帽，胜过穿棉袄。"据测算，人在静止状态下，当环境温度为15℃时，人从头部散去占人体总产热的1/3，4℃时为1/2，－15℃时可达3/4。寒冷会使血管紧缩，全身肌肉紧张，引发头痛、偏头痛、伤风感冒、肠胃不适、失眠等症。

足暖——谚云"寒从脚起"。脚离心脏最远，供血少，所以，脚的温度最低，脚受凉可引起人体上呼吸道毛细血管收缩，纤毛活动缓慢，人体抵抗力下降，极易诱发感冒、心脑血管病、气管炎、行经腹痛。

背暖——人背为督脉和足太阳膀胱经行之处。督脉为一身之阳经，太阳经在一身之表，风寒之邪气入侵肌体，太阳经首当其冲。倘若背部保暖不好，风寒邪气极易经过人体背部入侵，损伤人体阳气而致病，或者旧病复发加重。尤对患老慢支、气管炎、哮喘、过敏性鼻炎、风湿病、胃及十二指肠

溃疡、心脑血管病及高血压的老人而言，背暖尤为重要。如冬日晒太阳，应多晒背部；或穿一件羽绒背心、皮背心，对暖背大有好处。

◎冬天的早晚不宜洗头

由于白天工作繁忙，很多人喜欢晚上洗头或在早晨出门前洗头。

工作了一天后，疲劳会使身体抵御病痛的能力大大降低。晚上洗头，又不充分擦干的话，湿气会滞留于头皮，长期如此，会导致气滞血淤，经络阻闭。如果在冬天，寒湿交加，更是身体的一大隐患。有些人经常在晚上湿着头发入睡，一段时间后，会觉得头皮局部有麻木感，并伴有隐约的头痛；有的人洗头后第二天清晨会觉得头痛发麻，容易感冒。年深月久，渐渐会觉得头顶明显麻木，伴有头昏头痛。

早晨出门前洗头也是不可取的，尤其是在寒冷的冬季，因为头发没有擦干，头部的毛孔开放着，很容易遭受风寒，轻者也会患上感冒头痛。若经常如此，还可能导致大小关节的疼痛，甚至肌肉的麻痹。

如果您有晚上或早晨洗头的习惯，一定要注意擦干再睡或者擦干再出门。女士洗完澡后一定要注意擦干身体和头发，避免寒邪和湿气乘虚而入，以免罹患头痛、颈腰背痛，甚至引发一些妇科疾病。

◎如何防治冻疮

初冬时节天气突然变冷，此时最易发生冻伤，要特别注意保暖，尤其是往年发生过

冻疮的部位。

坚持体育锻炼，可改善周身血液循环，提高抗寒能力及机体的抵抗力，是预防冻疮的最好方法。如在寒冷的环境中时间过久，如骑车外出，回家后马上用温水浸泡受冻较重及局部受压的部位，或用揉擦按摩的方法加强局部的摩擦及运动，以迅速改善局部的血液循环。

坚持用冷水洗手、洗脸或进行冷水浴、冬泳等，可明显加快血液循环，提高抗寒能力。要穿宽大舒适、渗汗能力较强的鞋垫以保持干燥，避免局部受压。

◎用热水袋来取暖更健康

入冬后天气渐冷，老式热水袋、新式电热毯等各式尘封已久的保暖设施开始被人们重新利用。但相比电热毯，用传统的热水袋取暖反而更有利健康。

夜里长时间使用电热毯，人的身体容易对其产生依赖性，导致人体自身产生热量的能力降低。再加上被窝里的温度会逐渐升高，造成里热外冷的状况，稍有不慎，很容易着凉。而用热水袋取暖时，随着其温度逐渐下降，人体自身需要源源不断地产生更多热量来维持温度，以有效提高人体对寒冷的抵御能力。热水袋中水温不宜太高，一般以60℃～70℃为宜。使用前一定要检查塞子的密闭性，外面最好用毛巾包裹后再使用。

◎冬季早睡晚起调养精神

冬天的自然界呈现阴盛阳衰的现象，万物生机闭藏，阳气潜伏，草木凋零，昆虫蛰伏，自然界一切生物的代谢都相对缓慢，它们养精蓄锐，以适应来年春天的蓬勃生机。人体在冬季也必须适应自然界变化的规律，潜心闭藏，敛阳护阴，避寒就温，使机体的阴阳保持相对的平衡。

老年人在冬季应早睡晚起，冬季早睡可养人体之阳气。睡前可洗个热水澡或用热水泡脚，以祛除人体的寒气，促进人体的血液循环。晚起则可养人体的阴气。晚起亦非懒床不起，一般情况下老年人早晨应在太阳升起即起床，这样可避严寒，以求得温暖，使人体的阳气充沛。冬季起床后可因地制宜适当进行体育锻炼，应选择适合自己的锻炼项目，如打太极拳、跑步、登山等，有助于提高机体的抗病能力。

◎流感季节多喝红茶

在冬季，暖身养胃的红茶又有了新功能。据日本最新研究显示，每天喝两杯以上红茶的人，遭遇流感病毒侵袭的几率要比不喝的人少30％！专家们认为，可能是由于红茶中含有丰富的抗氧化剂，可以增强人体抵抗力，因此有对抗流感的功效。

其实，关于红茶防流感的研究以前也曾有过。日本昭和大学的研究发现：不仅饮用红茶，用红茶漱口液也能起到抗流感的作用。而美国科学家也推荐，用凉水泡红茶功效更强。凉水可使茶中的有益物质在不被破坏的情况下，慢慢溶出。每天上午、下午各喝一杯，让流感不敢"靠近"你。

水果与养生

◎苹果的妙用

一日一苹果，医生远离我。脾胃虚寒型的慢性腹泻需用锡纸包裹、煨熟吃。苹果富含果糖、有机酸、果胶、微量元素。

1. 果胶：属于可溶性纤维，促进胆固醇代谢，降低胆固醇水平，促进脂肪排出。

2. 微量元素：钾扩张血管，有利高血压患者；锌缺乏会引致血糖代谢紊乱与性功能下降。

3. 可调理肠胃：纤维物有助排泄，对腹泻也有收敛作用。

4. 苹果皮 + 数片姜煮水：可止呕吐。

5. 可减梨之寒，强化润肺润胃。

秋季润肺糖水：苹果 / 梨数个 +1 两百合 + 石斛 15 克 + 南北杏 9 克。

◎木瓜的妙用

木瓜味甘、性平、微寒，蛋白分解酵素。

1. 所含酵素近似人体生长素，多吃保持青春。

2. 蛋白酵素有助分解蛋白质和淀粉质，对消化系统大有裨益。

3. 助消化之余能消暑解渴、润肺止咳，对感冒咳痰、便秘、慢气管炎有帮助。

4. 熟木瓜 + 柿饼煎服，可治气喘性咳嗽。

5. 熟木瓜去皮 + 蒸熟 + 蜜糖，治肺燥咳嗽。

6. 生木瓜缴汁或晒干研粉，可驱虫。

7. 木瓜煮鱼尾或猪蹄，促进乳汁分泌。

◎梨的妙用

梨为百果之宗，清热佳品，性质带寒。体质虚寒、寒咳者不宜生吃，必须隔水蒸，或放汤，或与药材清炖。天鹅梨、香梨、贡梨偏凉；皮粗的沙梨和进口啤梨更寒凉。

南北杏、梨（带寒）+ 银耳（偏凉）煮糖水，治声沙口干。但较适合本身带实热、或虚火需要清热之人。

南北杏、梨（带寒）+ 川贝母 9 克煮糖水，强补肺气。

南北杏、梨（带寒）+ 百合煮糖水，养阴安神。

◎芒果的妙用

皮肤胶原蛋白弹性不足就容易出现皱纹。芒果是预防皱纹的最佳水果，因为含有丰富的 β - 胡萝卜素和独一无二的酶，能激发肌肤细胞活力，促进废弃物排出，有助于保持胶原蛋白弹性，有效延缓皱纹出现。印度人早在 6000 年前就发现了芒果的神奇功效。

芒果：可治疗晕车、呕吐。熟果肉可敷火伤，开水烫伤，止痛消炎；易过敏，有外伤不宜多食。

芒果汁：帮助消化，防止晕船、呕吐、喉咙疼。

不宜多食。有药用价值。性平味甘、解渴生津。性质带湿毒、有皮肤病或肿瘤，避免进食（湿疹、流脓、妇科病、水肿、脚气——湿者再进食芒果会加重）。

1. 益眼，润泽皮肤。

2. 解毒消滞，降压。

3. 止呕，治晕船浪、孕妇作呕。

◎猕猴桃的妙用

牙龈出血吃猕猴桃。牙龈健康与维生素 C 息息相关。缺乏维生素 C 的人牙龈常常容易出血、肿胀，甚至引起牙齿松动。猕猴桃的维生素 C 含量是水果中最丰富的，因此最有益于牙龈健康。

1. 维生素 C 比苹果高 20 ～ 80 倍，比柑橘高 5 ～ 10 倍，这种抗氧化物可有效阻止致癌物质亚硝酸胺在人体内形成。

2. 调中下气，滋补强身，清热利尿，清胃润燥。

3. 治内热心烦，防治坏血病、高血压、心血管病、癌症等。

4. 对于医治消化道癌症和肺癌别有一手。

◎菠萝的妙用

肌肉拉伤吃菠萝。肌肉拉伤后，组织发炎，血液循环不畅，受伤部位红肿热痛。菠萝所含的菠萝蛋白酶成分具有消炎作用，可促进组织修复，还能快速消肿，是此时身体最需要的水果。

生津和胃，性质湿热。气管或支气管敏感的病人戒食。需浸盐水让部分有机酸分解，减少其毒。

1. 富含纤维，能刺激肠道。具收敛作用，酌量不会腹泻，可帮助止泻。

2. 健脾胃、固元气。菠萝朊在胃中分解蛋白质，帮助消化。

3. 吃后感到喉部不适就是过敏症状，需喝一杯淡盐水稀释致敏成分。

◎柠檬的妙用

有胃病者不宜喝柠檬茶。

1. 柠檬汁＋暖水＋盐，有祛痰功效，比橙和橘强。

2. 感冒初期：柠檬＋蜜糖冲水，可舒缓喉痛，减少喉咙干涸不适。

3. 可安胎 [宜母子]、美颜、去斑、防止色素沉着，改善子宫前倾、子宫韧带松垂甚至闭经。

4. 清柠可降血压胆固醇，改善心血管。

◎甘蔗的妙用

清心润肺。

本身带凉，体质虚寒者不宜多饮。

黑皮蔗：温和滋补，喉咙热盛者不宜。

青皮蔗：味甘性凉，解肺热和肠胃热。

寒痰（白而稀）者勿饮。

润喉生津，解除心胸烦热、口干舌燥。

小儿出水痘、麻疹时，当水冲饮。

青皮蔗＋白茅根＋红萝卜煮水，可清热。

◎枣的妙用

滋补强身。

蛋白质、糖分丰富。通血管、降血压。

鲜枣维 C 含量比柠檬高 10 倍。

红枣：补血力最强，但也较燥。

南枣：偏于养阴补血。

酸枣：养血。

鲜蜜枣、金丝蜜枣：润肺、润胃。

慢性肝炎方：红枣煮鸡骨草和土茵陈。

◎樱桃的妙用

补血固肾冠军。供氧不足吃樱桃。容易疲劳在多数情况下与血液中铁含量减少、供氧不足及血液循环不畅有关。吃樱桃能补充铁质，其中含量丰富的维生素 C 还能促进身体吸收铁质，防止铁质流失，并改善血液循环，帮助抵抗疲劳。

1. 铁含量果中之冠，可补血。素患贫血、血色素低或需壮阳的人吃后利口利腹。

2. 樱桃引发的虚火，饮蔗汁解之。

3. 周身是宝，核可透发麻疹，使病毒不致困在体内。

4. 叶可解蛇毒，根可杜虫。

现在化学污染重，味道越甜、个子越小者受害越深，应用盐水浸 5 ~ 10 分钟再吃。

◎水蜜桃的妙用

水蜜桃所含的营养成分有蛋白质、脂肪、糖、钙、磷、铁和维生素 B、C 等，具有深层滋润和紧实肌肤的作用，使肌肤润泽有弹性，而且能增进皮肤抵抗力，同时蜜桃还能给予头发高度保湿和滋润，增强头发的柔软度。

补血养颜，但多吃会令人体内热过盛、胃胀胸闷。

1. 含丰富铁质，增加人体血红蛋白数量。

2. 含较多脂肪和蛋白质。

3. 桃肉美颜。

4. 桃仁活血化淤、平喘止咳，但过量和行经期间不宜。

5. 桃树流出来得树胶是一味糖尿妙药，可强壮滋补、调节血糖水平。

6. 桃花可煮水洗面、沐浴、饮用。

7. 桃子榨汁 + 淘米水洗面，润泽肌肤。

◎柑橘的妙用

柑橘也叫做蜜柑，其中含有大量的维生素 C，而从柑橘皮中萃取的柑橘精油可增强人体免疫力，镇定神经，消除焦虑和心理压力，并具有较强的抗老化功效。柑橘精油运用到护发中，则可以起到清凉提神，去除头屑的作用。

抗癌食品。化痰顺气。热咳（痰浓浊口干者）最宜，寒咳（喉咙痕者）须避忌。

1. 维生素 C 丰富，增强抵抗力，名副其实的保安康抗氧化剂。

2. 顺气化痰、清热生津、健脾开胃。

3. 陈皮：维生素 C 和胡萝卜素比果肉多，内含挥发油促进肠胃蠕动，排解脂肪，降低血中胆固醇。福建陈皮更平和，增加胃液分泌，促进痰派出，消炎利胆。

日常急救

意外急救

◎烧（烫）伤的急救

烧（烫）伤是人体触及火、热炉、热锅、热烫斗等干热物所致。烫伤是人体触及沸水、滚汤等湿热所致。强酸强碱可致化学烧伤。

1. 立即让伤员脱离伤源，离开烧（烫）环境，除去被燃、被热液浸透或化学物质污染的衣服，以及指环、手镯、皮带、皮靴等束缚性物品。身上仍着火时，切勿乱跑，可浇水或跳入水中，或在地上滚动，或用浸湿后的棉被、大衣包裹，以便灭火。

2. 小面积的轻度烧（烫）伤在家处理时，可用流动的清洁水或冷开水、盐水冲伤处以降温，然后涂上植物油或蜂蜜或鸡蛋清或凡士林，以保护创面，防止起泡和感染。已起泡者切勿穿（擦）破，已破者可涂上抗生素软膏，暴露创面，保持干爽，可用灯光照射，以止痛和防止感染，促进愈合。结痂后如有痂下脓，可用消毒的淡盐水去脓。

◎强酸强碱烧伤的急救

1. 强酸强碱烧伤可用清水反复冲洗伤处。强酸烧伤可用小苏打水等碱性溶液冲洗，以中和余酸。强碱烧伤可用稀盐酸或食醋冲洗，以中和余碱后包扎伤处。误服强酸强碱时，不得催吐、洗胃，可服相应的中和溶液、牛奶、蛋白清、植物油等流汁，以保护食管和胃黏膜。

2. 化学烧伤的病人，应即送医院治疗，不应留在家中自行处理。

◎出血的紧急救治方法

刀、剪等尖利器具，误用或用时太忽忙，都会导致或轻或重的损伤，使血液由体表伤口流出，造成外出血。物体撞击或挤压身体时使体内深部组织、内脏损伤，血液流入组织或体腔内，造成内出血。伤，呈喷射状搏动性涌出鲜红色血者是动脉出血，伤口持续向外溢出暗红色的血者是静脉出血。

1. 加压包扎止血：用消毒纱布或干净的毛巾、布块折成比伤口稍大的垫，盖住伤口，再用绷带或布带扎紧。但疑有骨折或伤口有异物时不宜用此法。

2. 指压止血：根据动脉的走向，在出血伤口的近心端，用手指压住动脉，可临时止血。多用于头、颈、四肢动脉出血。

3. 止血带止血：用橡皮或布条缠绕扎紧伤口上方肌肉多的部位，其松紧以摸不到远端动脉搏动、伤口止血为宜，过松无止血作用，过紧会影响血液循环，损害神经，造成肢体坏死。此法适用于不能用指压止血的四肢大动脉出血。

◎包扎基本要领

包扎可保护伤口，减少感染，为进一步抢救伤病员创造条件。其基本的要求是动作要快且轻，不要碰撞伤口，包扎要牢靠，防止脱落。包扎材料常可用绷带、三角巾或毛巾、手帕、布块等。

三角巾包扎的基本要领是快、准、轻、牢。

快：包扎的动作要快。

准：敷料盖准后不要移动。

轻：动作要轻，不要碰撞伤口。

牢：包扎要牢靠。

◎鼻出血急救法

鼻出血的原因很多，有鼻部疾病所致，也可能是全身疾病的一个症状。轻者鼻涕带血，或流几滴血就止了；重者出血不止，引起失血性休克。

急救方法：

1. 安慰病人不要紧张，然后让病人取坐位或半坐位，头部用冰袋或冷毛巾冷敷，滴入 1% 麻黄素或 1∶1000 肾上腺素溶液(高血压病人忌用)，也可用一般滴鼻液浸湿棉团塞入鼻腔止血。

2. 若出血不止应送医院处理。

◎洗澡时突然晕倒急救法

洗澡是一件十分舒服的事，它可以消除疲劳，增进健康。但是，有的人在洗澡时常会出现心慌、头晕、四肢乏力等现象，严重时会跌倒在浴堂，产生外伤。这种现象也叫"晕塘"，其"晕塘"者多有贫血症状。这是洗澡时水蒸气使皮肤和细血管开放，血液集中到皮肤，影响全身血液循环引起的。也可因洗澡前数小时未进餐、血糖过低引起。

急救方法：

1. 出现这种情况不必惊慌，只要立即离开浴室躺下，并喝一杯热水慢慢就会恢复正常。

2. 如果较重，也要放松休息，取平卧位，最好用身边可取到的书、衣服等把腿垫高。待稍微好一点儿后，应把窗户打开通风，用冷毛巾擦身体，从颜面擦到脚趾，然后穿上衣服，头向窗口，就会恢复。

◎日射病急救法

在海滨、登山或在炎热的夏天进行运动时，由于在阳光下暴晒过久，头部缺少防护，突然发生高烧、耳鸣、恶心、头痛、呕吐、昏睡、怕光刺激等现象，这便是日射病。严重的日射病也能致死,千万不可粗心大意，应采取紧急处理。

急救方法：

1. 轻者要迅速到阴凉通风处仰卧休息，解开衣扣、腰带，敞开上衣。可服十滴水、仁丹等防治中暑的药品。

2. 如果患者的体温持续上升，有条件的可以在澡盆中用温水浸泡下半身，并用湿毛巾擦浴上半身。

3. 如果患者出现意识不清或痉挛，这时应取昏迷体位。在通知急救中心的同时，注意保证呼吸道畅通。

◎高空坠落的急救

高空坠落伤是指人们日常工作或生活中，从高处坠落，受到高速的冲击力，使人体组织和器官遭到一定程度破坏而引起的损伤。

急救方法：

1. 在搬运和转送过程中，颈部和躯干不能前屈或扭转，而应使脊柱伸直，绝对禁止一个抬肩一个抬腿的搬法，以免发生或加重截瘫。

2. 创伤局部妥善包扎，但对疑颅底骨折和脑脊液漏患者切忌作填塞，以免导致颅内感染。

3. 复合伤要求平仰卧位，保持呼吸道畅通，解开衣领扣。

4. 周围血管伤，压迫伤部以上动脉干至骨骼。直接在伤口上放置厚敷料，绷带加压包扎以不出血和不影响肢体血循环为宜，常有效。当上述方法无效时可慎用止血带，原则上尽量缩短使用时间，一般以不超过1小时为宜，做好标记，注明上止血带时间。

◎毒蛇咬伤的急救

被毒蛇咬伤后一般在局部留有牙痕、疼痛和肿胀，还可见出血及淋巴结肿大，其全身性症状因蛇毒性质而不同。急救原则是及早防止毒素扩散和吸收，尽可能地减少局部损害。蛇毒在3～5分钟即被吸收，故急救越早越好。

1. 绑扎伤肢：在咬伤肢体近侧约5～10厘米处用止血带或橡胶带等绑扎，以阻止静脉血和淋巴液回流，然后用手挤压伤口周围或口吸（口腔黏膜破溃者忌吸），将毒液排出体外。

2. 冲洗伤口：先用肥皂水和清水清洗周围皮肤，再用生理盐水、0.1%高锰酸钾或净水反复冲洗伤口。

3. 局部降温：先将伤肢浸于4℃～7℃

的冷水中3~4小时，然后改用冰袋，可减少毒素吸收速度，降低毒素中酶的活力。

4. 排毒：咬伤在24小时以内者，以牙痕为中心切开伤口成"＋"或"＋＋"形，使毒液流出，也可用吸奶器或拔火罐吸吮毒液。切口不宜过深，以免损伤血管。若有蛇牙残留宜立即取出。切开或吸吮应及早进行，否则效果不明显。

被毒蛇咬伤后切忌奔跑，宜就地包扎、吸吮、冲洗伤口后速到医院治疗。

◎蜂螫伤的急救

一般只表现局部红肿疼痛，多无全身症状，数小时后即自行消退。若被蜂群螫伤，可出现如头晕、恶心、呕吐等，严重者可出现休克、昏迷或死亡，有时可发生血红蛋白尿，出现急性肾功能衰竭。过敏病人则易出现荨麻疹、水肿、哮喘或过敏性休克。可用弱碱性溶液如3%氨水、肥皂水等外敷，以中和酸性中毒，也可用红花油、风油精、花露水等外搽局部。黄蜂螫伤可用弱酸性溶液（如醋）中和，用小针挑拔或纱布擦拭，取出蜂刺。局部症状较重者，也以火罐拔毒和局部封闭疗法，并予止痛剂。

◎蜈蚣咬伤的急救

局部表现有急性炎症和痛、痒，有的可见头痛、发热、眩晕、恶心、呕吐，甚至谵语和抽搐及昏迷等全身症状。应立即用弱碱性溶液（如肥皂水、浅石灰水等）洗涤和冷敷，或用等量雄黄、枯矾研末以浓茶或烧酒调匀敷伤口，也可用鱼腥草、蒲公英捣烂外敷，有全身症状者宜速到医院治疗。

◎毒虫叮咬伤的急救

在日常生活中蝎和毒蜘蛛咬伤是常见的。毒虫包括蜂类、蜈蚣、蝎子及毒蜘蛛等，被咬后局部红肿剧痛，但大都没有生命危险。

处理方法：

先在伤口近心端扎止血带，然后用镊子拔出毒针，吸出毒液后松开止血带；伤口可以冰镇及涂抹肥皂水、氨水以减轻疼痛。

注意：少部分人在被毒虫咬后会产生严重的过敏反应，出现皮肤发红及红斑、面部及眼睑肿胀、呼吸困难等，应立即口服抗过敏药并送医院抢救。

◎晕车、晕船救治办法

晕车、晕船是乘坐各种交通工具时会引起运动病（又称晕动病，是晕车、晕船、晕机等的总称）。

主要表现是在途中突然发生头晕、恶心、呕吐，面色苍白，出冷汗、精神抑郁、脉搏过缓或过速，严重者可有血压下降、虚脱。这种眩晕，属于周围性眩晕之一，多见于体质虚弱者，尤以女士为多。睡眠不足，饮食不当（过多或过少、饮酒等），精神紧张，焦虑、抑郁以及噪音、汽油味、腥味等不良刺激，均可诱发或加重症状。有些人则是因为从未乘过车、船，对车、船没有适应所致。

可提前口服乘晕宁；尽量不要空腹乘车，应先吃些食物；系紧裤带，防止内脏晃动；

如发生晕车、晕船，应尽量目视远方；持续做张口深呼吸；手掐内关、合谷穴。

◎中暑的急救方法

中暑是人在烈日或高温环境中，体内热量不能及时散发，引起体温调节障碍；或因大量出汗造成失水失盐，血液浓缩，皮肤肌肉血管扩张而血压下降，脑供血不足。轻者数小时可恢复，重者可以致死。睡眠不足、过度疲劳、过量饮酒常是诱因。中暑的先兆症状是大量出汗、口渴、头昏、耳鸣、胸闷、心慌、恶心、四肢无力等。此时应立即停止工作或运动，到阴凉处休息，可喝些冷饮、盐糖水，可服用藿香正气水、十滴水、人丹等解暑成药。如在有先兆症状时不采取措施而继续在高温环境中工作或运动，患者可能发展到中度或重度中暑，出现体温上升、皮肤灼热、呼吸急促、呕吐、烦躁、抽搐、昏迷。可用冰袋敷患者头、颈、腋、腹股沟部位，并迅速送医院抢救。

◎溺水的急救方法

溺水是人淹没水中，水进入气道而窒息缺氧。溺水者全身冰冷，面色青紫，上腹膨隆，两眼通红。抢救溺水，要迅速将溺水者头部抬出水面并拖上岸，除去溺水者口、鼻腔的泥沙、杂草等，且迅速倒出溺水者肺、胃内的水。

处理方法是：

1.肩背倒立倒水法：将溺水者双脚提起，使溺水者呈倒立状，用手轻拍溺水者背部。

2.伏膝倒水法：抢救者应右脚跪地

将溺水者腹部置于抢救者右大腿上，使其头部及上肢下垂，抢救者左手将溺水者头部稍抬起使脸朝地面，右手轻拍溺水者腰背部。溺水者呼吸、心跳停止时，应立即进行人工呼吸和胸外心脏按摩，直至呼吸、心跳恢复。

◎嬉水时意外事故的急救

1. 在水中发生小腿抽筋应立即上岸，伸直腿坐下，用手抓住拇指向后拉，并按摩小腿肌肉。若不能立即上岸，应保持冷静，屏住气，在水中做上述动作。

2. 救护溺水者时必须用救生圈、球或木板等，除专职救生员外，即使会游泳的人也不要徒手接近溺水者。

3. 溺水者获救后，应立即检查其呼吸、心跳。如呼吸停止，应马上做人工呼吸，先口对口连续吹入四口气，在5秒钟内观察其有无恢复自主呼吸，如无反应，应接着做人工呼吸，直至其恢复自主呼吸。

4. 如果溺水者呼吸、心跳完全停止了，应立即做心肺复苏。

5. 如果溺水者喝入大量的水，可在其意识清醒时，用膝盖抵住其背部，一手托住上腹部，另一手扒开其口；或救护者单腿跪着，让溺水者脸朝下伏于膝盖上吐水。

◎扭伤的急救

1. 因关节活动过度，超过正常范围，使周围的筋膜、肌肉、肌腱等受强力牵拉，发生损伤或撕裂，称扭伤（俗称扭筋）。扭伤常发生在剧烈运动，行走在高低不平的路上，穿高跟鞋，下楼梯等情况下。常见的扭伤为足踝部及腰部。伤后出现关节肿胀、剧痛、活动受限、关节皮下淤血，腰部扭伤不能扭转及侧弯，足踝扭伤则不能行走。

2. 扭伤应休息、制动、抬高患肢、包扎、敷消肿药、贴伤湿膏。早期扭伤宜冷水毛巾外敷，不宜热敷及推拿按摩。扭伤后期则须进行功能锻炼、针刺、治疗、热敷，配以舒筋活血药物治疗。关节扭伤宜固定于功能位置，必要时加小夹板或石膏固定，并应早期锻炼。腰肌扭伤后则应睡平板床，使腰肌及韧带放松、休息，配以推拿、按摩等治疗。

◎关节脱位的处理

关节脱位又叫关节脱臼，是指组成关节各骨的关节面失去正常的对合关系，关节的功能丧失。表现为患处肿胀、关节外部变形或出现剧烈疼痛。严重时可伴有血管、神经损伤。在日常生活中或劳动、体育训练中，因外伤或用力不当可造成关节脱位，一般下颌、肩、肘、髋关节容易发生脱位。

对脱臼的关节，要限制活动，以免加重伤势。并且争取时间及早复位，即用正确的手法将脱出的骨端送回原处，然后予以固定。如果对骨骼组织不大熟悉，那就不要随意地复位，以免引起血管或神经的更大损伤。复位不成功，应将脱臼的关节用绷带等固定好，送医院处理。局部冷敷，可以减轻疼痛。脱臼有可能合并骨折，遇到这种情况，应及早送往医院治疗。

疾病急救

◎不省人事的急救

对不省人事患者的救治措施：

1. 保持患者呼吸道通畅，防止窒息。

2. 方法是：让患者稳定侧卧位，患者侧卧可以避免发生呼吸道堵塞及胃内容物流入气管。此外，如果患者发生心脏骤停，应立即为其持续施行人工呼吸及心脏按压术。

◎休克的紧急处理措施

所谓休克，是指病人有效循环血量不足，引起组织和器官微循环系统不良，于短时间内出现意识模糊、全身无力、额出冷汗、体温下降、面色苍白、四肢发冷、瞳孔放大、脉搏微弱、呼吸浅快、大小便失禁、失去知觉等一系列全身循环衰竭症状。如不及时救治，有生命危险。休克的起因不一，要按具体情况处理。一般处理方法如下：

1. 因出血引起的，要设法迅速止血。

2. 极度疼痛刺激神经引起的，要设法止痛或给予止痛药物，减少疼痛。

3. 因寒冷导致休克的，需注意保温。要让患者安静休息，尽量减少搬动，禁止惊吵。

4. 因神经受到冲击发生休克的患者，使其安睡一些时候，对患者有很大的帮助。睡时一般应头低脚高。脚部可高出头约30厘米，以免发生贫血。

此外，根据情况对患者给予精神上的安慰，喝些热茶，嗅芳香氨醑或注射强心针，施行人工呼吸等进行抢救。

◎脑贫血休克的急救

即因身体衰弱、精神紧张、过度疲劳、饥饿、恐惧等发生头昏、眼花、恶心、呕吐、出现冷汗、脸色苍白而突然昏倒。

处理方法：

迅速地让患者头低脚高地睡，头要偏向一侧，以免舌头阻塞呼吸。头上敷热毛巾，嗅芳香氨醑，必要时要打强心针。

◎中暑休克的急救

一般先感疲乏、头痛、头昏、呼吸急促、突然昏倒。如果不及时处理，可进一步发生体温升高、四肢抽筋、呕吐、脉搏微弱，有生命危险。

处理方法：

轻者将其移至阴凉处，解开衣服，饮凉盐水，用毛巾冷敷头部及擦洗身体即可恢复。有高烧时，用物理降温，用凉水擦浴，或服十滴水。昏迷时，用氨水给患者嗅，或施人工呼吸法使其醒过来。

◎心脏病患者休克的急救

一般表现为疲乏无力、胸闷、呼吸困难、头晕、突然昏倒等。

处理方法：

暂时不要急于搀扶去医院，而应让病人稍靠或平仰在松软的座椅上或床上。将保健盒内的急救药，如苏冰滴丸、速效救心丸或苏盒丸、益心丸等含服于口内，并让其休息。同时，立即请急救站的医生前来诊治。

◎脑贫血的急救

脑贫血是脑内一时性血液供应不足引起的晕厥现象。有的人会突然在上班的路上昏倒，也有的人会因过度兴奋而晕厥，这其中很大一部分是因脑贫血所致。脑贫血本是极其常见的一种一时性的症状。学会对脑贫血的正确急救办法很重要。

急救方法：

1. 当发现晕厥的患者时，要帮他把衣服解开，尽量把腿抬高，平卧。此时不要忘记再仔细检查一下身体有无外伤，若有出血等情况，应采取相应的急救方法。

2. 当患者感到不舒服、心慌、出冷汗等自觉症状时，不管在什么地方，要马上坐下或卧倒，低头弯腰，这样，即使发生晕厥，也不致于碰伤头部。

◎低血糖症的急救法

饥饿、呕吐、摄食障碍和发热等情况，可引起低血糖症，儿童尤为多见。起病多在清晨或当饥饿及体力劳动后出现，自觉饥饿感、疲倦、面色苍白、出汗、嗜睡、震颤与心搏微弱等。

急救方法：

1. 平卧。
2. 口服糖开水。
3. 去医院做进一步检查。

◎消化道出血的急救法

急性消化道出血是常见的病症之一。大多是由于消化道本身有病引发的，也有消化道邻近器官患病，如胰、胆的炎症或肿瘤等可引起消化道出血，少数是由于全身性疾病造成消化道局部出血。比如某些血液病、再障性贫血、血友病等等，又如慢性肾病尿毒症期、心脏病合并严重心衰、脑出血、脑炎等疾病均有消化道出血的可能。再如，某些药物也能造成消化道出血，如阿司匹林类、肾上腺皮质激素类药物等。如果家庭有上述病人时，要警惕发生消化道出血。

急救方法：

1. 如果大量出血又未能及时送到医院，则应立即安慰病人静卧，消除其紧张情绪，注意给病人保暖，嘱其保持侧卧，取头低足高位，以防剧烈呕吐时引起窒息。这种体位也可保障病人在大失血时脑部血流的供应，避免虚脱或晕倒在地。

2. 病人的呕吐物或粪便要暂时保留，粗略估计其总量，并留取部分标本待就医时化验。

3. 少搬动病人，更不能让病人走动，同时严密观察病人的意识、呼吸、脉搏，并快速通知急救中心。

◎急腹症的急救法

急腹症是指一组以急发腹痛为主要表现的腹部外科疾病，种类很多，表现多样，但有一个共同的特点，即变化大，进展快，若延误时间就会给病人带来严重的后果。

第一，在做出急腹症的诊断前，首先要

排除腹腔以外的疾病，因为一些内科疾病和胸腔疾病都会引起腹痛，如下叶肺炎、胸膜炎、急性心肌梗塞、神经根炎、铅中毒和一些过敏性疾病等，这些病人都会感到腹痛。

第二，把腹痛的性质分为两大类，即吵闹型和安静型。所谓吵闹型是指阵发性绞痛，疼痛剧烈，病人大吵大闹，翻身打滚，或屈身而卧。所谓安静型是指持续性疼痛，病人平身面卧，不敢随意翻身或大口呼吸，病人怕按压腹部，因为这种动作可加重腹痛，仅仅静静呻吟、呼痛。

第三，有些腹痛是由于内脏器官缺血引起，如脾扭转、脾梗塞、肠扭转和卵巢囊肿扭转等，组织缺血、缺氧引起的疼痛程度不亚于上述三种绞痛。

急救方法：

急腹症的鉴别诊断不是很容易，去医院急诊前暂勿饮水或进食，万一是胃肠穿孔，要加重病情，有的急腹症需要紧急手术，进食后会增加麻醉的困难。再则不要给止痛药，因为医生诊断急腹症的病因主要是根据疼痛的部位、性质、程度及其进展情况，一旦用上止痛药，掩盖了症状，会给医生诊断时带来假象。

◎高血压危象的紧急处理

高血压危象是一种极其危急的症候，常在不良诱因影响下，血压骤然升高出现心、脑、肾的急性损害危急症候。病人感到突然头痛、头晕、视物不清或失明；恶心、呕吐、心慌、气短、面色苍白或潮红；两手抖动、烦躁不安；严重的可出现暂时性瘫痪、失语、心绞痛、尿混浊；更重的则抽搐、昏迷。

急救方法：

不要在病人面前惊慌失措，让病人安静休息，头部抬高，取半卧位，尽量避光，病人若神志清醒，可立即服用安定2片，或复方降压片2片，少饮水，并尽快送病人到医院救治。在去医院的路上，行车尽量平稳，以免因过度颠簸而造成脑溢血。头痛严重可针刺百会穴（两耳尖连线在头顶正中点）使之出血，以缓解头痛。如果发生抽搐，可手掐合谷、人中穴。注意保持昏迷者呼吸道通畅，让其侧卧，将下颌拉前，以利呼吸。

家庭急救

◎一般食物中毒

主要是吃了含有细菌毒素以及有毒物质的食品引起的。发病很快，病人有头痛、发烧、胃肠发闷、恶心呕吐、腹泻、腹痛等症状。

处理方法：

来势凶猛的，要立即送医院治疗。临时急救，让病人卧床休息，多灌凉开水、肥皂水或温盐水，并想办法让其呕吐。腹痛的可热敷，要注意保持温暖，不要让患者昏睡。如吐泻厉害时，可服用氯霉素等药物。

◎芦荟中毒的急救

芦荟为泻下通便的中药之一。芦荟属

百合科植物多年生草本，夏、秋开淡橘红色花，有好望角芦荟（产非洲）、库拉索芦荟（产南美洲）和斑纹芦荟（产我国南方诸省区）。

症状：过量服用会出现恶心、呕吐、头晕、出血性胃炎和肠炎、剧烈腹痛、腹泻，甚则失水和心脏遭到抑制而出现心动过缓，孕妇还会引起流产事故。

急救方法：

1. 口服浓绿茶或3%鞣酸溶液洗胃。

2. 鸡蛋清4～5个加入活性炭10克调服。

3. 孕妇可予黄体酮、维生素E保胎。

严禁用芦荟作食疗用，以防发生中毒事故。

◎豆角中毒的急救

豆角种类很多，各地称呼也不同，如扁豆、菜豆、四季豆、刀豆等，是人们喜食的蔬菜。

生豆角含有一种毒蛋白，叫凝集索，还有的豆角含有"皂苷"，这两种毒素在高温中可被分解破坏，而若食用半生半熟的豆角则会引起中毒。

中毒症状出现，一般在食用几十分钟后，不超过4小时。主要表现为胃肠炎症状，如恶心、呕吐，一天数次甚至十几次。另有腹痛、腹泻、上腹胀满感。严重者可出现头晕、头痛、出汗、胸闷、出冷汗、心慌、胃部有烧灼感以及四肢麻木等神经症状。

豆角中毒的处理方法如下：

1. 轻症中毒者，只需静卧休息，少量多次地饮服糖开水或浓茶水，必要时可服镇静剂如安定、利眠宁等。

2. 中毒严重者，若呕吐不止，造成脱水，或有溶血表现，应及时送医院治疗。

3. 民间方用甘草、绿豆适量煎汤当茶饮，有一定的解毒作用。

为防止豆角中毒，在食用豆角时，要充分炒熟和煮透，不要只是用开水烫一下就做凉拌菜，更不能直接做凉拌菜，这样就可以避免发生中毒。

◎马铃薯中毒的急救

马铃薯中毒后的潜伏期很短，一般为数十分钟至数小时。首发症状常为咽喉部瘙痒、烧灼感，继而出现腹痛、恶心、呕吐、腹泻、头晕、耳鸣、怕光。如中毒较重，则可出现发热、抽搐、昏迷、脱水、呼吸困难、意识丧失。

马铃薯中毒急救处理方法：

1. 催吐。与其它中毒的处理方法一样，首先要催吐，即用筷子或手指刺激咽后壁诱导催吐，以减少人体对毒素的吸收。也可用导泻的办法，以此促进毒素的排泄。

2. 饮用茶水、食醋或糖开水，也可饮用甘草绿豆汤，以补充水分，纠正脱水。

◎鱼胆中毒急救方法

鱼胆中毒者在服食鱼胆后，会出现胃肠道症状，表现为上腹部、脐周、下腹等部位的疼痛，频繁的呕吐，反复的拉黄色水样或稀烂不带脓血的大便，容易与一般的胃肠炎相混淆。中毒比较严重的，除了上述胃肠道症状外，还会有肝脏损害的表现，腰痛、血压升高或降低、面部、下肢或全身的水肿，头痛、嗜睡、神志模糊、抽搐昏迷等。由于鱼胆中毒尚无特殊的解毒疗法，病情的发展又可能导致多个器官的功能衰竭，招致患者死亡，故发生鱼胆中毒时，以赶紧送单位就医为妥。

急救方法：

针对腹痛、呕吐、腹泻等症状，口服颠茄之类的胃肠道解痉止痛药物；因患者频繁的吐泻可能会出现体内失水，可口服淡糖水、金银花水、生甘草水、生姜水等。

◎毒蘑菇中毒急救方法

很多蘑菇和其它种类真菌都是可以吃的，其中一些不但美味可口，而且含有很多矿物质和纤维。但是采食野生的蘑菇是很危险的。

毒蘑菇含有植物性的生物碱，毒性强烈，可损害肝、肾、心及神经系统，即使是微量被吸收到体内也是很危险的。因毒蘑菇的种类不同，进食后一般经1~2小时即出现中毒症状，如：剧烈呕吐、腹泻并伴有腹痛；痉挛、流口水；突然发笑，进入兴奋状态，手指颤抖，有的出现幻觉。若出现上述中毒症状要及时实施下列急救方法：

1. 急救时最重要的是让中毒者大量饮用温开水或稀盐水，然后把手指伸进咽部催吐，以减少毒素的吸收。

2. 为防止反复呕吐发生的脱水，最好让患者饮用加入少量的食盐和食用糖的"糖盐水"，补充体液的丢失，防止休克的发生。

3. 对于已发生昏迷的患者不要强行向其口内灌水，防止窒息。

◎误食果仁中毒的急救

有些孩子吃了水果（如桃子、杏子、李子、白果）后，连里面的果仁也挖取出来吃，这样做可能带来十分严重的后果。据医学杂志报道，有的孩子因吃了3~5粒苦杏仁，有的因吃了20粒生白果仁而中毒死亡。

在上述果仁内含有一种叫"苦杏仁甙"的物质，吃进人体后，遇水便分解出毒性强烈的"氢氰酸"成分，引起机体中毒。一般的进食2~5小时后出现流涎、恶心、呕吐、腹痛、头痛、烦躁不安、心动过速等症状；严重者则发生惊厥、血压下降、大小便失禁、瞳孔散大，终因呼吸衰竭而死亡。

1. 用1：200高锰酸钾溶液洗胃，或用简易催吐法将吃进出的毒物呕吐出来，或口服硫酸镁导泻。方法是：可用一根干净的鸡毛或鸭毛在病孩嗓子里探一探，刺激舌雍垂引起恶心呕吐；也可以把病孩的舌头往外拉，将手舒伸到舌根周围摆摆，可缓解中和毒性，减缓症状。

2. 将甘草60克、黑豆60克以清水1000克煎煮，频频向病孩灌服，可以缓解中和毒性，减缓症状。

◎有机磷食物中毒急救方法

有机磷化合物是一类高效、广谱杀虫剂，广泛用于农林业。

中毒症状：

轻度表现为头疼、头晕、恶心呕吐、出汗、视力模糊、无力等。重度除上述症状外，并有心跳加快、血压升高、发绀、瞳孔缩小如针尖、对光反射消失、呼吸极困难、肺水肿、大小便失禁、惊厥，患者进入昏迷状态。最后可因呼吸中枢衰竭、呼吸肌麻痹或循环衰竭肺水肿而死亡。

急救与治疗原则：

1. 催吐、洗胃。

2. 解毒：用阿托品和胆碱酯酶复活剂。

◎ 桐油中毒急救方法

桐油是油桐树的种子榨出的植物油，在工业上及家具油漆上用途较广。由于桐油的色、味与一般食用油如花生油、菜子油、茶油等相似，故易误食而发生中毒。桐油急性轻者仅表现为胸闷、头晕、口干。多数中毒者因桐酸刺激胃肠道，引起恶心、剧烈呕吐、腹泻、腹痛。毒素吸收入血后，刺激肾脏，引起肾脏损害，可出现血尿、蛋白尿等。病情严重者全身酸痛无力、呼吸困难、抽搐、休克，最后可因心脏麻痹而死亡。

抢救方法如下：

1. 急性中毒病情轻者，可大量饮服糖开水或淡盐水。中毒较重者，应立即催吐、洗胃、导泻，洗胃可用温开水，导泻可用硫酸镁。洗胃后给鸡蛋清或牛奶、米汤内服，以保护胃黏膜。严重者应尽快送医院抢救。

2. 亚急性中毒者立即停止食用含桐油的食物，并送往医院输液、治疗。

◎ 白果中毒急救方法

白果又称银杏，果肉鲜嫩可食，有祛痰、止咳、润肺、定喘等功效，但核仁中含有银杏酸及银杏酚等有害物质，生食或食用加热

不透的白果达一定量时，可发生急性中毒，年龄愈小，中毒机率愈高。白果中毒的潜伏期约 1 ~ 4 小时，先是出现恶心、呕吐、腹痛、腹泻及食欲不振等胃肠道症状，接着出现头痛、惊厥、烦躁不安、肢体强直、发热等神经系统症状，严重者昏迷、意识丧失、瞳孔散大、呼吸困难，1 ~ 2 天内可死亡。

白果中毒的处理方法如下：

1. 立即催吐、洗胃、导泻，洗胃用温开水。

2. 口服鸡蛋清或 0.5% 活性炭混悬液，可保护胃黏膜，减少对毒物的继续吸收。

3. 保持室内安静，避免光线、音响刺激，酌情使用镇静剂。

4. 多饮糖开水、茶水，以促进利尿，加速毒物排出。

5. 民间用甘草 15 ~ 30 克煎服或频饮绿豆汤，可解白果中毒。严重者应尽快转送医院救治。

◎ 肉毒杆菌食物中毒的急救

肉毒杆菌食物中毒亦称肉毒中毒、腊肠中毒，多由食用含有肉毒杆菌外毒素污染的食物而发生。此菌普存于土壤、牛、羊、猪粪中，亦可附着在水果、蔬菜、罐头、火腿、膜肠肉里而大量繁殖外毒素。此菌主要侵害神经系统，引起复视、肌肉麻痹、呼吸困难等症，并有脑水肿和脑充血。常集体中毒。

急救方法：

1. 卧床休息，禁食，保护呼吸通畅，吸氧，必要时进行人工呼吸。

2. 用 1∶2000 ~ 1∶5000 高锰酸钾溶液洗胃。

医药常识

血 型

◎什么叫血型

血型是人类血液型别的一种标志。人与人之间的血型并不完全相同。通常所说的 A、B、AB、O 血型，就是指血液中红细胞所带不同的抗原物质而言的。在红细胞上含有 A 抗原的，称为 A 型；含有 B 抗原的，称为 B 型；同时含有 A 和 B 两种抗原的，称为 AB 型；既不含 A 抗原又不含 B 抗原的称为 O 型。

◎什么叫Rh血型

Rh 是恒河猴（Rhesus Macacus）外文名称的头两个字母。兰德斯坦纳等科学家在 1940 年做动物实验时，发现恒河猴和多数人体内的红细胞上存在 Rh 血型的抗原物质，故而命名的。凡是人体血液红细胞上有 Rh 抗原（又称 D 抗原）的，称为 Rh 阳性，而缺乏 Rh 抗原的人是 Rh 阴性。这样就使已发现的红细胞 A、B、O 及 AB 四种主要血型的人，又都分别一分为二地被划分为 Rh 阳性和阴性两种。

根据有关资料介绍，Rh 阳性血型在我国汉族及大多数民族人中约占 99.7%，个别少数民族约为 90%。在国外的一些民族中，Rh 阳性血型的人约为 85%，其中在欧美白种人中，Rh 阴性血型人约占 15%。

◎什么叫稀有血型

稀有血型就是一种少见或罕见的血型。这种血型不仅在 A、B、AB、O 血型系统中存在，而且在稀有血型系统中也还存在一些更为罕见的血型。在稀有血型系统中，除 Rh 血型系统外，其它各血型人数在总人口中所占比例非常小。

◎人类的血型有多少种

随着医学科学的发展，人们对于血型的认识也越来越深刻。由于血液内部的组成成分的不同，各自所具有的抗原物质的性质也不一样，因此，血型存在千差万别。如红细胞已发现有 20 多种血型系统，不同的血型抗原就有 400 多种。白细胞上的抗原物质更为复杂，仅本身就有 8 个系统近 20 种血型抗原。此外还有红细胞血型抗原和与其它组织细胞共有的抗原，其中与其它组织细胞共有的抗原就已检出 148 个。这类抗原也称为人类白细胞抗原（简称 HLA 抗原）；血小板有特异性抗原 7 个系统，内又有 10 多种抗原，另外还有 20 多种血清蛋白、血清酶以及 30 多种抗原种类，共计在 600 种以上。如按这个数字再进行排列组合，那么人类血型就有数十亿种之多。人类除同卵双生子女外，再也找不到两个血型完全相同的人。

◎ 人体内血液的总量

人体内血液的总量称为血量，是血浆量和血细胞的总和，但除红细胞外，其它血细胞数量很少，常忽略不计。每个人体内的血液量是由个人的体重来决定的。正常人的血液总量约相当于体重的7%～8%，或相当于每公斤体重70～80ML，其中血浆量为40～50ML。每立方毫米血液中有400～500万个红血球，4000～11000个白血球，15～40万个血小板。另外，同样体重的人，瘦者比肥胖人的血量稍多一点儿，男人比女人的血量要多一些。

◎ 血型与疾病有什么关系

俄罗斯医学家们找到了许多血型和疾病之间相互关联的证据，以下是他们的研究成果。

专家认为，O型血的人普遍长寿；A型血的人几乎没有对天花的免疫力，蚊子也更爱叮咬他们；B型血的人很少得癌症；而AB型血的人则有很高的肌体免疫力。

O型血的人易患疾病包括胃溃疡和十二指肠疾病、肝硬化、胆囊炎、阑尾炎、支气管哮喘、脓肿等。虽然平常较易生病，但平均寿命明显较长。

A型血的人易患葡萄球菌化脓感染、沙门氏菌病、结核病、白喉、痢疾、流行性感冒、动脉粥样硬化、风湿病、心肌梗塞、癫痫、慢性酒精中毒等疾病。

B型血的人易患的疾病包括痢疾、流行性感冒、神经根炎、骨病、泌尿生殖系统、关节炎等。

AB型血的人易患脓毒性感染、急性呼吸道疾病、病毒性肝炎等疾病。据统计，AB型血的人患精神分裂症比其它血型的人高出3倍多，但AB型血的人在患结核病、妊娠贫血的比率上，则比其它血型的人低很多。

常见疾病的征兆

◎ 甲状腺功能减退的早期征兆

甲状腺是颈部一个小小的器官，然而它的作用不能低估，它分泌一种非常重要的激素——甲状腺素。如果甲状腺素分泌减少，身体就不能将食物转化为充足的能量，因而产生许多症状。这有时是由于药物或手术引起的，但也会发生在严格减肥之后。

早期信号：

怕冷，疲乏，食欲减退但体重不见减轻，记忆力下降。有些女士会出现月经稀少，甚至闭经。比较严重的会出现表情淡漠，少言寡语，皮肤和毛发变得干枯。"甲亢"不只是单纯的甲状腺"发怒"，它可使你的情绪陷入极度的低谷，脾气也突然变得难以捉摸，你想好好地对人温柔几天却身不由己，发怒已成为你生活的一部分。

◎宫颈癌的早期征兆

宫颈癌发病高峰在 35 ～ 55 岁，发病率占我国女士癌症第二。

妇科检查时做宫颈细胞涂片是一种能早期发现的方法。

早期信号：性生活或妇科检查后阴道出血，称为接触性出血。

◎糖尿病的早期征兆

糖尿病如果没有尽早得到控制的话，将会带来很多危害：血液中的高血糖会使全身血管被破坏，形成大量血栓，导致冠心病、脑血栓、足部溃疡、阳痿、双目失明等等一系列严重的问题。

糖尿病是一种能够遗传的疾病，双胞胎中，如果有一人患病，另一人患病的可能性高达 50% ～ 90%。

如果你有以下情况之一，就应该到医院内分泌科做定期的检查：

（1）父母、兄弟姐妹中有人患糖尿病。

（2）曾在怀孕期间或者经受重大手术期间，出现过血糖增高。

（3）比周围的人更容易出汗、口渴。

◎急性脑血栓的早期征兆

早期信号：其实急性脑血栓在发病前往往有一些迹象可以捕捉到。最常见的是短暂发作的一次脑缺血，也叫 TIA，发作时，有人会突然"蒙"了，好像一瞬间什么也想不起来；有的感到天旋地转，但一下子就过去了；还有的眼前一黑，失去知觉，但很快恢复了；或者突然间说不出话来。这些都是大脑瞬间缺血的表现，说明脑血管已经狭窄，发生血栓的危险性很高。这时如果及时就医，就有可能避免悲剧发生。

◎冠心病的早期征兆

早期信号：有的人会最先出现下牙痛，但实际上，这是由于心脏缺血，影响到其它部位的痛感神经而造成的；有人左手臂轻微的麻痛、腿疼、左肩背疼；也有人因为胃疼到消化科就诊，结果却发现是冠心病。

◎肺癌的早期征兆

万恶之源的癌细胞都是由正常细胞转化来的。身体里每一个细胞都有癌变的潜能，激活它的力量一半来自遗传，一半来自我们自身无限膨胀的欲望。

尼古丁、酒精、高脂饮食、没有规律的生活，这些都是点燃癌症的罪魁。

肺是人体的吸尘器，而且永远不清理垃圾兜。汽车尾气、烟草、沙尘暴……现代人的肺要比几世纪前的人的脏上许多倍。吸烟人群患肺癌的可能性是不吸烟人群的 4 倍，这已经不是什么新鲜事了，可是还有无数人前仆后继、赴汤蹈火。

早期信号：咳嗽，是那种一声一声不连续的咳，没有痰或只有少量的稀痰。

出现这种情况后，应该尽快到医院照胸部 X 光片，并连续 5 天查清晨痰中的癌细胞。

◎ 高血压有哪些并发症

从高血压的表现看，早期往往症状不明显，有的甚至没有任何感觉。一般情况，病人仅有头痛、颈后部发紧不适、头晕、眠睡不好、健忘，也有的出现胸闷、心悸等症状。当血压急剧升高时，出现剧烈头痛，恶心呕吐，甚至发生晕厥。随着病情的发展，逐渐出现以损害几个主要脏器为主的并发症，如冠心病、脑动脉硬化、脑血管意外、肾动脉硬化等一系列疾病，这些都是高血压病的晚期表现。

◎ 高血压预防和治疗的特点

高血压病人的治疗用药和预防措施很多，而且是一种长期的治疗和预防过程。可以说，一个人自患上高血压病之后，用药和预防将伴随终生。所以，一旦患上高血压病，必须树立长期治疗和长期预防的思想。从专

家多年的防治经验看，对原发性高血压病患者，要长期坚持降压治疗，把血压控制在正常或基本正常水平，才能有效地控制和减少并发症。对继发性高血压首先是治疗原发病，才能较好地控制高血压。

◎ 什么是冠心病

由于供应心脏营养的血管——冠状动脉发生粥样硬化病变，引起血管管腔狭窄甚至堵塞，导致心肌缺血、缺氧和影响心脏的功能，从而产生的心脏病称为冠状动脉粥样硬化性心脏病，简称为冠心病。主要表现为心绞痛、心律失常、心力衰竭，可能猝死。心电图、心肌酶测定、放射性核素检查和冠状动脉造影能进一步明确诊断。控制血压、血脂、体重和戒烟能有效防止冠心病的发生和发展。病人应在医师指导下服用抗心绞痛和抑制血小板聚集的药物，必要时可作冠状动脉成形术和主动脉 – 冠状动脉旁路手术，效果颇好。

家庭用药

◎ 什么是药物

古代的先民们为了生存，需要寻找食物，常常要辨识、尝试各种花、叶、草、果、根等。有时会遇到一些"毒物"和"解物"，并发现有的能"泻下"，有的能"致吐"，有的能"镇痛"，有的能"止血"，

等等，"神农尝百草，一日遇七十毒"，正是说这事。

以后，当人们发生疾病的时候，就会根据以前的经验利用这些物质来治疗疾病。这就是最早的药物。

按照目前的说法，凡能用于疾病的预防、治疗与诊断，以及能使机体的功能发生某种变化的物质，都称为药物。

◎药物是怎样分类的

按习惯，一般把药物分为中药和西药；按照药物的来源，世界各国又通常把药物分为天然药物和合成药物。天然药物是取材于天然的动物、植物、矿物经过加工或粗制而成的药物。中药属于天然药物。合成药物则指用人工提取合成的药物，如我们常用的抗菌素、抗高血压药等。中药一般又分为饮片和中成药。根据药物的剂型不同：

西药可分为：散剂、片剂、针（注射）剂、溶液剂、合剂、滴剂、软膏剂等。

中药可分为：丸、散、膏、丹、汤剂、酒剂、露剂以及片剂、注射剂、合剂等。

◎什么是药物的半衰期

药物的半衰期一般指药物在血浆中最高浓度降低一半所需的时间。例如一个药物的半衰期为 6 小时，那么过了 6 小时血药物浓度为最高值的一半，再过 6 小时又减去一半，再过 6 小时又减去一半，血中浓度仅为最高浓度的 1/4。药物的半衰期反映了药物在体内消除（排泄、生物转化及储存等）的速度，表示了药物在体内的时间与血药浓度间的关系，它是决定给药剂量、次数的主要依据，半衰期长的药物说明它在体内消除慢，给药的间隔时间就长；反之亦然。消除快的药物，如给药间隔时间太长，血药浓度太低，达不到治疗效果；消除慢的药物，如用药过于频繁，易在体内蓄积引起中毒。

◎家庭备药有哪些种类

解热镇痛药：如阿司匹林、去痛片、消炎痛等。

治感冒类药：如扑感敏、新康泰克、速效伤风胶囊、强力银翘片、白加黑感冒片、小儿感冒灵等。

止咳化痰药：如必嗽平、咳必清、蛇胆川贝液、复方甘草片等。

抗菌药物：如氟哌酸、吡哌酸、环丙沙星、复方新诺明、乙酰螺旋霉素。

胃肠解痉药：如普鲁本辛、654-2 等。

助消化药：如吗丁啉、多酶片、山楂丸等。

通便药：如果导、大黄苏打片、甘油栓、开塞露等。

止泻药：如易蒙停、止泻宁、思密达等。

抗过敏药：如赛庚啶、扑尔敏、苯海拉明等。

外用消炎消毒药：酒精、碘酒、紫药水、红药水、高锰酸钾等。

外用止痛药：如风湿膏、红花油等。

其它：创可贴、风油精、清凉油、消毒棉签、纱布、胶布等。

另外，家庭备药除个别需要长期服用的外，备量不可过多，一般够三五日剂量即可，以免备量过多造成失效浪费。

◎家庭贮存药品注意事项

一、合理贮存：药物常因光、热、水分、空气、酸、碱、温度、微生物等外界条件影响而变质失效。因此家庭保存的药物最好分别装入棕色瓶内，将盖拧紧，放置于避光、干燥、阴凉处，以防变质失效。部分易受温度影响的药品，如胎盘球蛋白、利福平眼药水等，可放入冰箱冷藏室内保存；而酒精、碘酒等制剂，则应密闭保存。

二、注明有效期与失效期：药品均有有效使用期和失效期，过了有效期便不能再使用，否则会影响疗效，甚至会带来不良后果。散装药应按类分开，并贴上醒目的标签，写明存放日期、药物名称、用法、用量、失效期，每年应定期对备用药品进行检查，及时更换。

三、注意外观变化：对于贮备药品使用时应注意观察外观变化。如片剂产生松散、变色，糖衣片的糖衣粘连或开裂，胶囊剂的胶囊粘连、开裂，丸剂粘连、霉变或虫蛀，散剂严重吸潮、结块、发霉，眼药水变色、混浊，软膏剂有异味、变色或油层析出等情况时，则不能再用。

四、妥善保管：内服药与外用药应分别放置，以免忙中取错。药品应放在安全的地方，防止儿童误服。

◎使用家庭备药不宜太随便

症状往往是疾病诊断的依据之一，随便用药会掩盖症状，造成诊断困难，甚至误诊。所以在明确诊断之前，最好不要随便用药。再者，药物有双重性，既能治疗疾病，也可能导致疾病，严重者还可能危及生命。因此，无严重症状时不必服药，尤其是镇痛类、解痉剂、洋地黄类、可的松类等药物，尽量以少用为佳。在使用家庭药箱中的药物还要注意药物的相互作用。两种以上药物同时服用，

彼此可产生相互作用，有时可使其中一种药物降低药效或引起不良反应。如青霉素类和四环素族合用，其抗菌效力不及单独使用；土霉素等肠道杀菌药与整肠生同时服用，会使整肠生失效，因为整肠生是一种双歧杆菌制剂，可调节肠道菌丛失调。因此若要一次同服数种药物时，应经医生或药剂师指导，以免因药物的相互作用而失效。

用药一定要按剂量，超量服用可产生不良反应，甚至可引起死亡。如老年人和小孩不注意退烧药物的剂量，可因出汗过多而使体温骤降，引起虚脱。

◎消炎药不等于抗菌药

长期以来，很多人搞不清楚消炎药和抗菌药之间的区别，不少人认为抗菌药就是消炎药，往往导致很多时候误把抗菌药当消炎药或把消炎药当抗菌药来使用，结果不但使病情得不到缓解和好转，反而延误了诊治。从严格意义上讲，消炎药不能简单地等同于抗菌药。

二者之间到底有何区别呢？消炎药只是人们的一种"俗称"，消炎药一般医学上所指的是解热镇痛抗炎药，它是一类具有解热、镇痛，多数还有抗炎、抗风湿作用的药物。在临床上常用的有阿司匹林、扑热息痛、保泰松、布洛芬等。除扑热息痛这一类，其它类大都具有抗炎的作用。可以说，它们是直接针对炎症的，是对症治疗。

而抗菌药是指对细菌有抑制或杀灭作用的药物，它包括抗生素和人工合成的抗菌药物。老百姓所说的消炎药，大多是指的抗菌药，但事实上，消炎药和抗菌药是不同的

两类药物。人们通常所用的抗菌药不是直接针对炎症来发挥作用的，而是针对引起炎症的各类细菌，有的可以抑制病原菌的生长繁殖，有的则能杀灭病原菌。

◎创可贴不可随意用

创可贴主要用于小创伤出血后临时包扎止血，且伤口不应有污染，并不是所有外伤均适用的。在某些情况下，使用创可贴不但起不到应有的作用，还可能加重病情或导致感染。

1. 创伤严重、伤口有污染者，应到医院进行治疗。在清创处理以前，不可使用创可贴。

2. 创可贴在使用至出血停止或 2～3 小时以后，最好改用纱布包扎。

3. 即使伤口经创可贴包扎以后，也不能与水接触，要保持干燥，以防感染。

4. 对已经发生感染化脓的伤口及有糜烂的，不可使用创可贴。

5. 对皮肤轻度擦伤，仅有少量出血者不必使用。

6. 创可贴为无菌品，打开包装后不可用手接触内层的止血纱布。

◎择时服药事半功倍

药物的吸收、分布、代谢、排泄和交互作用与人体生物节律性密切相关。一些疾病在用药时间有讲究，这就是"时辰药理学"。

健康人的血压存在昼夜节律性，一般在凌晨 3～4 时较低，下午 4～5 时较高。

对高血压患者，这种时间节律尤为明显，因此，对于单纯轻型高血压，不宜一日三次服药，以免血压降得过低；心脏病人对强心甙类药物的敏感性以凌晨 4 时为最高，如此时给药就易引起中毒而出现毒性反应；糖尿病人对胰岛素的敏感时间也是凌晨 4 时左右，若此时给予最低剂量，即可获得满意的疗效；贫血病人服用铁剂，晚上 7 时给药比上午 7 时吸收率增加一倍；抗癌药治疗白血病，在敏感时间给最低剂量，而在敏感最低时间给最大剂量，就能提高疗效减低毒性。

掌握好疾病治疗的"黄金时间"，依据人体生物节律特点，对用药时间进行合理按排，对治疗疾病具有事半功倍的作用。

◎为什么要讲究服药姿势

躺着服用药片、药丸，如果送服的水少，药物只有一半到达胃里，另一半会在食管中溶化或黏附在食管壁上。由于有的药物是碱性的，有的是酸性的，有的具有很强的刺激性，如果在食管壁上溶化或停留时间过长，就可引起食管发炎，严重的甚至引发溃疡。正确的服药方法是：站着服药，多喝几口水，服药后不要马上躺下，最好站立或走动一分钟，以便药物完全进入胃里。千万注意，不可干吞药品，干吞药品最容易使药片黏附在食管壁上，导致食管黏膜损伤。

◎服药时间

服用一种药物之前，应当认真阅读说明书，按要求服药。每日一次是指药固定时间，每天都在同一时间服用。每日服用 2 次是指早晚各 1 次，一般指早 8 时、晚 8 时。每日服用 3 次是指早、中、晚各 1 次。饭前服用一般是指饭前半小时服用，健胃药、助消化药大都在饭前服用。不注明饭前的药品皆在饭后服用。睡前服用是指睡前半小时服用。空腹服用是指清晨空腹服用，大约早餐前 1 小时。

◎ 为什么有些药片不能掰开吃

在常用的药品当中，有些是肠溶片，常用的肠溶片剂是一种在胃液中不崩解，而在肠液中能够崩解、吸收的一种片剂，将药物制成肠溶片是为了满足药物性质及治疗的需要。因为许多药物在胃液酸性条件下不稳定，易分解失效或对胃黏膜有刺激性，还有的药品只有在肠道中才能够更好地吸收。为了充分发挥药物的治疗作用，就在这些药物的外面包上一层只能在碱性肠液中溶解的物质——肠溶衣。因此，在使用红霉素肠溶片、麦迪霉素肠溶片、胰酶肠溶片、淀粉酶、多酶片等药物时，不可将药片掰开、嚼碎或研成粉末服用，应整片吞服。

◎ 如何正确使用滴耳液

使用之前同样要清洁双手，把药瓶握在手中数分钟，使药液温度接近体温。把头稍倾或歪向一边，外耳道口向上，轻轻拉下耳垂，使耳道暴露，按医生指定的滴数，将药液滴进耳内。5 分钟后换另一只耳朵。有的药品说明书上有明确建议，应在滴药后用药棉塞住外耳道。

◎ 如何正确使用滴鼻剂

在使用滴鼻剂之前，应先清除鼻涕及清洁鼻腔，取坐位或仰卧位，头尽量后仰，将滴管对准鼻孔，依照医生所指定的滴数，将药液滴进鼻孔内，滴药后用手指轻轻捏几下鼻翼，使药液分布鼻腔，保持滴药姿势 2 分钟。

◎ 如何正确使用气雾剂

使用之前要摇匀，尽量将痰咳出，缓缓呼气，尽量让肺部气体排出，头稍后倾，舌头向下，双唇紧贴药瓶喷嘴，深吸气的同时按压气雾剂，屏住呼吸约 10 至 15 秒钟，用鼻子呼气，然后用温水清洗口腔。

◎ 如何识别假药

一看药品的批准文号。按照规定，现在所有的药品都应该使用新的批准文号。格式是："国药准字"和 1 位拼音字母加 8 位数字。拼音字母表示药品的类别，8 位数字代表的批准药品生产的部门、年份以及序列号。假药一般都使用已经废止的批准文号。

二看生产厂家。正规的药品外包装或者说明书上都注明了生产企业名称、地址、邮政编码、电话号码以及企业网站等内容，以便于患者联系以辨真伪。而假药中此类信息内容简单、不全。

三看药品包装。合格的药品外包装字体和图案清晰，印刷精致，色彩均匀。其产品批号、生产日期和有效期三项一个都不少。

而假药外包装都比较粗糙并且没有生产日期或者有效期。

四是应该仔细看看药品的说明书。合格的药品字体清晰，内容准确齐全，适应症限定严格。而假药说明书，内容不全并随意扩大疗效和适应症。

五看药品外观。如果，药片出现变色、粘连、潮解，注射剂出现混浊、沉淀、絮装物，冲剂出现结块、溶化、颗粒不均匀等现象时，这些药品不要买。

◎常用药品有效期的期限

你知道一般药品有效期有多长吗？有效期是指药品在规定的贮藏条件下能够保持质量的期限。对于规定有效期或使用期的药品，应经常注意期限，以防过期失效，造成损失。

易过期失效的药品有：青霉素、链霉素、四环素、土霉素、红霉素以及各种血清蛋白制剂（如胎盘球蛋白、干扰素）、生物制品（如疫苗、破伤风抗毒素）和脏器制剂（如胎盘组织液）等。

◎什么叫伪劣药品

药品质量优劣，直接关系到病人的健康，甚至生命安全，尤其是一些抢救危重病人的药剂更是这样。药品是一种特殊的商品，只有合格与不合格之分，绝无等外品、处理品可言。但假劣药品并非像伪劣烟酒那样为人们所易辨。那么，什么是伪劣药品呢？1984年国家颁布的《药品管理法》第33条、34条规定有下列情况之一者视为假药：

（1）药品所含成分的名称与国家药品标准或省、自治区、直辖市药品标准规定不符合者。

（2）以非药品冒充药品或者以他种药品冒充此种药品的，有下列情况之一的按假药处理：

①国务院卫生行政部门规定禁止使用的；②未经批准取得批准文号而自行生产的；③变质不能药用的；④被污染不能用的。

有下列情况之一的药品视为劣药：

（1）药品成分的含量与国家药品标准或者省、自治区、直辖市药品标准不符合者。

（2）超过有效期的。

（3）其它不符合药品规定的。《药品管理法》还规定，对生产、销售假药，危害人民健康的个人或者单位直接责任人员，将依照刑法规定追究刑事责任。

◎怎样阅读和理解药品说明书

药物的包装内大都有一份比较详尽的有关该药的说明书，可以帮助你对该药的认识，使用之前，应该仔细阅读。说明书的正文内，通常依次分段来说明某一药品诸如成分、适应症、禁忌、副作用、用法用量、贮存等方面的内容；有些国外进口药还载有药效学、药动学及动物实验的有关资料。

药品说明书在你认真阅读和理解之后，并非说明你对该药品就非常了解了。某些老结构药品又发现其新用途，而说明书付印一次乃沿用多年，不能及时充实新的内容。因此既应严格按说明书办事，不能擅自服用，更应得到医师的专业指导，经医生诊治后按医嘱服用方为最佳方案。

◎ 怎样作药物的过敏实验

皮肤过敏试验是临床常用的检测患者是否会发生速发性或迟发性超敏感性反应的简便方法。速发性超敏性皮试，常用于检测机体对药物、异性蛋白等外来抗原有无超敏性，以便决定药物的取舍，防止严的重超敏反应（如药物过敏性休克）的发生。一般是采用一定量药物皮内注射，15～30分钟内，注射部位局部皮肤有红肿、硬结，而且直径超过1厘米者为阳性，表明体内有免疫球蛋白E存在。

皮试仅对下述几种药物有意义：青霉素、链霉素、先锋霉素、细胞色素C、门冬酰胺酶、低分子右旋糖酐、普鲁卡因、破伤风抗毒素和碘，但并非100％可靠。

◎ 为什么有些药在药店买不到

目前在医院可以流通的药物有两类：一类是准字号药，这些都是通过国家药品管理部门批准的；另一类是医疗单位制剂，是某医疗单位根据临床、科研及教学的需要或补充市场供应短缺而自己生产配制的药物，只要通过本省药品管理部门批准即可。

二者从包装的批准文号上就可以区别出来。国家药品监督局成立以后，新批准的准字号药的批准文号为"国药准字"。而医院制剂的批准文号则不同，如标为"京卫药制研字"为科研制剂。

药品管理部门规定，医院制剂严格限定在申报制剂的医院使用，在药店和别的医院是买不到的。如果医院制剂跨省份、跨医院

使用，将视为非法经营药品查处；如果根本未获得制剂批准文号就在临床使用，则将按假药查处。有些广告函购药物什么批准文号都没有，切勿购买，以防上当。

◎ 为什么许多皮肤病需要忌口

很多皮肤病患者在就诊后都会问医生，是否需要忌口。的确，临床上有许多皮肤病需要饮食调忌。如湿疹、荨麻疹、异位性皮炎、神经性皮炎、银屑病、玫瑰糠疹、扁平苔藓、红皮病、脂溢性皮炎等常见病多发病，其发病与饮食有着极其密切的关系，皆可因吃刺激性食物或发物而使病情加重。因此对那些有食物过敏因素的患者，在发病期间或疾病痊愈后，应限制或禁食鱼、虾、蟹、羊等腥发之物，鸡、鸭、鹅等禽类食物以及葱、姜、辣椒、芫荽、酒类等刺激食物或油炸等难以消化的食物。

◎ 怎样区分感冒和过敏

这两种病症的征兆是很相似的，包括流鼻涕、流泪，喉咙痛痒、全身无力。但是敏感症和感冒的产生模式却是不尽相同的。

敏感症往往重复发生，致病物质有宠物的皮屑或花粉。另外，眼睛、鼻子和喉咙的发痒都是过敏症的普遍症状。

相反，感冒症状从开始到结束要持续7～10天，往往与周身疼痛和发烧伴随而来。

◎ 咽喉肿痛时应注意些什么

咽喉肿痛不是一种疾病，而是许多疾病

引起的一种症状。虽然大多数情况下咽喉肿痛是急慢性炎症所致，但一部分咽喉部肿瘤病人也常可表现为咽喉肿痛、咽喉异物感、咽喉梗阻感、吞咽困难及声音嘶哑等症状，因此必须引起注意。

特别是当咽喉部肿瘤生长到一定程度时，如肿瘤浸润及压迫邻近组织，肿瘤的破溃或继发感染等均可出现咽喉肿痛。因此不明原因、隐匿起病、无畏寒发热、钝性持续性的咽喉肿痛，或经抗炎治疗无明显疗效者，应尽早去医院耳鼻咽喉科和相关学科作进一步检查。

一般认为咽喉肿痛不必应用抗菌药，可以通过中医中药及自我药疗获得治疗效果。

◎止咳药不宜在睡前吃

为了治疗咳嗽，有人喜欢在睡前服用止咳药，认为这样可以防治夜间咳嗽，不影响睡眠，其实这种做法不好。

止咳药之所以能够止咳，是因为它能作用于咳嗽中枢、呼吸道感受器和感觉神经末梢，抑制咳嗽反射。虽然止咳药止住了咳嗽，但它造成了呼吸道中痰液的潴留，容易阻塞呼吸道。入睡后副交感神经的兴奋性增高，导致支气管平滑肌的收缩，使支气管腔变形缩小。在越发狭窄的管腔里，加上痰液的阻塞，会导致肺通气的严重不足，造成人体缺氧，出现心胸憋

闷、呼吸困难等。结果不仅不能通过服用止咳药来安然睡沉，反而会因此加重身体的不适。

咳嗽病人的气管里有痰时，除了积极治疗原有疾病外，还应使用止咳祛痰药，这类药主要是中成药，如止嗽青果丸、通宣理肺丸、复方川贝片、止咳枇杷露等，西药氯化铵、碘化钾也有祛痰作用，它们能将黏稠的痰变得稀薄一些，便于顺利咳出，使咳嗽的症状减轻或治愈。

导致咳嗽的病因很多，一旦出现较为严重的咳嗽，或持续超出一周的咳嗽，就应到医院及时治疗，排除肺部结核的可能性，并查出病因对症下药。自行服药会延误治疗，导致病情加剧。

◎服扑热息痛不可饮酒

发热是最常见的症状。目前认为，在非甾体解热镇痛药中，只要合理使用，扑热息痛最为安全，但必须在安全剂量（每次1克）之内，如超过安全剂量同样可引起不良反应，甚至非常严重。近年发现，如每次服用5克，引起肝功能障碍者就比较多见；如每次服10克，即可引起严重肝功能损伤，导致致死性肝功能衰竭。

目前有很多抗感冒药中也含有扑热息痛，因此，服感冒药也应按正常剂量服用，不得任意加大剂量，同时服抗感冒药时切忌饮酒。

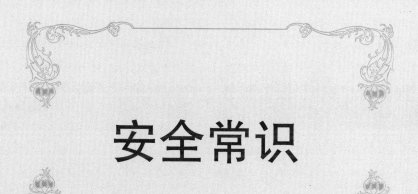

安全常识

紧急呼救

◎常用应急号码

报警求助——110

火警——119

医疗救护——120

交通事故——122

◎如何拨打"110"报警服务电话

发现刑事、治安案（事）件以及危及公共与人身财产安全、工作学习与生活秩序的案（事）件时，及时报警是每位公民应尽的义务。

应急要点：

（1）发现斗殴、盗窃、抢劫、强奸、杀人等刑事、治安案（事）件，应立即报警。若情况危急，无法及时报警，则应在制伏犯罪嫌疑人或脱离险情后，迅速报警。

（2）发现溺水、坠楼、自杀，老人、儿童或智障人员、精神疾病患者走失，公众遇到危难孤立无援，水、电、气、热等公共设施出现险情，均可免费拨打"110"报警。

拨打"110"应注意的问题

（1）报警时请讲清案发的时间、方位、您的姓名及联系方式等。如对案发地不熟悉，可提供现场附近具有明显标志的建筑物、大型场所、公交车站、单位名称等。

（2）报警后，要保护现场，以便民警到场后提取物证、痕迹。

（3）遇到刑事案件时，应首先保护好自身安全。

（4）实施正当防卫时，应避免防卫过当行为。

（5）谎报警情或恶意滋扰"110"的行为，要受到法律惩处。

◎如何拨打"119"火警报警电话

发现火情及时报警，是每个公民应尽的义务。任何单位、个人都应无偿为报警提供方便。

应急要点：

（1）拨打"119"免费电话时，必须准确报出失火详细地址（街、路、门牌号码）。如果不知道失火地址，也应尽可能说清楚周围明显的标志，如建筑物等，并留下电话及姓名以便消防人员进行联系。

（2）尽量讲清楚起火部位、着火物资、火势大小、是否有人被困等情况。

（3）应派人在道路两旁或交叉路口处接应消防车，以便消防车尽快到达起火地点。

（4）应在消防车到达现场前设法扑灭初起火灾，以免火势扩大蔓延。扑救时须注意自身安全。

◎拨打"119"应注意的问题

（1）"119"还参加其它灾害或事故的抢险救援工作，包括：各种危险化学品泄漏事故的救援；水灾、风灾、地震等重大自然灾害的抢险救灾；空难及重大事故的抢险救援；建筑物倒塌事故的抢险救援；恐怖袭击等突发公共事件的应急救援；单位和群众遇险求助时的救援救助等。

（2）谎报警情或恶意滋扰"119"的行为，要受到法律惩处。

◎如何拨打"122"交通事故报警电话

发生交通事故或交通纠纷，可以免费拨打"122"或"110"报警电话。

应急要点：

（1）拨打"122"或"110"时，必须准确报出事故发生的地点及人员、车辆伤损情况。

（2）双方认为可以自行解决的事故，应把车辆移至不妨碍交通的地点，协商处理；其它事故，需变动现场的，必须标明事故现场位置，把车辆移至不妨碍交通的地点，等候交通警察处理。

（3）遇到交通事故逃逸车辆，应记下肇事车辆的车牌号；如没看清车牌号，应记下车辆的车型、颜色等主要特征。

（4）交通事故造成人员伤亡时，应立即拨打"120"急救求助电话，同时不要破坏现场和随意移动伤员。

注意：找交通警察处理交通事故是最好的解决办法。在交通警察到达现场之前，应注意保护现场。

◎如何拨打"120"医疗急救求助电话

需要急救服务时，可拨打"120"免费急救求助电话。

应急要点：

（1）拨通电话后，应说清楚病人所在方位、年龄、性别和病情。如不知道确切的地址，应说明大致方位，如在哪条大街、哪个方向等。

（2）尽可能说明病人典型的发病表现，如胸痛、意识不清、呕血、呕吐不止、呼吸困难等。尽可能说明病人患病或受伤的时间。如意外伤害，要说明伤害的性质，如触电、爆炸、塌方、溺水、火灾、中毒、交通事故等，并报告受害人受伤的部位和情况。尽可能说明你的特殊需要，了解清楚救护车到达的大致时间，准备接车。专家提示：如果了解病人的病史，在呼叫急救服务时应提供给急救人员参考。

家庭电、气、水、火事故应急处理

◎停电事故应急处理

突然停电可能会毁坏电器，并直接影响人们的正常生活。

应急要点：

（1）遇到停电，应利用手电筒等照明工具，首先检查内部配电开关、漏电保护器是否跳开。

（2）室内有焦煳味、冒烟和放电等现象，应立即切断所有电源，以免发生火灾。

（3）保险丝熔断，应及时更换，但不能用铜、铁、铝丝代替。

专家提示：

（1）家中应备有蜡烛、手电筒等应急照明光源，并放置在固定的位置。

（2）电线老化易造成停电事故，应尽快报告有关部门更换。

（3）如果发现不是室内原因造成停电，应及时与物业管理人员联系。

◎电梯故障应急处理

电梯是高层建筑中重要的运载工具，一旦出现故障，如乘客被困、坠落，极易造成乘客恐慌及其它危险事故。

应急要点：

（1）电梯速度不正常，应两腿微微弯曲，上身向前倾斜，以应对可能受到的冲击。

（2）被困电梯内，应保持镇静，立即用电梯内的警铃、对讲机或电话与管理人员联系，等待外部救援。如果报警无效，可以大声呼叫或间歇性地拍打电梯门。

（3）电梯停运时，不要轻易扒门爬出，以防电梯突然开动。

（4）运行中的电梯进水时，应将电梯开到顶层，并通知维修人员。

（5）如果乘梯途中发生火灾，应将电梯在就近楼层停梯，并迅速利用楼梯逃生。

◎燃气事故应急处理

在空气流通不畅的室内使用燃气热水器，随意拆改室内燃气设施，以及在燃气调压站、调压箱、燃气井盖附近使用明火、燃放烟花爆竹，容易引起煤气中毒、火灾和爆炸等严重事故。

应急要点：

（1）发现燃气泄漏时，应立即切断气源，迅速打开门窗通风换气。但动作应轻缓，避免金属猛烈摩擦产生火花，引起爆炸。

（2）燃气泄漏时，千万不要开启或关闭任何电器设备，不要打开抽油烟机或排风扇排风，不要在充满燃气的房间内拨打电话，以免产生火花，引发爆炸。

（3）燃气泄漏时，不要在室内停留，以防窒息、中毒。

（4）液化气罐着火时，应迅速用浸湿的毛巾、被褥、衣物扑压，并立即关闭液化气罐阀门。

◎供水事故应急处理

自来水厂出现运行故障、输配水管道发生爆裂，以及不可预测的外力破坏等因素，均可造成停水事故。

水管爆裂后，不仅会损失宝贵的水资源，造成局部停水，还会引发道路塌陷等其它灾害。

应急要点：

（1）停水后，应立即关好水龙头，防止来水后造成跑水事故。

（2）发现水管爆裂后，应立即向有关部门报告水管爆裂的准确地点。同时，设法关闭供水总阀门。

◎油锅灭火

油锅着火燃烧引起的火灾，需要使用相应的灭火方式。

1.油锅着火不能用水泼灭,这样油外溅,会加大火势。

2.用锅盖盖上油锅，关闭炉具燃气阀门。

3.在火势不大时，用抹布覆盖火苗，也可灭火。

4.可向锅内放入切好的蔬菜冷却灭火，也可放入沙子、米等把火压灭。

◎液化气罐灭火

易燃易爆液化气，突然着火莫慌乱。先关阀门再灭火，湿被捂火好手段。

液化气罐着火，不要慌乱，正确灭火就可以。

1.液化气罐着火，用湿的被褥衣物等把火捂灭。

2.迅速关闭液化气罐阀门，让液化气和氧气隔离，从而就可灭火。

◎电器灭火

电器着火需谨慎，迅速断电要小心。及时使用灭火器。以免爆炸炸伤人。

电器着火后，千万不要用水灭火，要利用正确方法把火熄灭。

1.家用电器或电路着火，要先切断电源。

2.再用干粉或气体灭火器灭火，不能直接用水灭火。灭火时，要防止爆炸伤人。

◎家庭火灾的防范

1.家中无人时，应切断电源、关闭燃气阀门。

2.不要卧床吸烟，乱扔烟头。

3.不要围观火场，以免妨碍救援工作，或因爆炸等原因受到伤害。

4.家庭应备火灾逃生"四件宝"：家用灭火器、应急逃生绳、简易防烟面具、手电筒，将它们放在随手可取的位置。

◎谨防电器问题诱发火灾

因电线老化、电路设计不合理、线路使用了伪劣产品，诱发火灾；少数用户擅自把保险丝换粗、家中电器具过多、长期超负荷使用等造成用电负荷过大，引发电线过热造成的线路火灾；因使用电器的方法错误诱发火灾，如使用电炉子、电熨斗忘记拔下插销，使用后的电熨斗放置不当，引燃周边物品诱发火灾；在进行家居保洁的过程中，使用了错误的方法，比如用带水的抹布擦拭电器，也可能造成线路短路诱发火灾。

◎警惕意外情况诱发的火灾

在日常生活中，一些生活细节和某些不良习惯常常被忽视，例如，从炉灶中掏出带火的煤渣没有用水浇，将未熄灭的烟蒂随意乱扔，在焚烧废弃物品时留有余火，节假日燃放鞭炮等情况，如果处置不当都可能诱发意外火灾，给一个家庭带来灭顶之灾。因此，在家庭生活中要特别注意对火灾的防范，不要将燃烧的烟头随意丢弃，不要让儿童养成随意玩火的习惯。家庭中有人有躺在床上吸烟的习惯，千万不要让烟头引燃了被褥造成人身伤亡。

◎电热炉具防火措施

1. 应买合格产品。
2. 使用过程中，应有人看护。
3. 台面为不燃材料制作。附近不得有可燃物质存放。
4. 注意电热炉具的功率和导线型号的匹配。
5. 接、插部分保持接触良好，并保持干燥。

◎电热取暖器的防火措施

1. 避免电热器具与周围物品靠得太近。

2. 注意接线型号与电器功率的配套。
3. 防止过电压或低电压长期运行。
4. 防止绝缘体长期受热老化引起短路。
5. 设置短路、漏电保护装置。

◎空调器防火措施

1. 勿使可燃窗帘靠近窗式空调器。
2. 电热型空调器关机时牢记切断电热部分电源。需冷却的，应坚持冷却两分钟。
3. 勿在短时间内连续停、开空调器。停电时勿忘将开关置于"停"的位置。
4. 空调器电源线路的安装和连接应符合额定电流不小于 5 ~ 15 安的要求，并应设单独的过载保护装置。

◎电视机防火措施

1. 不宜长时间连续收看，高温季节尤应如此。
2. 关闭电视时要同时关闭电源开关，切断电源。
3. 保证电视机周围通风良好。
4. 防止电视机受潮。
5. 雷雨天不用室外天线。

◎电冰箱防火措施

1. 保证电冰箱后部干燥通风。
2. 防止压缩机、冷凝器与电源线等接触。
3. 勿在电冰箱中储存乙醚等低沸点易燃液体，若需存放时，应先将温控器改装机外。

4. 勿用水冲洗电冰箱，防止温控电气开关受潮失灵。

5. 勿频繁开、启电冰箱，每次停机5分钟后方可再开机启动。

6. 电源接地线勿与煤气管道相连。

◎液化气炉灶防火措施

1. 液化气钢瓶，不得存放在居室，严防高温及日光照射。钢瓶与灶具之间要保持1米以上的安全距离，室内不得同时布置其它炉灶（火源），通风条件应保持良好。

2. 钢瓶与炉具都不得有漏气现象，可用涂肥皂水试漏，严禁用明火试漏。

3. 液化气炉灶点火时，有自动点火装置的可先开气阀，然后采用炉具上的点火开关；对无自动点火装置的，应先开气阀，然后划火柴从侧面接近炉盘火孔，再开启炉具开关。如一次未点着，可先关闭炉具开关，过一会儿再按顺序重新点火。使用完毕，应先关气阀，再关炉具开关。

4. 使用炉灶时应有人照看，锅、壶等不宜盛水过满，以免溢出熄灭火焰。

5. 钢瓶要防止碰撞、敲打、倾倒或倒置，不得接近火源、热源。钢瓶不得与化学危险物品混放，严禁私自灌气。

6. 液化气用完后，用户不得擅自处理瓶内残液。炉灶各部位要经常检查，发现异常问题，应及时处理。

◎煤气炉灶防火措施

1. 室内煤气管道要使用镀锌钢管，必要时应加保护套，一般应采用明设，如果必

须设在地下室、楼梯间或有腐蚀介质的室内，要保证便于检修和采取防腐措施。但煤气炉灶用具不得设在地下室或卧室内。煤气计量表具宜安装在通风良好的地方，严禁安装在卧室、浴室和有化学危险物品与可燃物的地方。

2. 灶具与管道的连接胶管最长不得超过2米，两端必须扎牢，用后要将阀门关紧。

3. 煤气管线、阀门、计量表具等，严禁私自拆卸，需维修或迁移时，应由供气单位进行，之后还要通过试压、试漏等检查。

4. 各种灶具的制造，必须符合安全要求，并经煤气主管部门认可。在使用时，应严格按照厂家说明书操作程序进行。如一次未点着时，需立即关闭用具开关，稍停片刻再按要求重新点火。

5. 发现漏气，应立即关闭开关，采取通风措施，熄灭火源，禁止开、关电气设备，并通知供气部门检修。任何情况下，都不准使用明火试漏。

◎天然气炉灶防火措施

1. 管道最好采用架空或在地面上敷设。管道的专用针型阀门必须完整良好，各部位不得泄漏。

2. 用耐油、耐压的夹线胶管与管道相连接时，接口处必须牢固紧密。

3. 应设置相应的油水分离器，并定期排放被分离出来的轻质油和水。

4. 要经常检查管道，发现漏气时，严禁动用明火或开、关电气开关，并打开门窗通风，另外还应立即通知供气部门。

5. 使用时突然熄灭，应关闭阀门，稍

等片刻再重新按要求点火。金属烟筒口距可燃物构件应不小于 1 米，并应装拐脖，防止倒风吹熄炉火。

6. 供气管道需进行维修时，必须先全面停气，停气、送气时应事先通告用户。新安装的管道应经试压、试漏检验合格后，方可投入使用。

◎厨房炊事防火措施

1. 煨、炖、煮各种食品、汤类时，应有人看管，汤不宜过满，在沸腾时应降低炉温或打开锅盖，以防外溢。

2. 火锅在使用时，应远离可燃物，并使用不燃材料制作的桌板。若使用可燃材料桌板，应在锅底铺设不燃材料制作的垫板。

3. 油炸食品时，油不能放得过满，油锅搁置要平稳，人不能离开，油温达到适当温度，应即放入菜肴、食品。遇油锅起火时，特别注意不可向锅内浇水灭火。

4. 炉灶排风罩上的油垢要定时清除。

◎吸烟防火

1. 严禁在禁烟区内吸烟。

2. 吸烟时应到安全地带。

3. 纠正不良的吸烟习惯，如在床上吸烟。

4. 禁止大风天在室外或野外吸烟。

◎对小孩玩火的防火措施

家长应对孩子加强管教，使他们认识到玩火的危险性，做到不玩火。要把火柴、打火机等放在孩子拿不到的地方，家中的煤气炉灶（液化气炉灶）等不要让孩子随意开启。对孩子模仿大人吸烟的行为要制止，不准孩子在柴草堆旁或野外玩火。室内、可燃建筑、柴草堆等场所禁止孩子燃放烟花、爆竹，更不准孩子摆弄鞭炮中的火药。家长外出时不能将幼孩独自留在家中或反锁在室内，应托人照看。

◎驱蚊防火

1. 点燃蚊香熏蒸驱蚊时，不能贴近纸张、布料、蚊帐等可燃物。

2. 使用电蚊香驱蚊时，要防止电器短路或恒温发热原件烧毁而引发火灾。

◎如何正确使用煤气

1. 保证通风良好。

2. 使用燃具要有人照看。

3. 发生煤气灶回火应立即关闭气阀。

4. 不得擅自拆、迁、改和遮挡，封闭煤气管道设施。

5. 使用煤气管道煤气的燃具不能和其它气体的燃具互相代替。

6. 煤气管道内严禁混入空气、液体或其它异物。

7. 连结管道煤气燃具的胶管长度不准超过 2 米，严禁用胶管过墙或穿门窗用气。绝对禁止用明火检漏。

8. 不得在煤气设施上搭挂物品。

9. 初次使用管道煤气不能自行点火。

10. 当你发现煤气设施泄漏时，请立即通知煤气公司。

11. 有煤气或液化气的家庭最好安装可燃气体泄漏报警器。

◎安全用气"八不"

1. 严禁擅自改动管道煤气设施；若因装修变动，必须向供气单位申请。

2. 不准使用未经验审合格的燃气器具。

3. 不许将阀门、煤气表、管线密闭安装。

4. 不许将煤气设施作为负重支架,堆放、悬挂物品。

5. 不准用明火检查泄漏。

6. 不许将煤气管道作为电器设备的接地导体。

7. 不准擅自安装管道煤气热水器等燃气器具。

8. 不许将煤气管道穿越卧室、客厅和地下室。

◎家庭火灾的处置与自救

家庭中一旦发生了火情，千万不要慌乱，要沉着冷静。首先依据火情大小作出判断，如火势很小，要果断地抓住最佳扑救时机迅速利用家庭消防器材或水将火扑灭，扑救时要大声呼喊雇主或街坊邻居帮助扑救。同时要及时切断室内电源、气源。如果火势很大，要立即报火警，火警电话为119。

报警方式：可以大声呼喊雇主家人或街坊邻居帮助报警，或直接拨打119火警电话向公安机关报警，报警电话要简明扼要，说清着火地址、起火原因、联系电话、报警人姓名等。

◎在家中被火围困时的逃生方法

当家中失火或者楼层邻近家起火，浓烟和高温围困在家中时，上策是想尽办法，尽一切可能逃到屋外，远离火场，保全自己。为此应该做到以下几点：

1. 开门之时，先用手背碰一下门把。如果门把烫手，或门隙有烟冒进来，切勿开门。用手背先碰是因金属门把传热比门框快，手背一感到热就会马上缩开。

2. 若门把不烫手，则可打开一道缝以观察可否出去。用脚抵住门下方，防止热气流把门冲开。如门外起火，开门会鼓起阵风，助长火势，打开门窗则形同用扇扇火，应尽可能把全部门窗关上。

3. 弯腰前行，浓烟从上往下扩散，在近地面0.9米左右，浓烟稀薄，呼吸较容易，视野也较清晰。

4. 如果出口堵塞了，则要试着打开窗或走到阳台上，走出阳台时随手关好阳台门。

5. 如果居住在楼上，而该楼层离地不太高，落点又不是硬地，可抓住窗沿悬身窗外伸直双臂以缩短与地面之间的距离。这样做虽然可能造成肢体的扭伤和骨折，但这毕竟是主动求生。在跳下前，先松开一只手，用这只手及双脚撑一撑离开墙面跳下。在确实无其它办法时，才可从高处下跳。

6. 如果要破窗逃生，可用顺手抓到的东西（较硬之物）砸碎玻璃，把窗口碎玻璃片弄干净，然后顺窗口逃生。如无计可施则关上房门，打开窗户，大声呼救。如果在阳台求救，应先关好后面的门窗。

7. 如没有阳台，则一面等候援救，一面设法阻止火势蔓延。用湿布堵住门窗缝隙，以阻止浓烟和火焰进入房间，以免被活活烧死。

8. 向木质家具及门窗泼水防止火势蔓延。邻室起火，不要开门，应从窗户、阳台转移出去。如贸然开门，热气浓烟可乘虚而入，使人窒息。睡眠中突然发现起火，不要惊慌，应趴在地上匍匐前进，因靠近地面处会有残留的新鲜空气，不要大口喘气，呼吸要细小。

9. 失火时，如携婴儿撤离，可用湿布蒙住婴儿的脸，用手挟着，快跑或爬行而出。

◎火灾逃生注意什么

发生火险后，住平房和楼房低层的住户可通过门、窗撤离火场。住在较高楼层的居民应迅速通过楼梯或消防通道迅速撤离。如大火已将楼梯封闭，可用绳索或布匹、床单、窗帘等结绳从窗户逃生。如果火势不大，但烟雾较大时，则不宜快跑，应弯腰、低身或爬行，应尽量贴近地面，减少有毒气体吸入。被火围困时，烟雾对人的危害最大，可用水（或尿）把毛巾或衣服浸湿后捂住口鼻，可延缓毒气吸入体内，同时应尽量转移到空气流通处。

◎烧伤自救的办法

烧伤是日常生活中一种常见的外伤，烧伤的自救是否及时，对以后的治疗及预后和转归都有重要影响。

小面积烧伤应尽早冷疗，冷疗时间为 30 ～ 60 分钟，以停止冷疗后疼痛明显缓解为度。但 30% 以上大面积烧伤病人不宜冷疗。

具体方法为：将烧伤创面在自来水龙头下冲淋或浸入冷水中，也可用冷（冰）水浸湿的毛巾、纱垫等敷于创面。冷疗时间约为 30 ～ 60 分钟，温度为 15℃ ～ 20℃。

◎什么属于易燃物品

易燃固体：指燃点低，对热、撞击、摩擦敏感、易被外部火源点燃，燃烧迅速，并可能发出有毒烟雾或有毒气体的固体。如红磷、硫磺等。

自燃物品：指燃点低，在空气中易于发生氧化反应，放出热量，而自行燃烧的物品。如白磷、三乙基铝等。

遇湿易燃物品：指遇水或受潮时，发生剧烈化学反应，放出大量易燃气体和热量的物品。有些不需明火即能燃烧或爆炸。如钾、钠等。

◎有效扑灭身上火焰的措施

当衣服着火时，应采用各种方法尽快地灭火，如水浸、水淋、就地卧倒翻滚等，千万不可直立奔跑或站立呼喊，以免助长燃烧，引起或加重呼吸道烧伤。灭火后伤员应立即将衣服脱去，如衣服和皮肤粘在一起，可在救护人员的帮助下把未粘的部分剪去，并对创面进行包扎。

家庭中毒急救

◎ 食物中毒应急要点

食物中毒通常指吃了含有有毒物质或变质的肉类、水产品、蔬菜、植物或化学品后，感觉肠胃不舒服，出现恶心、呕吐、腹痛、腹泻等症状，共同进餐的人常常出现相同的症状。食物中毒可分为细菌性、真菌性、化学性食物中毒。

应急要点：

1. 出现食物中毒症状或者误食化学品时，应及时用筷子或手指伸向喉咙深处刺激咽后壁、舌根进行催吐。在中毒者意识不清时，需由他人帮助催吐，并及时就医。

2. 了解与病人一同进餐的人有无异常，并告知医生。

3. 向所在地卫生防疫部门反映情况。

◎ 防食物中毒要点

· 不吃不新鲜的食物和变质食物。

· 不吃来路不明的食物。

· 注意食品保质期和保质方法。

· 不自行采摘蘑菇和其它不认识的食物食用。

· 加工菜豆、豆浆等豆类食品时，一定要充分加热。

· 不吃发芽、发霉的土豆和花生。

· 一定不要采摘和食用刚喷洒过农药的瓜果蔬菜。食用蔬菜水果前要用清水浸泡一段时间，以去除果菜表面残留的农药。

· 生、熟食品分开存放。

· 保持厨房清洁。烹饪用具、刀叉餐具等都应用干净的布揩干擦净。

· 处理食品前先洗手。

· 动物身上常带有致病微生物，一定不要让昆虫、兔、鼠和其它动物接触食品。

· 饮用水和厨房用水应保持清洁干净。若水不清洁，应把水煮沸或进行消毒处理。

◎ 食物中毒的原因、症状

食物中毒是由于进食被细菌及其毒素污染的食物，或摄食含有毒素的动植物如河豚、毒蕈等引起的急性中毒性疾病。变质食品、污染水源是主要传染源，不洁手、餐具和带菌苍蝇是主要传播途径。此病的潜伏期短，可集体发病。表现为起病急骤，伴有腹痛、腹泻、呕吐等急性肠胃炎症状，常有畏寒、发热，严重吐泻可引起脱水、酸中毒和休克。

◎ 食物中毒防治措施

1. 防止细菌污染。购买盖有卫生检疫部门检疫图章的生肉。做好餐具、炊具的清洗消毒工作，生、熟炊具分开使用。

2. 低温贮藏。肉类食品应10℃以下低温贮藏，以控制细菌繁殖。但海产品附着菌类可低温存活，故须沸水煮烫后食用。

3. 彻底加热。加热可杀灭病原体及破

坏毒素。肉类食品必须煮熟、煮透，熟食应及时食用，剩饭剩菜要加热后再存放，食用前再重新加热。

◎食物中毒应急措施

停食：立即停止食用中毒食品。

清肠：对患者采取催吐、洗胃、清肠等急救治疗措施。

不擅自用药：反复呕吐和腹泻是机体排泄毒物的途径，所以在出现食物中毒症状24小时内，不要擅用止吐药或止泻药。

补水：吐泻可造成脱水，需通过喝水或静脉补液及时补水。

了解共食者：了解与中毒者一起进餐的其他人有无异常。

上报：及时报告当地的食品卫生监督检验部门，采取病人标本，以备送检。

现场处理：保护现场，封存中毒的食品或疑似中毒食品。根据不同的中毒食品，对中毒场所采取相应的消毒处理。

◎煤气中毒应急要点

在密闭的居室里使用煤炉取暖、做饭，使用燃气热水器长时间洗澡而又通风不畅时，容易发生煤气中毒事故。

煤气中毒后，人往往会头晕、恶心、呕吐、心慌、皮肤苍白、意识模糊，严重者会神志不清、牙关紧闭、全身抽搐、大小便失禁、面色口唇出现樱红色、呼吸和脉搏增快。

应急要点：

1. 立即使病人脱离中毒环境，开窗通风并注意为病人保暖。

2. 病人需安静休息，尽量减少心肺负担和耗氧量。要让有自主呼吸能力的病人充分吸入氧气。

3. 对呼吸、心跳停止的病人，应立即采取心肺复苏法，并拨打急救电话呼救。

注意：

1. 应把病人送到有高压氧舱的医院，使病人尽早接受高压氧舱治疗，以减少后遗症。即使是轻症病人，也应该这样做。

2. 正确安装燃煤取暖炉具，杜绝使用质量低劣的炉具和烟囱。

◎农药中毒应急要点

大量接触或误服农药，人会出现头晕、头痛、全身乏力、多汗、恶心、呕吐、腹痛、腹泻、胸闷、呼吸困难等症状，还会出现特殊症状，如瞳孔明显缩小、嗜睡、肢体震颤抖动、肌肉纤维颤动、肌肉痉挛或癫痫样大抽搐、口中有金属味、有出血倾向等。

应急要点：

1. 立即切断毒源，脱离中毒现场。

2. 脱去被污染的衣裤，用微温的肥皂水、稀释碱水反复冲洗体表10分钟以上（注意：敌百虫中毒时，不能使用碱性液体）。

3. 对昏迷的病人，应立即送医院由医务人员为其洗胃。对神志清楚的中毒病人，需用筷子或手指刺激咽喉呕吐。

4. 昏迷病人出现频繁呕吐时，救护者要将他的头放低，使其口部偏向一侧，以防止呕吐物阻塞呼吸道引起窒息。

5. 病人呼吸、心跳停止时，应立即实施长时间的心肺复苏法抢救，待生命体征稳定后，再送医院治疗。

居家安全防盗常识

◎应有哪些安全意识

1. 搬入新居后要及时换锁，安装安全性好的门锁。在前门装窥视镜，不要给陌生人开门，家门窗安装可靠的防盗网，无论家中是否有人都应锁好防盗门窗。

2. 请大型专业保安公司提供保安服务，安装可靠的保安设备。

3. 天黑后拉上窗帘。

4. 在2间或更多的房间开灯以示家中有人，打开浴室的灯是好办法，灯火通明的家能让入侵者远离。

5. 有陌生人请求使用你家中的电话时，不要让他们进入房子，可为他们打紧急求助电话。

6. 让陌生人进屋时要千万小心。

7. 警察要求进门时可要求他出示证件，请仔细检查证件，记下警员号。

8. 在维修人员、抄表人员（他们也有证件）要进入你房子时要判断真伪，不确定时可向他们的公司打电话询问，在电话薄上找电话号码或者使用你原来用过的电话号码，不要用他们提供的电话号码，因为可能有假。

9. 对以下事先未预约的来访者要保持警觉：房屋检修人员，普查员，市场调查人员，电话、水电工人，抄表员，电视执照检查人员，散发广告人员。

10. 不要因为陌生人穿着制服或看上去像他们说的身份就相信他们。

11. 要像保护自己一样保护邻居，不要向陌生人透露你邻居不在家、独自居住或一人在家。

◎居家安全的要点

就寝前确认"五关"：水、电、燃气、门、窗。

遗失钥匙应尽快通知家人，并视情况配换新锁。

银行卡、钥匙、身份证、名片等物要分散放置，不要集中放在一个包里。记录证件号码及服务电话。保留证件复印件。若不慎遗失应尽电话挂失。

日常外出确认"五关"，随身带钥匙，出门要随手关门锁门。

夜间返家，到家之前提前准备钥匙，不要在门口寻找。迅速进屋，并随时注意是否有人跟踪或藏匿在住处附近死角。

送朋友回家，等朋友平安进入再离开。

走进家门发现门窗异常，如门锁被毁，门虚掩着，这时千万不要急于进屋，冷静观察，并立刻通知警方。

外出旅游请朋友、邻居代为处理信件、报纸、小广告等，以免盗贼就此判断家中无人。拜托邻居、居委会和保安多关照，留下自身联系方式。

◎谨防入室抢劫

入室盗窃、抢劫容易造成受害人较大的财物损失，甚至对生命安全构成直接威胁。

应急要点：

1. 夜间遭遇入室盗窃，应沉着应对，能力许可时可将犯罪嫌疑人制伏，或报警求助。千万不能一时冲动，造成不必要的人身伤害。

2. 家中无人时遭遇盗窃，发现后应及时报警，不要翻动现场。

3. 遭遇入室抢劫，受害人应放弃财物，以确保人身安全。

4. 遭遇入室抢劫，应尽量与犯罪嫌疑人周旋，找时机脱身；尽量记住犯罪嫌疑人的人数、体貌特征、所持何种凶器等情况，待处于安全状态时，尽快报警。

◎盗窃与抢劫有哪些手法

犯罪嫌疑人的作案手法很多，有流窜作案，也有预谋作案。流窜作案是指犯罪分子事先没有预谋，没有固定的作案目标，他们以寻找人、推销商品、收购废品等为由穿梭在居民区内，趁居民不备干着顺手牵羊的勾当。有些犯罪分子还可能冒充查抄水表、电表、煤气表的工人，甚至还会冒充雇主的朋友、熟人骗开雇主房门，进入室内进行作案。预谋作案是指犯罪分子有准备有预谋的作案，这类案件主要特点是针对性强，高档住宅、豪华别墅是他们首选目标。作案前他们会先行踩点，进行周密准备，等到恰当时机他们会直奔目标

实施作案。他们入室的方法通常为插片撬锁、划破玻璃等，一旦财物到手便迅速逃窜。这类犯罪分子心狠手辣，在抢劫的过程中往往行凶杀人。

◎注意盗窃案多发时间

通常在上午9～11时，下午2～4时，这是青壮年上班，家庭主妇外出采购的时间，家中不是没人就是只有老弱病残在家。清晨3～4时则是人最疲乏熟睡的时间。犯罪分子往往会利用这些时间段进行入室盗窃或抢劫活动。

夏季为盗窃案多发季节。天气炎热，门窗洞开，容易为窃贼提供便利。案件通常发生在凌晨人困时分或白天无人在家时。六成盗窃案为熟人所为，且极易发生杀人灭口事件。

◎如何防盗

· 不要让送报员、送奶工等外来服务人员进家门，更不要对他们讲述家中情况。

· 修理工、查水电表的人员必须进屋工作时，家里不要只有一个人，尤其不能只有一位单身女子在家。

· 不是很熟悉的朋友，不要轻易带回家。

· 夜里睡觉应提前关好门窗，尤其是厨房的窗户。

· 家中的刀具不要放到明处，防止窃贼进家门后找到凶器伤人。

· 家中不要摆设特别贵重的装饰品，以免招贼。

· 保险箱、贵重物品等不要放置在

客厅或门厅，以防不法分子从门口窥视到。

· 不要把存折等贵重物品放在抽屉里和柜子里，这些位置都是入室盗窃分子喜欢翻找的地方。应该把存折放进一摞不常穿的衣物里，这是窃贼容易忽略的地方。

· 家里不要放置过多的现金，钱包里也应少放钱。即使出门，也只带当天要花的钱，不要露富。

◎ 老人家庭如何防盗

1. 老人家庭一定要安装高质量的防盗门窗；平常门窗锁住且要牢固。

2. 没有中青年人在家的情况下，老人不要接待"不速之客"（坚决不要开门）。

3. 严密保管现金、贵重物品。大笔现金应存入银行。存单不要和户口簿、身份证等放在一起。

4. 发现异常情况一定要报警。

5. 有条件的老人家庭要安装报警器。

6. 妥善保管钥匙。钥匙一般不要离身。家门钥匙失落，要及时更换锁具。

7. 如果您举家外出，要主动和左邻右舍打个招呼。

8. 发现门窗异常莫急于入室，因为此刻家中情况不明，如果贸然闯入会很危险。应该返身多找几个邻居来，并设法报警。

9. 切忌在家中进行娱乐或聚赌。因为这正好为不法之徒摸清您的家庭情况提供了方便。

10. 家中雇用短工，一定要有短工的身份证复印件，解雇时再归还。

◎ 孩子独自在家如何防盗

1. 要锁好防盗门、院门。

2. 有人敲门时，应先观察后询问，若是陌生人，不要开门。若是修理工上门，要确认是否事先约定，检查来者证件并仔细询问，确认无误后方可开门。家中需要修理服务时，最好有家人、朋友在家陪伴或告知邻居。单独在家，情况不清楚的情况下一定不要让其进门。

3. 若有人自称父母同事、朋友或远方亲戚的身份要求开门，不能轻信随便让人进屋，可与父母电话核对，并让他们去父母单位去找。

4. 若有上门推销者，可婉拒。切勿贪小便宜，以免追悔莫及。

5. 一定不要因来者为女士而减少戒心。

6. 遇到陌生人在门口纠缠并坚持要进入室内时，可打电话报警，或者到阳台、窗口高声呼喊，向邻居、行人求援。

◎ 如何应对盗窃和抢劫情况

对付盗窃与抢劫应以预防为主，一旦犯罪嫌疑人已经进入家中正在实施犯罪行为，如果条件容许应立即拨打110报警电话，也可以采取其它有效报警方式。无论采取何种方式都要注意保护好自己的生命安全，因为人的生命安全是最重要的，不做无把握的事，不要故意激怒犯罪分子，不做无谓的牺牲。事情发生后，应立即报警并注意保护现场，以利于公安机关侦破。

外出安全常识

◎遇到街头抢劫的应急办法

抢劫是指用暴力夺取他人财物的违法犯罪行为。有时歹徒甚至持有武器结伙或连续作案，致使被害人及群众产生恐惧感，社会危害性较大。

应急要点：

1. 在人员聚集地区遭到抢劫，被害人应大声呼救，震慑犯罪分子，同时尽快报警。

2. 在僻静地方或无力抵抗的情况下，应放弃财物，保全人身；待处于安全状态时，尽快报警。

3. 应尽量记住歹徒人数、体貌特征、所持凶器、逃跑车辆的车牌号及逃跑方向等情况，同时尽量留住现场证人。

4. 骑车时，如自行车突然骑不动，要先抓牢车筐内的物品或背好包后，再下车查看。

◎应对街头抢劫的安全防范

1. 到银行存取大额款项应有人陪同，最好能以汇款方式代替提取大量现金；输入密码时，应防止被他人窥探；不要随手扔掉填写有误的存、取款单；离开银行时，应警惕是否有可疑人员尾随。

2. 老人及少年儿童不要随身携带贵重物品和大额现金。

3. 驾车外出时，应随手将车门锁按下，尽量关闭车窗，勿将皮包或现金任意置于座位上，以防犯罪分子"拍车门"盗窃。如车胎出现异常，将车停靠在路边后，注意周围是否有可疑人员或车辆尾随，下车查看时应锁好车门。

◎人质劫持情况应对

保持镇定；保存体力；不要意气用事，不要行为失控，观察时机，发现恐怖分子的漏洞后，随机应变；设法传递信息，可通过发送手机短信、写字条等方式，将所处地点、恐怖分子的数目、企图、特点等最重要的信息传递出来；警务人员对恐怖分子发起攻击时，人质应立即趴倒在地，双手保护头部，随后迅速按警务人员的指令撤离，撤离时要避免惊慌混乱，首先搀扶老人和孩子。

◎球场骚乱事件的应对

观看足球、篮球等大型比赛时如果发生骚乱，极易造成群死群伤的严重事件以及不良的社会影响。

应急要点：

（1）发生球场骚乱时，应避免在看台上来回跑动。要迅速、有序地向自己所在看台的安全出口移动。（2）周围人群处在混乱时，不要盲目跟随移动，应选择安全地点停留（如待在自己的座位上），以保证自己不被挤伤。（3）注意观察活动现场情况和识别警示标志，做到心中有数；要有意识地了解现场安全通道和出入口的位置，在发生危险时要尽快从最近的安全出口撤离。（4）远离栏杆，以免栏杆被挤折而伤及自身。（5）疏散时特别要注意礼让身边的老人、儿童、妇女等弱势群体，不要拥挤，并保证疏散有序。

◎公共场所险情的应急处理

在人多拥挤的场所，一旦发生混乱，后果不堪设想。所以，在人员稠密的公共场所，如灯会、公园、商场、体育场馆、影剧院、歌舞厅、网吧等，应避免造成局部区域人员过于拥挤的现象。

应急要点：

（1）发生拥挤或遇到紧急情况时，应保持镇静，在人少等相对安全的地点短暂停留。（2）注意观察周围地形，寻找安全通道或应急出口的标志，确定自己的方位，随时做好疏散准备。（3）注意收听广播，服从现场工作人员引导，尽快从就近的安全出口有序撤离，切勿逆着人流行进或抄近路。（4）撤离时要注意照顾好老人、妇女、儿童，为他们疏通道路。

◎爆炸事件的应对

卧倒：迅速背朝爆炸冲击波传来方向卧倒，脸部朝下，头放低，在有水沟地方最好侧卧在水沟里边。如在室内遭遇爆炸可就近躲避在结实的桌椅下。

张口：避免爆炸所产生强大冲击波击穿耳膜，引起永久性耳聋。

防烟防毒：爆炸瞬间屏住呼吸，逃生时

以低姿势为好。不乱跑乱窜，大呼大叫。用毛巾或衣服捂住口鼻。

电话呼救：立即拨打 120、110、119 等急救。

伤员救助：检查伤员受伤情况，迅速清除伤者气管内的尘土、沙石，防止窒息。如呼吸停止，应立即进行人工呼吸和心脏按压。就地取材，对伤者进行止血、包扎和固定，搬运伤员时注意保持脊柱损伤病人的水平位置，防止因移位而发生截瘫。

◎马路边如何防偷

你在马路上行走时要注意以下几点：

1. 如果你背的是双肩背包，请把包背在胸前，以防被偷。

2. 如果是俩人同行，请把包放在俩人中间的一侧。

3. 如果是长背带的包，请斜挎背较安全，并将包斜向远离马路一侧。不要单手提包，或单挎在肩上，应该把包摆在胸前，双手紧紧抓住。

4. 手机不要挂在腰带上，揣在胸前口袋里更为安全些。

◎坐火车如何防偷

1. 不要将装有钱、证件、手机等贵重物品的衣服挂在衣帽钩上。

2. 不要经常清点贵重的钱物，以免引起扒手们的注意。

3. 长途旅行的旅客，在睡觉时要警醒一些，尤其是在深夜行车时，更要留神小心。

4. 不吃陌生人给的饮料和食品，不能

委托陌生人帮补车票或看管行李。

5. 在遇到财物丢失时，可向列车上的乘警报告，并向乘警说明案件发生的时间、地点，回忆遇窃前后的情况，提供可疑人的特征，供乘警参考。失盗后要找借口离开车厢，如表示头晕，要到其它车厢去找药，或拿起水杯去车厢外打水等，借机向乘警报告情况。

6. 遇到突发事件，旅客可以使用列车110 报警装置报警，亦可到列车中部的餐车找到乘警。

◎办公室如何防"偷"

1. 不熟悉的人保持"一米线"距离。

2. 亲兄弟明算账。

3. 严把嘴关，慎勿期望他人为你保守秘密。

4. 认真保管自己的私人物品，注意小节，自己的资料、电脑档案等重要的文件更要慎重处理，最好加密或上锁。

5. 做硬派小生。

6. 严于律己，尊重别人。

7. 苦练内功，不能因为有热情和睿智却怠惰了"防人之心"。

8. 离开让人身心俱疲的工作环境。

◎如何防范抢劫案的发生

不露富：外出不带大量现金、贵重物品和重要证件。

行路警惕：走人行道，不要靠马路太近，提包等背在右侧。

保护自己：若遭遇飞车抢夺不要生拉硬夺，避免伤害自己。

迅速报警：记住不法分子及所乘用交通工具的特征，并尽快报案。

◎被歹徒盯上怎么办

1. 被跟踪：保持镇定，向商店、居民区等人多地带转移。

2. 被纠缠：痛斥，做好防御，跑向人多处。

3. 被近距离袭击：攻击对方要害，如眼睛、腹部等，用有力量的部位出击，如手肘。

4. 如果被歹徒从侧面抱住：用靠近歹徒的手猛击他的裆部，另一只手猛击肋部。

5. 如果被歹徒抱起：用力咬歹徒的面部，如果手可移动，则用手抓歹徒眼睛。

6. 如果遭遇歹徒跟踪：要适时改变行走路线，甩掉歹徒；也可用皮包或鞋触碰路边停车，以引起别人注意。

7. 歹徒索要钱包：不要递给他，而尽量扔远一点儿，利用歹徒捡钱包的时间迅速逃跑。

8. 被丢进车子的后备箱：踢破车灯，把手从洞中伸出，用力挥，这样驾驶的人看不到，但其他人看得到。如有手机，则立刻报警。

9. 歹徒有枪而你没有被控制：一定要逃跑，统计表明只有4%的歹徒会袭击逃跑的目标，而且很少击中要害。

注意：

· 遭遇袭击，一定要大声呼救。

· 近身搏斗，攻其要害。

· 保命勿保财。

· 外出(尤其是外地或夜间)宜结伴而行。

· 永远搭电梯，不要走楼梯。

◎行路安全常识

· 随身携带本人信息卡，以便在自己发生意外时他人可以与家人取得联系。

· 外出前将自己的行程和大致返回的时间明确告诉家庭其他成员。

· 远离偏僻的街巷、黑暗的地下通道，不独自到偏远地带游玩。

· 外出游玩、购物等最好结伴而行。

· 衣着需朴素，钱财勿露白。

· 不搭乘陌生人的便车。

· 不接受陌生人的钱财、礼物、玩具、食品，与陌生人交谈要提高警惕。

· 包不离身，不委托陌生人代为看管自己的行李物品。

· 不接受陌生人的同行或做客邀请。

· 随时注意周围是否有可疑人员跟踪或注意你。

· 莫贪小便宜。街头兜售文物、金元宝、金银首饰等物品的人十有八九为骗子，切勿为花言巧语所动，切勿购买。

· 与街头小贩交易时要小心，并提防在街上主动为你服务的人。

· 按时回家，如有特殊情况不能按时返回，应设法告知家庭其他成员。

◎乘车如何注意安全

· 搭车前要事先了解乘车路线。

· 外出乘公交，事先备好零钱，以免在车上财物露白。

· 上下公交车时，人多拥挤，若遇故意推挤和借机靠近之人，一定要注意防范。

· 夜间搭车不要独自在荒凉处下车，以免给歹徒可乘之机。

· 乘公交车时，应将皮包和贵重物品放在身前或自己视线范围内，以防歹徒趁乱扒窃。

· 车上若遇陌生人搭讪，应避免谈论家中经济、财务状况及生活作息等。

· 扒手最容易下手的部位是乘客的外衣兜、后裤兜、背包、腰包、手提袋等，这些部位最好不要放钱或手机等贵重物品。

· 购长途车票和火车票别找票贩子。

· 乘车别闷头大睡或接受陌生人的烟酒、饮料等，免得下车时才发现自己"身无分文"。

· 乘客一旦发现钱物被窃，应一面注意身边乘客，一面通知售票员紧闭车门，并尽可能及时报警。

· 乘车遭遇性骚扰，一定要大声呼救求援。

◎野外游玩应注意什么

衣：要穿运动鞋或旅游鞋，不要穿皮鞋，穿皮鞋长途行走脚容易磨泡。早晨夜晚天气较凉，要及时添加衣物，防止感冒。

食：要准备充足的食品和饮用水。不要随便采摘和食用蘑菇、野菜及野果，以免发生食物中毒。

住：晚上注意充分休息，以保证有充足的精力游玩。

行：游玩宜结伴而行，防止发生意外。

药：准备一些常用的治疗感冒、外伤、中暑的药品。

179

◎野外迷失方向怎么办

野外判定方向和位置有许多的方法，指南针定向是其中的一种。

指南针定向是最简单的方法。把罗盘或指南针水平放置以使气泡居中，磁针静止后，标有"N"的一端所指便是北方。

注意：

·尽量保持水平。

·不要离磁性物质太近。

·勿将磁针的 S 端误认作北方，造成 180 度的方向误差。

·掌握活动地区的磁偏角进行校正。

◎用影钟法确定方向

在有太阳的天气，把一根木棍垂直竖在平地上，当太阳位置变化时，木棍的影子随太阳位置的变化而移动，这些影子在中午最短，其末端的连线是一条直线，该直线的垂直线为南北方向。

◎用表法确定方向

如果手边有老式手表（指有时针和分针的那种），我们可以利用它来确定方向。两种方法：

①将表水平放置，时针指向太阳，时针与 12 点刻度之间夹角的平分线指示南北方向。

②把你当时的时间除以 2，再把所得的商数对准太阳，表盘上 12 所指的方向就是北方。例如上午 10 点，除以 2 商数为 5，将表盘上的 5 对准太阳，12 所指的方向就是北方。

注意：

·判定方向时，手表应平置。

·在南、北纬 20° 30′ 之间地区的中午前后不宜使用，即以标准时的经线为准，每向东 15° 加 1 小时，向西 15° 减 1 小时。

·时间要按 24 小时计时法来算。

◎用植物、地物特征确定方向

若在阴天迷路，可以靠植物、地物特征来获知方位。

树木：树叶生长茂盛的方向即是南方。

树桩：年轮幅度较宽的一方即是南方。

岩石：岩石上布满苍苔的一面是北侧，干燥光秃的一面是南侧。

山坡：北侧低矮的蕨类和藤本植物比阳面更加茂盛。

房屋：一般门向南开，我国北方尤其如此。

庙宇：通常也是向南开门，尤其庙宇群中的主体建筑。

突出地物：北侧基部较潮湿并可能生长低矮的苔藓植物。

蚂蚁洞穴：蚂蚁的洞口大都是朝南的。

◎水上如何注意安全

在戏水时要注意以下几点：

·在开放且有救生人员 看守的水域戏水游泳。

·遵守安全标示。

· 不单独下水，需有人照顾或结伴而游。

· 对水域环境不熟悉时，不随意下水。

· 不要游离岸边太远，泳技差者不要到深水区，以免发生危险。

· 勿在饭后马上游泳。

· 勿在吃药、酒后游泳。

· 不要随意跳水。

· 不穿着牛仔裤或长裤下水。

· 不要倚赖充气式浮具，万一破裂，便无所依靠。

· 自己遇险或抽筋时，应镇静并及早举手呼救或漂浮等待救援。

· 如遇水流，勿逆游与急流搏斗，应顺流斜向游往岸边。

· 体力不佳时，不要逞强下水。

· 有疲乏、眩晕、恶心、四肢抽筋时应立即上岸。

· 见人溺水，需大声呼救。不熟悉救生技术者，不要妄自赴救。

◎陷入冰层如何逃生

· 不惊慌，保持镇定；大声呼救，争取他人相救。

· 用脚踩冰，使身体尽量上浮，保持头部露出水面。

· 一旦落水，就应争分夺秒地扑向冰层。周围冰层尽管屡扑屡塌陷，但只要坚持，冰层就会越来越厚，直到能承受身体的重量。

· 双臂向前伸张，增加全身接触冰面的面积，一点一点爬行，使身体逐渐远离冰窟。

· 离开冰窟口，千万不要立即站立，要卧在冰面上，用滚动式爬行的方式到岸边再上岸，以防冰面再次破裂。

注意：营救他人时须趴在冰面上以木棍、绳索等物救人，以防止冰面破裂和自己落水。

◎野外活动各种意外应急方法

在野外旅游时，可能会遇到各种意外事故，以下介绍几种应急措施。

被毒蛇咬伤：在野外如被毒蛇咬伤，患者会出现出血、局部红肿和疼痛等症状，严重时几小时内就会死亡。这时要迅速用布条、手帕、领带等将伤口上部扎紧，以防止蛇毒扩散，然后用消过毒的刀在伤口处划开一个长1厘米、深0.5厘米左右的刀口，用嘴将毒液吸出。如口腔黏膜没有损伤，其消化液可起到中和作用，所以不必担心中毒。

被昆虫叮咬或蜇伤时：用冰或凉水冷敷后，在伤口处涂抹氨水。如果被蜜蜂蜇了，用镊子等将刺拔出后再涂抹氨水或牛奶。

骨折或脱臼时：用夹板固定后再用冰冷敷。从大树或岩石上摔下来伤到脊椎时，将患者放在平坦而坚固的担架上固定，不让身子晃动，然后送往医院。

外伤出血：在野外备餐时如被刀等利器割伤，可用干净水冲洗，然后用手巾等包住。轻微出血可采用压迫止血法，一小时过后每隔10分钟左右要松开一下，以保障血液循环。

食物中毒：吃了腐败变质的食物，除会腹痛、腹泻外，还伴有发烧和衰弱等症状，应多喝些饮料或盐水，也可采取催吐的方法将食物吐出来。

◎预防雷电的方法

1. 建筑物上装设避雷装置。即利用避

雷装置将雷电流引入大地而消失。

2. 在雷雨时，人不要靠近高压变电室、高压电线和孤立的高楼、烟囱、电杆、大树、旗杆等，更不要站在空旷的高地上或在大树下躲雨。

3. 不能用有金属立柱的雨伞。在郊区或露天操作时，不要使用金属工具，如铁撬棒等。

4. 不要穿潮湿的衣服靠近或站在露天金属商品的货垛上。

5、雷雨天气时在高山顶上不要开手机，更不要打手机。

6. 雷雨天不要触摸和接近避雷装置的接地导线。

7. 雷雨天，在户内应离开照明线、电话线、电视线等线路，以防雷电侵入被其伤害。

◎轿车里哪个座位最安全

汽车的安全一直是人们最关心的话题，不少人都提出这样的问题：轿车里的哪个座位最安全呢？

美国交通管理部门曾经资助一个专家小组，要求他们对小汽车座位的安全问题进行调查研究。这个专家小组以乘坐 5 人的小汽车为对象，通过近 10 年的事故调查分析和无数次实车检测后得出结论：如果将汽车驾驶员座位的危险系数设定为 100，则副驾驶座位的系数是 101，而驾驶员后排座位的危险系数是 73.4，后排另一侧座位的危险系数为 74.2，后排中间座位的危险系数为 62.2。

也就是说，小汽车内安全性由大到小可排列为：1. 后排中间座位；2. 驾驶员后排座位；3. 后排另一侧座位；4. 驾驶座位；5. 副驾驶座位。

◎陆上交通事故预防

横过马路时走人行横道、过街天桥或地下通道；过人行横道时"红灯停，绿灯行"；通过时，应先看左后看右，在确保安全的情况下迅速通过；学龄前儿童、精神疾病患者、智力障碍者出行应有人带领。

注意：

不要跨越或倚坐道路隔离设施，不要扒车、强行拦车或实施妨碍道路交通安全的其它行为。不要在街上滑旱冰、踢足球等。不要在机动车道上兜售物品、卖报纸、散发广告传单等。夜间行走时要特别注意：走行人多及照明充足的街道，避免阴暗的巷道；走在人行道中间，朝与汽车相反方向走。

◎乘地铁（城铁）的防范措施

1. 乘客应该在进入地铁车厢后，对车厢内的报警装置特别留意。报警装置是为发生紧急情况而设置的，通常安装在一节车厢两端的侧墙上方。乘客在选择按响报警之前，最好对事态进行初步判断，如果不是特别紧急的情况，大部分事故应该等列车行驶到站台后再解决更为合理。比如在车厢内遇到紧急病情，可以先拨打 120 急救电话，这样列车停靠站台后更容易处理问题。

2. 人们在站台上等候乘车时，一定要站在黄色安全线以内，尤其是在上下班高峰期和节假日乘车时，当站台人群比较拥堵时注意观察四周情况，以免发生坠落或者被人挤下站台等意外。

3. 为地铁提供动力的接触轨携带 750 伏的高压电。位于靠近站台一侧，上面覆盖有木板的为接触轨。在地铁发生意外坠落的人中，因往站台上攀爬或者采取其它自救动作时碰到接触轨而触电身亡的事故已不鲜见。因此，万一发生意外，不论情况多么紧急，首先要镇定，留意脚下以免触电。

◎乘公共汽车的安全防范措施

1. 若车内乘客稀少，坐距离司机较近的位子。

2. 乘车途中不要睡觉。

3. 儿童在行驶的车内不要跑跳、打闹。

4. 发觉可疑人或可疑物，或遇到骚扰，应通知司机或售票员，并撤离到安全位置。

5. 遇到火灾事故，乘客应迅速撤离着火车辆，不要围观。

6. 遇到险情时，双手紧紧抓住前排座位或扶杆、把手，低下头，利用前排座椅靠背或手臂保护头部。镇定，不要大声喊叫，不要指挥司机，不要在高车速时跳车。

7. 出现伤亡情况时及时施救并拨打急救电话。

◎乘出租车的安全防范措施

1. 早间或夜间搭车，要记住车牌号、运营公司标志、运营证号码等信息；老人、女士、孩童不要独自搭乘出租车。

2. 在照明充足的地方等车。

3. 乘车途中不要睡觉。

4. 选择车辆搭乘。不搭乘装潢怪异、玻璃窗视线不明、车号不清的车辆。

5. 若与司机言谈，勿谈个人生活作息、家中财产状况等情况。

6. 遇到险情时，双手紧紧抓住前排座位或扶杆、把手，低下头，利用前排座椅靠背或手臂保护头部。

7. 拨打急救电话。

8. 上车后，注意车门及车窗开关是否正常，若发现有异状或司机有喝酒、衣着不整、言语不正常等情形时，应尽可能想办法下车。

9. 指定行车路线，并留心沿路景物，发现有异状，应随时准备反应。遇到状况时应尽量留下求救讯号、个人物品等，为解救提供重要线索。

公共场所安全常识

◎女士独自在办公室注意安全

·大楼楼梯间通常较为僻静,上楼尽量使用电梯。

·若常在某建筑物出入,应熟悉周边及楼内地形并了解安全设施的位置。

·进入办公室后锁好大门,并检视屋内是否有人。告知大楼警卫自己所处楼层、办公室号码及电话号码。

·若需外出,即使在短时间内返回,也应锁门。

◎碰到电梯意外时怎么办

·不要强行开门,以免带来新的险情。

·通过警铃、对讲系统、移动电话或电梯轿厢内的提示方式进行求援,如电梯轿厢内有病人或其它危急情况,应当告知救援人员。

·如果没有电话,应拍门呼喊或脱下鞋子用鞋子拍门。如无人回应,则需镇定情绪,观察动静,保存体力,等待营救。

·与电梯轿厢门或已开启的轿厢门保持一定距离,听从管理人员指挥。

·在救援人员到达现场前不得撬砸电梯轿厢门或攀爬安全窗,不得将身体的任何部位伸出电梯轿厢外。

·电梯坠落时,可做屈膝动作,以减轻电梯急停对身体所造成的不适或伤害。

◎如何拨打急救电话

1. 急救站位置要摸清

"病来如山倒"——在家人突然病发或受伤时,很多人拨打急救电话也变得盲目。专家建议,平时多通过网络和咨询电话等各种途径查询离自家最近的急救站点以及自己和家中老人经常活动区域内的急救站点,对紧急情况发生时快速准确地获得急救很有帮助。

2. 遭遇没车学会变通

120 比 999 略微繁忙,有约 5% 的需求不能满足,意味着市民有时在求助 120 但暂时车辆紧张时,要学会变通,不要一直等待,而是尝试迅速拨打 999。如果 999 出现繁忙情况,也是如此。

3. 转院要就近就病情

120 的原则是"就近、就急、就能力",将病人转送到有救治相应病种能力的医院,如有病人及家属要求送到医保定点医院、合同医院就诊时,在患者病情允许的情况下,可不受地域限制转送。999 的原则是"从近、从速、从优",此外还要"就病情",如果临近的医院不具备诊治患者的能力,会与家属协商转为其它医院。

◎如何应对陆上交通事故

与机动车发生事故后,应立即报警,并

记下肇事车辆的车牌号，等候交通警察前来处理；遇到撞人后驾车或骑车逃逸的情况，应及时追上肇事者或求助周围群众拦住肇事者。

与非机动车发生交通事故后，在不能自行协商解决的情况下，应立即报警。

◎如何应对非机动车交通事故

与机动车发生事故后，非机动车驾驶人应记下肇事车的车牌号，保护现场，及时报警；如伤势较重，要记下肇事车的车牌号并报警，求助他人标明现场位置后，及时到医院治疗。

非机动车之间发生事故后，在无法自行协商解决的情况下，应迅速报警，保护事故现场；如当事人受伤较重，求助其他人员，立即拨打122报警,并拨打120或999求助。

注意：

与行人发生事故后，应及时了解伤者的伤势，保护事故现场并报警；如伤者伤势较重，在征得伤者同意的情况下，迅速求助他人将伤者及时送往医院救治。

◎单元式住宅火灾的逃生方法

单元式居民住宅是人们稳定生活，安逸休息，维持生存的重要场所。火灾发生后，具体的逃生方法有：

1.利用门窗逃生。把被子、毛毯或褥子用水淋湿裹住身体，用绳索（可用床单、窗帘撕成布条代替）一端系于门、窗、管道或其它牢靠的固定物体上，另一端系于老人、小孩的两肋和腹部，将其沿窗放至地面，其他人可沿绳滑下。

2.利用阳台逃生。相邻单元的阳台相互连通的，可折破分隔物，进入另一单元逃生。无连通阳台但阳台相距较近时，可将室内床板或门板置于阳台之间，搭桥通过。

3.利用空间逃生。室内空间较大而可燃物较少时将室内可燃物清除干净，同时清除相连室内可燃物，紧闭与燃烧区相通的门窗，防止烟和有毒气体进入，等待救援。

4.利用时间差逃生。火势封闭了通道时，人员先疏散至离火势最远的房间内，争取时间准备逃生器具，利用门窗，安全逃生。

◎高层建筑火灾的逃生方法

高楼发生突发事件，如何逃生自救呢？一般做法是用湿毛巾、口罩蒙鼻。在烟雾浓烈时，应该尽量贴近地面爬行撤离。要离房间开门时，先用手背接触房间门，看是否发热。如果门已经热了，则不能打开，否则烟和火会冲进房间；如果门不热，火势可能不大，离开房间以后，一定要随手关门。一般建筑物都会有两条以上的逃生楼梯，高层着火时，要尽量往下面跑。即使楼梯被火焰封住，也要用湿棉被等物作掩护迅速冲出去。千万不要乘普通的电梯逃生。高层建筑的供电系统在火灾时随时会断电，乘普通的电梯就会被关在里面，直接威胁到人的生命。暂时无法逃避时，不要藏到顶楼或者壁橱等地方，应该尽量待在阳台、窗口等易被人发现的地方。身上一旦着火，而手边又没有水或灭火器时，千万不要跑或用手拍打，必须立即设法脱掉衣服，或者就地打滚，压灭火苗。靠墙躲避，因为消防人员进入室内时，都是沿墙壁摸索进行的，所以当被烟气窒息失去自救能力时，应努力滚向墙边或者门口。

◎地下建筑火灾的逃生方法

随着社会的发展，地下建筑也作为一种重要的建筑形式发展起来，大量的地下商场，超市不断涌现。这类场所一旦发生火灾，给火场逃生自救带来了严峻的挑战。

1. 进入地下建筑时，应对内部设施和结构布局进行观察，掌握通道和出口，以防万一。

2. 逃生时，尽量低姿势前进，不要做深呼吸，并尽可能用湿毛巾或衣服捂住口鼻，以防烟雾吸入呼吸道。

3. 逃离地下建筑后，不得重返地下。

4. 万一疏散通道被阻断，应利用现有器材积极扑救，并尽量想办法延长生存时间，等待前来解救。

◎影剧院火灾的逃生方法

影剧院里都设有消防疏散通道，并装有门灯、壁灯、脚灯等应急照明设备。用红底白字标有"太平门"、"出口处"或"非常出口"、"紧急出口"等指示标志。一旦发生火灾应根据不同起火部位，选择相应的逃生方法。

1. 当舞台失火时，要远离舞台向放映厅一端靠近，把握时机逃生。

2. 当观众厅失火时，可利用舞台、放映厅和观众厅的各个出口逃生。

3. 不论何处起火，楼上的观众都要尽快从疏散门由楼梯向外疏散。

4. 当放映厅失火时，可利用舞台和观众厅的各个出口逃生。

此外，影剧院起火还要注意以下几点：

（1）疏散人员要听从影剧院工作人员的指挥，切忌互相拥挤，乱跑乱窜，堵塞疏散通道，影响疏散速度。

（2）疏散时，人员要尽量靠近承重墙或承重构件部位行走，以防坠物砸伤。特别是在观众厅发生火灾时，人员不要在剧场中央停留。

（3）有些影院安装了应急排风按钮，出现紧急情况时可按压按钮打开通风设备，排出室内有毒气体。

（4）应急出口大门用力即可撞开。

◎棚户区火灾的逃生方法

棚户区是指用草、木、竹、油毡等可燃材料搭建的简易房屋群。起火后，火势蔓延快，烟雾扩散快，被困人员安全脱逃十分困难，一般可以采用以下几种逃离方法：

1. 抓住时机逃离房间。棚户区房间面积小，发生火灾后果断抓住时机逃离房间，退到较为安全地区，切不可因抢救财物而延误了时机。

2. 逃离路线要选对。当火势蹿出屋顶，房屋出现倒塌迹象时，最好沿承重墙逃出房间。住在阁楼上的人在逃生时，应采取前脚虚后脚实的方法行走，避免因阁楼烧坏，脚踏空而坠楼摔伤。

3. 身上着火会处理。当身上着火时，切不可带火奔跑，应设法把衣服脱掉，如果一时脱不掉，可把衣服撕破扔掉，也可卧倒在地上打滚，把身上的火苗压熄或想法淋湿衣服或就近跳入水池。

4. 逃离火场要选上风向。对于大面积燃烧的火场，虽然逃出了房间，但仍处在火势的包围之中，这时不要惊慌，退到较为安全的空地，选择上风方向奔跑逃生，尽量减少呼吸，并注意避免房屋倒塌砸伤自己。

5. 保命要舍财。棚户区发生火灾，蔓延非常迅猛，逃生机会稍纵即逝，因此火场逃生时必须冷静、果断，以保全生命为原则，在此前提下方可抢救财物。

◎客船火灾中的逃生方法

客船发生火灾时，盲目地跟着已失去控制的人乱跑乱撞是不行的，一味等待他人救援也会延误逃生时间，有效的办法是赶快自救或互救逃生。当你在客船上被大火围困时，可采取以下几种逃生的方法：

1. 利用客船内部设施逃生。

2. 利用内梯道、外梯道和舷梯逃生。

3. 利用逃生孔逃生。

4. 利用救生艇和其它救生器材逃生。

5. 利用缆绳逃生。

但不同部位、不同情况下人员又有不同的逃生方法：

1. 当客船在航行时机舱起火，机舱人员可利用尾舱通向上甲板的出入孔逃生。船上工作人员应引导船上乘客向客船的前部、尾部和露天板疏散，必要时可利用救生绳、救生梯向水中或来救援的船只上逃生，也可穿上救生衣跳进水中逃生。如果火势蔓延，封住走道，来不及逃生者可关闭房门，不计烟气、

火焰侵入。情况紧急时，也可跳入水中。

2. 当客船前部某一楼层着火，还未延烧到机舱时，应采取紧急靠岸或自行搁浅措施，让船体处于相对稳定状态。被火围困人员应迅速往主甲板、露天甲板疏散，然后，借助救生器材向水中和来救援的船只上及岸上逃生。

3. 当客船上某一客舱着火时，舱内人员在逃出后应随手将舱门关上，以防火势蔓延，并提醒相邻客舱内的旅客赶快疏散。若火势已蹿出封住内走道时，相邻房间的旅客应关闭靠内走廊房门，从通向左右船舷的舱门逃生。

◎列车火灾中的逃生方法

旅客列车的火灾特点：一是易造成人员伤亡；二是易形成一条火龙；三是易造成前后左右迅速蔓延；四是易产生有毒气体。当列车发生火灾时，乘务员应迅速扳下紧急制动闸，使列车停下来，并组织人力迅速将车门和车窗全部打开，帮助未逃离火车厢的被困人员向外疏散。被困人员可以通过各车厢互连通道逃离火场。（相邻车厢间有自动或手动门）通道被阻时，可用坚硬的物品将玻璃窗户砸破，逃离火场。

旅客列车在行驶途中或停车时发生火灾，威胁相邻车厢时，应采取摘钩的方法疏散未起火车厢。采用摘挂钩的方法疏散车厢时，应选择在平坦的路段进行。对有可能发生溜车的路段，可用硬物塞垫车轮，防止溜车。如果起火车厢内的火势不大时，乘客不要开启车厢门窗，以免大量的新鲜空气进入后，加速火势的扩大蔓延。

◎地铁中遇到危急情况怎么办

1. 候车时要站在安全线后面。

2. 列车运行中发现可疑物时，应迅速利用车厢内报警器报警，并远离可疑物，切勿自行处置。

3. 停电：列车因停电滞于隧道时，耐心等待救援人员到来，不要扒车门、砸玻璃，甚至跳离车厢；站内停电，可按照导向标志确认撤离方向。

4. 火灾：使用车厢报警器通知司机，取出车厢的灭火器扑灭初起火灾；列车司机应就近停车，尽快打开车门疏散人员；如果车门开启不了，乘客可利用身边的物品破门、破窗而出。

5. 爆炸：迅速使用车厢内报警器报警，并尽可能远离爆炸事故现场。

6. 毒气：迅速报警，远离毒源，站在上风处，用随身携带的手帕、餐巾纸、衣服等用品捂住口鼻，遮住裸露皮肤。

7. 发生以上情况或其它紧急情况均应及时拨打报警电话。

注意：

疏散撤离时，服从车站工作人员的指挥，沿指定路线有序撤离，不要拥挤冲撞。

◎地铁停电的应急避险

1. 即使停电，被困在地铁内的乘客也不用担心车门打不开，更不要出现打砸车门、车窗的举动，而应等待工作人员将指定的车门打开，并从指定的车门向外撤离。

2. 乘客不必担心在隧道里行走看不清

路，停电一旦发生，除了引路的工作人员，每隔一段路还会有工作人员手执照明灯为乘客引路，乘客同时还可以利用自己的手机等随身物品取光照明。

3. 乘客不必担心人多时被关在密闭的地铁车厢里会出现呼吸困难，因为列车迫停隧道内时，地铁调度人员会及时开启隧道通风系统。

4. 不要直接跳到隧道里，因为列车距离地面有一米多高且地面情况复杂，直接跳下容易崴脚并造成局面的混乱。

5. 站台的容量足够乘客安全有序地撤离，千万不要盲目乱跑。

6. 如无其它意外发生，停电时一般不要拉动报警装置。

7. 在隧道内行走时要小心脚下，以免摔伤或者被障碍物碰伤。

8. 乘客疏散过程中受伤时，请及时与抢险队员取得联系，等候救治。

◎地铁停电脱险要诀

1. 乘客在地铁里遭遇照明系统停电时，首先应保持冷静，切勿惊慌，因为在停电发生后地铁的应急照明系统会立即启动，在等待工作人员进行广播解释和疏散前，应原地等候，不要随便走动。

2. 如果乘客在站台候车时遭遇停电，应听从地铁工作人员的指挥，按照站台内的疏散指示标志，安全有序地撤离至地面。

3. 如果列车在隧道中运行时遭遇列车动力电源停电，此时乘客千万不可扒门、拉门，自作主张离开列车车厢进入隧道，应耐心等待救援人员到来。需要疏散乘客时，救援人员将打开无接触轨一侧的车门，并悬挂临时梯子，乘客应该按照救援人员的指挥顺次下到隧道中并向指定的车站或方向疏散。

◎ 地铁火灾的逃生方法

1. 熟悉站台环境。

2. 火起迅速报警。车厢内发生火灾时，乘客可直接拨打 119、110、120 电话报警。也可以按报警按钮，通知列车司机，并告诉调度，准备人员疏散。

3. 扑灭初期小火。火灾初期，如果发现火势并不大，且尚未对人造成很大的威胁时，可用车厢内的消防器材，奋力将小火控制、扑灭。千万不要惊慌失措地乱叫乱窜，置小火于不顾而酿成大灾。

4. 司机应尽快打开车门疏散人员，若车门开启不了，乘客可利用身边的物品破门。

5. 疏散时切忌慌乱，应远离电轨，防止触电。

◎ 隧道火灾的逃生方法

21 世纪是隧道和地下空间大发展的年代，地下隧道的开通为人们的出行缩短了里程，争得了宝贵的时间。但是，人们必须清醒地看到，目前国内外隧道消防立法尚不健全，隧道的防火条件不甚理想，隧道火灾时有发生，给人们的生命和财产造成了很大的威胁，因此，当你乘坐或驾车在公路隧道里通过时发现前方有异常火光和烟雾，并能准确判断是发生了火灾，就应当马上刹车，注意不让车滑行，关好门窗，不要上锁，钥匙放在车里，尽快逃向没有火的方向。

1. 寻找避难所。隧道里设计有避难所或安全通道，一旦隧道里发生了火灾，你可以找最近的避难所避难或从最近的安全通道逃离火场。

2. 严禁在车里避难。隧道火灾中火势发展蔓延得很快，一旦发生火灾不要有侥幸心理，要立即下车逃离，避免不必要的损失。

◎ 面对滚滚浓烟如何机智逃生

烟雾是火灾第一杀手，如何防烟是逃生自救的关键。

当烟雾袭来时，人们保持冷静、清醒的头脑和理智、有效的行动，才能安全逃生。要审视所处的环境，尽可能地收集、寻找所处位置的信息，寻找到并制订出逃生线路，然后尝试掌握或耳闻目睹的逃生技巧脱离险境，切不可顾及个人财物等而延误逃生良机。

穿越烟雾区时，以毛巾、口罩、床单、衣服作为临时的"空气呼吸器"，如条件允许，还可向头部、身上浇些凉水，用湿衣服、湿床单、湿毛毯等将身体裹好，穿越浓烟区。应特别注意的是，在穿越烟雾区时，即使感到呼吸困难，也不能将毛巾从口鼻上拿开，一旦拿开就有可能会立即中毒。

逃离烟雾区时，还要尽量地低头弯腰、匍匐前进、爬行。

在逃离烟雾区时，还要注意朝明亮处或外面空旷地方跑，并要尽量往楼层下面跑。如果楼梯被烧断或被烈火封闭，那么就应当背向烟火方向离开，待离开后，另寻他法往外逃生。

◎ 高速公路事故的应急处理

发生事故后应立即停车，保护现场（标记现场位置，标记伤员倒卧的位置，保全现场痕迹物证，协助公安机关寻找证明人等），拨打报警电话，清楚表述案发时间、方位、后果等，并协助交通警察调查。

有死伤人员的交通事故，应先救人，并立即拨打 120 或 999。

开启危险报警闪光灯，并在来车方向 150 米以外设置警示标志。

车上人员应迅速转移到右侧路肩上或者应急车道内；能够移动的机动车应移至不妨碍交通的应急车道或服务区停放。

提醒：

车辆侧翻在路沟、山崖边时，遵守秩序，让靠近悬崖外侧的人先下车，从外到里依次离开。

车辆翻向深沟时，所有车上人员要迅速趴在座椅上，抓住车内的固定物，让身体夹在座椅中稳住身体，随车旋转。

◎航空事故自救原则

1. 登机后，熟悉机上安全出口，听、阅有关航空安全知识，有不清楚的地方要及时请教乘务人员。

2. 飞机起飞、着陆时必须系好安全带，飞行途中应按要求系好安全带。

3. 遇空中减压，应立即戴上氧气面罩。

4. 飞机紧急着陆和迫降时，应保持正确的姿势：弯腰，双手在膝盖下握住，头放在膝盖上，两脚前伸紧贴地板。

5. 飞机失事前的预兆：机身颠簸；飞机急剧下降；机舱内出现烟雾；机身外出现黑烟；发动机关闭，一直伴随的飞机轰鸣声消失；在高空飞行时发出一声巨响；舱内尘土飞扬等等。

6. 舱内出现烟雾时，一定要把头弯到尽可能低的位置，屏住呼吸，用饮料浇湿毛巾或手帕捂住口、鼻后再呼吸，弯腰或爬行到出口处。

7. 若飞机在海洋上空失事，要立即穿上救生衣。

8. 在飞机撞地轰响瞬间，要飞速解开安全带，朝着外面有亮光的裂口全力逃跑。

9. 飞机因故紧急着陆和迫降时，在机上人员与设备基本完好的情况下，要听从工作人员指挥，迅速而有秩序地由紧急出口滑落地面。

◎车、船发生事故怎么办

1. 首先，要保持头脑清醒，要镇定。应迅速辨明情况，寻找应付的办法。

2. 车、船撞击事故，如果你能在撞击前的短暂时间内发现险情，就应迅速握紧椅背，同时两腿微弯用力向前蹬地。这样，可减缓身体向前的冲击速度，从而降低受伤害的程度。

3. 如果意外事件发生得特别突然，那么就应迅速抱住头部，并缩身成球形，以减轻头部、胸部受到的冲击。

4. 如果你乘的车不幸翻倒，切记不要死抓住某个部位，只有抱头缩身，才是上策。

5. 在乘坐飞机、汽车等高速交通工具时，座位上都配备有安全带，可不要小看小瞧细细的带子，它能保护你的生命。根据世界各国交通事故调查结果，澳大利亚安全带使用率为 87%，残废人数死亡比率为 15%~20%；英国安全带使用率 92%，死亡减少 24%。

公共卫生事件类常识

◎流行性感冒

流行性感冒简称流感，由流感病毒引起，主要通过空气飞沫传播，是具有高度传染性的急性呼吸道传染病。流感发病快，传染性强，发病率高。

流感的症状重，发烧多在38℃以上，且浑身酸痛、头痛明显，而呼吸道症状如咳嗽、流鼻涕则较轻。对于老年人、儿童、孕妇和体弱多病的人群，流感容易引发严重的并发症，甚至致人死亡。

应急要点：

（1）有流感症状时，要注意休息，多喝水，开窗通风。（2）流感病人应与家人分餐。（3）流感病人的擤鼻涕纸和吐痰纸要包好，扔进加盖的垃圾桶，或直接扔进抽水马桶用水冲走。（4）流感病人应与家人（特别是老人和孩子）分室居住。（5）发生流感时应尽量避免外出活动，不要去商场、影剧院等公共场所，必须出门时应戴口罩。（6）重症病人应到医院隔离治疗。

◎病毒性肝炎

病毒性肝炎是由肝炎病毒引起的一种传染性疾病，分为甲、乙、丙、丁、戊5种类型。甲、戊型肝炎一般通过饮食传播，毛蚶、泥蚶、牡蛎、螃蟹等均可成为甲肝病毒携带物。乙、丙、丁型肝炎主要经血液、母婴和性传播。部分慢性乙型肝炎患者还可能发展为肝癌或肝硬化。

病毒性肝炎的主要症状是身体疲乏、食欲减退、恶心、腹胀、肝脾肿大及肝功能异常，部分病人可能出现黄疸。乙肝、丙肝病毒携带者可能会无任何肝炎症状。

应急要点：

（1）养成用流动的水勤洗手的好习惯。（2）生、熟食物要分开放置和储存，避免熟食受到污染。（3）食用毛蚶、牡蛎、螃蟹等水产品，须加工至熟透再吃。（4）生吃瓜果蔬菜要洗净，不喝生水。

◎流行性出血性结膜炎

流行性出血性结膜炎俗称红眼病，是由病毒引起的急性传染性眼炎。它的主要症状是眼部充血肿胀，有异物感，眼部分泌物增多。

应急要点：

（1）患上红眼病应及时就诊，并告知他人注意预防。（2）不与红眼病人共享毛巾及脸盆。（3）红眼病人应尽量不去人群聚集的商场、游泳池、公共浴池、工作单位等公共场所。（4）可以使用抗病毒的滴眼液滴眼治疗。（5）红眼病人使用的毛巾，要用蒸煮15分钟的方法进行消毒。（6）红眼病人接触过的公共物品，要用含氯消毒剂进行消毒。（7）人群聚集的场所发现红眼病患者时，应报告卫生防疫部门。

◎狂犬病

狂犬病是一种急性传染病，一旦发病无法救治，病死率达100%。人被带有狂犬病毒的狗、猫咬伤、抓伤后，会引起狂犬病。

狂犬病的典型症状是发烧、头痛、恐水、怕风、四肢抽搐、喉肌痉挛、牙关紧闭等。

应急要点：

（1）被宠物抓伤、咬伤后，应立刻到狂犬病免疫预防门诊接种狂犬病疫苗。第一次注射狂犬病疫苗的最佳时间是被咬伤后的24小时内；之后，第3天、第7天、第14天和第28天再各注射一次。（2）被宠物咬伤、抓伤后，首先要挤出污血，用3%～5%的肥皂水反复冲洗伤口；然后用清水冲洗干净，冲洗伤口至少要20分钟；最后涂擦浓度75%的酒精或者2%～5%的碘酒。只要未伤及大血管，切记不要包扎伤口。（3）如果一处或多处皮肤形成穿透性咬伤，伤口被犬的唾液污染，必须立刻注射疫苗和抗狂犬病血清。（4）将攻击人的宠物暂时单独隔离，立即带到附近的动物医院诊断，并向动物防疫部门报告。

◎流行性出血热

流行性出血热是一种由汉坦病毒引起

的自然疫源性疾病。流行性出血热的早期症状是发热，"三痛"（头痛、腰痛、眼眶痛），"三红"（颜面、颈、上胸部潮红），皮肤黏膜出血及肾脏损害等。该病病毒可以侵犯人的多个器官和系统，目前没有特效的治疗方法。出现上述症状应及时到医院就诊，确诊后立即进行隔离治疗。对病人用过、接触过的物品进行消毒。

◎艾滋病

艾滋病是一种危害大、病死率高的严重传染病，是完全可以预防的，目前还没有有效的疫苗和治愈药物，但现有的治疗方法，可以延长生命，改善生活质量。

艾滋病的传染途径有三种：性传播、血液传播、母婴传播。日常生活和工作接触不会感染艾滋病。如握手、拥抱、礼节性接吻、共同进餐、共享办公用具、钱币、马桶圈、游泳池、咳嗽、打喷嚏、蚊虫叮咬等不会传染艾滋病。洁身自爱、遵守性道德是预防经性接触感染艾滋病的根本措施。

（1）正确使用质量合格的安全套，及早治疗、治愈性病可大大减少感染和传播艾滋病、性病的危险。（2）共享注射器静脉吸毒是感染和传播艾滋病的高危行为，要拒绝毒品，珍爱生命。（3）避免不必要的输血和注射，必要时使用一次性注射器等安全措施和合格的血液及血液制品。

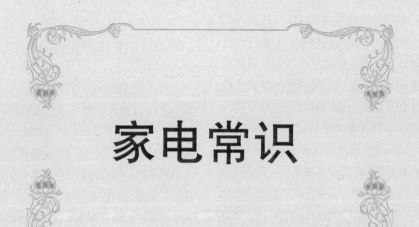

家电常识

家用电器的选购

◎数字电视机选购的注意事项

1. 要考虑到兼容性

在您选择数字电视时，一定要了解清楚可以兼容哪几种数字信号，并在购买的商场现场看一下这几种数字信号（厂家一般都有配合其数字电视可播放信号的数字信号演示源）的效果。将来，如果家里的数字电视不能兼容 720P/60Hz，那在播放 DVD 盘片、接驳数码设备时就可能会有问题。

2. 要有超精细节距显像管

在购买时注意一下电视的显像管。显像管的节距如何，直接关系到图像的清晰程度。最好选择不高于 0.58mm 的超精细节距显像管。

3. 要注意行频和带宽

在购买数字电视时注意购买"宽行频"和"高带宽"的产品。要选择行频大于 33KHz、带宽大于 30MHz 的数字电视。

4. 要具 3D 处理技术

数字电视将数字信号接收到电视机内部，还需要对其进行精密化处理，比如现在比较好的图像处理技术是 3D 技术，可使图像细节细腻生动、真实自然，还可以数字降噪、数字梳状滤波等。

5. 要有良好的模拟信号

模拟信号播放质量的好坏，也关系到收看效果。如果只是数字信号播放效果好而模拟效果差，那么这种数字电视也是不可取的。目前，数字电视播放模拟信号比较好的显示模式是 75Hz 逐行或 60Hz 逐行、100Hz 倍频和 1250 线精密扫描等。

◎饮水机的选购方法

1. 不要买价格很便宜的，因为这类饮水机多出自并无产品优势可言的地方性小厂，其中很多的技术不过关，盲目追求低价，因此往往使用劣质材料，产品的质量卫生安全状况堪忧。购买时要注意其产品是否通过认证，尽量购买知名品牌，因为知名品牌往往是在激烈的市场竞争中脱颖而出的，具有质量和服务上的优势。

2. 使用饮水机时，要特别注意饮水的"二次污染"问题。因为桶装水在使用时，每放出一升水，就必定有一升体积的夹杂细菌和尘埃的空气进入桶内，造成饮水的二次污染。某些品牌饮水机增配了内置滤芯，可以在饮水前对饮水进行过滤，使水质保持长久纯净。

3. 要特别注意饮水机的定期清洗和消毒，室温条件下，饮水机里的水第一天的菌落指数为 0，但 10 天后再检测，其指数竟然升至 8000。一般情况下，饮水机内胆存有近 1000 毫升的水，若长时间不清洗和消毒，会导致机内的储水胆滋生大量细菌和病毒。

◎电冰箱的选购与使用

电冰箱质量优劣鉴别的四个窍门：1.鉴定时先看外形，注意造型色彩，漆膜有否剥落和光洁不均的现象。2.接上电源，调节温度至第二档。让自动控制器作自停、自开多次，检查温控装置是否可靠有效。3.然后检查压缩机的运转是否正常和噪音大小。4.这时再将调节旋钮旋至"不停"位置，半小时后蒸发器内即可出现霜水，以此来检查蒸发器四壁是否均匀，散热是否一样，最后检查门是否关得严和灵活。

怎样减少和去除冰箱里的结霜：（1）将冷冻室化霜揩干后，把食用油薄而均匀地涂在冷冻室内壁及外壁，就可使冷冻室4个月都不结霜。（2）电冰箱使用一段时间后，冷冻室内会积霜，而且极难清除，其实只要在使用冰箱前，准备几个方便面塑料袋并将其裁开，放在清水中浸泡10分钟左右，然后将它贴满冰箱内壁，如有结霜，只需将塑料袋片撕下来，霜就会随之除下了。（3）如果想快速除去电冰箱内的霜冻，只需将电冰箱冷冻室的小门打开，用电吹风向里面吹热风，就可缩短化霜时间便于除霜了。

◎彩电质量优劣鉴别的九个窍门

1.把色度旋钮旋到最小，调节亮度、对比度，质量好的彩电的图像是清晰柔和、层次分明的。

2.把色度旋钮调大，由黑白变为彩色图像过渡期间，质量好的彩电不应出现色彩混乱流动现象，否则就是冒牌彩电。

3.在调出最清晰图像后，继续转动频率微调钮，图像会变得粗糙失真，在合上频率自微调开关后，好的彩电的图像应立即恢复清晰。

4.观察彩电的色彩。质量好的彩电的色彩是自然协调的。

5.质量好的彩电在外在环境的干扰之下，画面上不会出现波状、网纹、条带现象。

6.质量好的彩电在音量适当调大后，声音是清脆悦耳而不失真的。

7.调节量度，质量好的彩电的对比度旋钮是有明显作用。

8.依次掀动预选器，质量好的彩电的画面只是轻微闪动。

9.切断电源开关后，质量好的彩电的屏幕是不留光带或光点的。

合理使用电器

◎家电使用的七项注意事项

1. 不要用湿手、汗手拿电器设备的电源插头去插电源插座、接通电源开关或合电源闸刀。

2. 洗衣或使用电风扇时，如发现机壳、缸内水麻手应立即停止使用，请专业人员维修。

3. 安装电源开关时，开关一定要接在火线上，不要在切断开关后还用电，还是有触电可能的。

4. 家庭应配有试电笔。使用两项插头的电器设备，要经常检查电器的金属外壳是否带电。

5. 三项插头的电器设备，千万不要改成两项插头。如未标明，则中间为接地插孔。

6. 彩电一般都使用绝缘外壳，配用两项电源插头，一般无需做接地处理。

7. 如果家中的用电设备较多，应安装漏电保护器，以 10A ~ 20A 为好。一旦人员触电或用电设备漏电时,应立即自动跳闸,以确保人员和财产的安全。

◎如何使用食品搅拌机

1. 不要将高于 80℃ 的水倒入罐体内,以免塑料杯体受热变形。

2. 搅拌机使用后，应对罐体和刀片进行清洗。清洗时，左手按住罐底，右手拿住罐体后按逆时针方向旋转，即可将罐体和罐底分开。

3. 切勿用汽油、苯等溶剂清洗食品搅拌机外壳，以免损坏塑料机体。

4. 搅拌机使用一段时间后，若发现开关按键的顶柱活动不灵活，可向两根金属棒顶柱注入几滴食用油进行润滑。

5. 要经常检查刀具的铆合点是否松动。若松动，应及时铆紧;若损坏严重不能修复，应及时更换刀具。

◎如何使用微波炉

用微波炉加热食品的三个技巧:（1）有些食品，如烧麦、包子、面包、蛋糕等点心，加热后会发干，所以在加热时应包上保鲜膜或盖上盖子，不但可防止水分蒸发，还能节省加热时间。用微波炉专用保鲜膜包食品时不可将食品全部包紧，需留有透气口，盖子上若无透气孔，就不要盖严，需留有透气的缝隙。（2）袋装牛奶在加热时，宜把牛奶倒入广口式瓷杯中，如需加热整瓶牛奶时，必须拿掉盖子，用铝箔将奶瓶上部 1/3 包住，以免上面的牛奶先开而下部未热。（3）在热拼盘时，为避免加热不均匀，应将肉类蔬菜较厚的部分盛在盘子靠边缘的部分，而易于加热的部分置于盘的中心部位用保鲜膜包好后即可开始加热。当盛盘中心部位已热，就应关机停止加热。

微波炉的清理的四个程序:（1）在每次

使用后，应立刻用清洁柔软的布揩拭干净。（2）遇有油渍，可将洗洁精倒在布上擦抹干净，再换一块清洁的布抹干。（3）若油渍顽固不易去除，可取一深碗，注入 3/4 的清水，加少许洗洁精，用高火加热 2～3 分钟，使水和洗洁精的蒸气散布炉内。截断电源后，用布抹干。（4）为避免内壁和玻璃门被擦花，导致微波外泄，切勿用砂粉和铁丝刷擦炉的内外。

◎如何正确使用和维护遥控器

1. 使用遥控器时，遥控器与遥控接收器之间的距离不要超过 10 米；使用时应将遥控器对准电器的接收方向，左右偏差角度不能超过 25 度。

2. 遥控器与接收器之间不能有人、物体等障碍物，以免阻碍物阻挡红外线正常传播，使遥控器失灵。

3. 使用遥控时应避免阳光、灯光照射，以免会影响遥控器的使用效果。

4. 不用电器时应及时关掉电器电源或拔出电源插头，不能用遥控器关闭电器后了事。因为遥控器只能使被控电器处于暂时关闭状态，但电器内部有些电路仍在工作，所以这样是不能完全关闭电器。

5. 长期不用遥控器时，应将盒里面的电池取出，以免电池内电解液漏出腐蚀盒内组件。遥控器表面如有灰尘、油污等，可用软布蘸肥皂水擦拭。遥控器的发射窗口和电器上的接收窗口应保持清洁，以免影响正常使用。

◎如何合理使用电磁炉

1. 在使用电磁炉时，为避免电子波受到干扰，最好不要在直径 3 米的范围以内开收音机和电视机。

2. 不要在使用电磁炉时，靠近其它热源和潮湿的地方，以免使其绝缘性能和正常工作受到影响。

3. 要防止尖硬物体碰撞电磁炉的加热板。万一加热板面受损，为防水渗入灶内，引起短路或触电，要立即停用送修。

4. 为避免影响排气和散热，电磁炉在工作时要与墙壁等物体之间保持超过 10 厘米的距离。

5. 一般用肥皂水或洗洁精洗涤电磁炉即可，但切忌用酸碱等带有腐蚀性的液体洗涤，以免使其外观变色、变质和使内部的电路装置受损，从而缩短使用寿命。

◎微波炉的妙用

微波炉的功能并不只限于烹调食物，还可以利用其快速加热的原理进行消毒杀菌或者在短时间内将水煮沸，也能达到杀菌作用。

1. 消毒奶瓶

有婴儿的家庭，消毒奶瓶是每天的一大工作。而微波炉就可以胜任这份工作。在奶瓶中加入 7 分满的水，用保鲜膜包起，奶嘴则放在装有水的容器中，用小盆子等压住以防浮起，用微波炉加热一分钟左右即可。

2. 消毒毛巾

只要将一条洗净的小毛巾拧干，用保鲜膜包起，加热一分钟即可。

3. 消毒抹布

将抹布洗净后，装入塑料袋中加热，就

197

可以达到清洁、杀菌的效果。趁热晾干，就是一条随时可以使用的清洁抹布了。

4. 消毒餐具

微波炉还可以用来消毒日常所使用的餐具。水洗完后不必擦干，直接放入微波炉中加热一下。有些餐具在使用前需要温热一下，也可以利用微波炉进行。

◎空调正确使用四点禁忌

一、忌紧闭门窗。不能长时间依赖空调升降温，要间断开窗通风，保持室内空气流通，避免缺乏新鲜空气。

二、忌不安装换气设备。在安装空调的同时安装一台负氧离子发生器和一台换气机，能为空调房间输送大量经过过滤的新鲜空气。由于现在的空调产品的不断发展，很多空调产品都已具备了换气这一使用功能，所以消费者在选购时可以首先考虑。

三、忌室内外温差过大。夏季不要把室内温度调得过低，室内外温差以5℃～8℃为宜，减少空调病的发生。

四、忌设备不清洁。对空调及除湿装置要定期检查并进行清洗，尤其要按时清洁过滤网，使其真正能起到滤粉尘、病菌和有害气体的作用，并且提高空调的制冷与制热效果。

◎洗衣机如何防漏电

1. 必须接上可靠的地线，其目的是一旦当洗衣机外壳带电后，由于接上了地线，电流会经地线流向"大地"，即"接地保护"。

2. 如提取衣物时有麻电感觉，应立即切断电源，查明原因。

3. 洗衣机用完，应拔掉电源插头，切断电源。

4. 防止水溢出桶外淋湿电机，保持地面干燥，机体上有水滴应及时擦去。

5. 洗衣机底部保持通风干燥，一旦受潮，应通风晾干。

6. 洗衣桶切忌当作贮水桶使用。

◎电饭锅如何节电

要根据家庭需要选择功率适当的电饭锅。电热盘表面与锅底如有污渍，应擦拭干净，或用细砂纸轻轻打磨干净，以提高传感效率；充分利用电饭锅的余热，煮饭时，可在沸腾后断电7～8分钟再重新通电，开始吃饭时就可以切断电源，饭锅的保温性能完全能保持就餐需要的温度。

◎洗衣机如何节电

1. 集中洗涤：将衣服全部洗完后，再逐一漂清。

2. 可根据衣物的种类和脏污程度来确定洗衣的时间。一般合成纤维和毛丝织品洗涤应用时3分钟；棉麻织物应用时6～8分钟；极脏的衣物应用时10～12分钟。缩短洗衣时间不但可以节电，而且还可以延长衣物的使用寿命。

3. 洗衣机有强、中、弱三种洗涤功能，其耗电量也不一样。一般丝绸、毛料等高级衣物，只适合弱洗；棉衣、混纺、化纤、涤纶等衣料，常用中洗；只有厚绒毯、沙发布和帆布等织物，才用强洗。

4.衣服与水的重量比例最好是1：20，或衣服的重量可轻些，即1.5千克的衣服用不到40千克的水。水若太少，衣服在洗衣机桶内搅不开，影响衣服的旋转与翻滚，而且容易与波轮摩擦，损坏衣服；水若太多，则既费水、费电、费洗涤剂，又不易洗净衣服。

5.洗涤剂在水中的浓度以略少于1.5%为宜，即40千克水用50～60克洗涤剂，浓度若超过2%，即达到饱和，洗涤效果反而不好，而且要增加漂洗次数。

6.用洗衣机洗衣服时，水温最好在40℃左右，水温适当升高，可加速水分子运动，提高水的渗透力，洗涤剂很快就渗透到衣物纤维的污垢内。不过，水温也不宜过高，太高了，也易使纤维失去弹性而变形，还会使洗衣机内的塑料器件变形。一般水温最高不宜超过60℃。

7.在一般情况下，衣服最好洗一次，过两次水。洗第一次时以10分钟为最好，过水一次5分钟即可。当然，使用全自动洗衣机就不必操这份心了，因为洗衣机会自动调节好的。

◎如何确定电热毯最佳温度

在选择电热毯最佳温度时，应参照人体正常体温，因在通常情况下体温是37℃，所以将电热毯温度调到38℃～42℃之间比较适宜。如果调得过高，使人体长期处在高温区（42℃），皮肤就会加速老化、变色甚至脱皮，以致低温烫伤的情况发生。

在使用调温功能的电热毯时，当高温挡通电1～2小时后，就应马上调到低温挡20℃～25℃。使用普及型时，在通电1小时后，上床入睡即应将电源关闭，这样既安全又省电。

◎电冰箱停电时的巧应对

1.如果预先知道即将停电，可将温控器调至最高挡，这样做可令冰箱在停电前获得最低温度。如果再将冰块放在冰箱内的各个部位，可使箱内低温时间加以延长。

2.如果是短时间的偶然停电，只要不打开冰箱门，外界气温再高，箱内食品也可安全保存一段时间。

3.平时就在冰箱内多放些茶叶，到停电时，茶叶就可吸收因停机而出现的异味。

◎如何为冰箱省电

冰箱是家庭生活中比较费电的电器，尤其在夏天，冰箱的频繁使用，更是造成了很大浪费。

冰箱的冷藏室中，温控器的频繁启动是浪费电的一个重要原因，只要温度稍有变化，哪怕并不影响冷藏，温控器也会一天里启动多次，非常费电。

冰箱省电可以用塑料盒等容器盛满水后放入冰箱冷冻室，等水成为冰块以后，将冰块移到冷藏室，放在温控器的下面或者旁边，这样可以保持温控器的启动次数相对减少，冷藏室也会保持恒温状态。

家用电器保养

◎如何清洗饮水机和抽油烟机

如何清洗饮水机：

1. 切断饮水机的电源。

2. 机身后面底座有一个排水口，打开后把水放干净；拿掉空的水桶，中间有一个进水口，把这个"漏斗"一样的进水口拔出来，里面还有一个蓄水的"水池"，用干净的布清洗"漏斗"和"水池"。

3. 在"水池"中灌满干净水，再放入1片消毒药片，泡15分钟，打开饮水机的所有开关，排净消毒液。

4. 灌入干净水，打开所有开关排净冲洗液体，直到放出的水没有氯气味了，才可以饮用。

怎样快速清洗抽油烟机：

1. 洗洁精食醋浸泡法：将抽油烟机叶轮拆下，浸泡在用3～5滴洗洁精和50毫升食醋混合的一盆温水中，浸泡10～20分钟后，再用干净的抹布擦洗，外壳等其它部件也用此溶液清洗。此法对人的皮肤无损伤，对器件无腐蚀，表面仍保持原有光泽。

2. 肥皂液表面涂抹法：将肥皂制成液糊状，然后涂抹在叶轮等器件表面，抽油烟机用过一段时间后，拆下叶轮等器件，用抹布一擦，油污就掉了。

◎如何除冰箱异味

1. 柠檬除味：将新鲜柠檬切成小片，

逐层放入冰箱中，便可轻易去除异味。

2. 麦饭石除味：取500克左右的麦饭石，筛净杂质后装入纱布袋中，放在电冰箱里，10分钟后就可使异味除净。

3. 小苏打除味：在两个广口玻璃瓶内分别装入250克左右的小苏打，分别放置于冰箱的上下层，异味就能在短时间内清除。

4. 黄酒除味：为防止洒出，可把1碗黄酒放在冰箱的最底层，3天左右就可使异味消失。

5. 檀香皂除味：将新檀香皂打开包装后放入冰箱，只要将冰箱内的熟食放在加盖的容器中，就不易影响到食物，还会将异味除净。

6. 木炭除味：把碾碎的木炭装在小布袋中，再放入冰箱里，有很好的除味效果。

7. 面肥除味：将剩面肥彻底干燥后，敲碎成块，再用干净纱布包好放入冰箱各层即可。3个月左右换一次，即可彻底除净冰箱中的异味。

◎如何清除彩电灰尘

在清洁电视机线路板时，应在切断电源后，将后盖打开，用软毛刷子自上而下轻轻将所有配件的灰尘扫去，再用镊子夹一块棉纱或纱布蘸上少许酒精后，将灰尘一小块一小块地清除掉，喇叭上的灰尘可直接用鸡毛掸轻轻揎去，全部灰尘清除后，将电吹风调至冷风挡自上而下地吹拂一遍。在清洁电视机时最好选在干燥季节，且电视机线路板最好每隔二三年清除一次，以延长其使用寿命。

在清洁电视机屏幕时，应先用布轻揩屏幕除去表层灰尘后，用脱脂棉球蘸酒精或高度白酒，先擦拭屏幕中心，然后顺时针由里向外旋转擦拭至整个屏幕。待酒精完全挥发后，可插上电源打开电视，观看有无痕迹。也可用专用防静电喷雾剂清理。

◎数码摄像机保养的小窍门

为防止日积月累导致镜头表面受损及外部按键的失灵，在长途旅行或每次使用后，都应该马上清理及擦拭 DV 的机身、镜头及液晶屏的部位。

可使用空气喷气罐作为清洁的主要工具，但尽量不要使用高压喷气罐，以免将灰尘吹进细缝中，使处理的难度增加。先吹落附着于机身外表的灰尘，然后可使用目前市面上颇受好评的"3M 魔布"来擦拭机身及液晶屏幕。如果镜头有外加保护镜，则应以画圆弧般在其镜面上用"3M 魔布"或"镜头擦拭笔"轻轻地擦拭。可用相机拭镜液清洁那些擦不掉的污点，只需在魔布上滴入少许进行擦拭即可。

进行完清洁工作以后，千万不要随手放进摄影背包中存放，因为这类软质的摄影背包含有大量很容易吸收水分的泡绵与布材，如果长时间将摄影机存放在里面，很容易使其受潮而导致镜头发霉。正确的做法是将其置入防潮箱内存放。

◎消除洗衣机噪声的方法

1. 双缸洗衣机使用久了，会发出一种很刺耳的声音，声音的来源是脱水桶由于使用时间长而磨损造成的。为消除这种噪声应在拔去电源插头后，打开脱水缸的盖板，把脱水桶从正中拉向缸体左侧用左手扶住，使脱水桶略微倾斜，在脱水桶右侧与脱水缸壁间的缝隙处抹适量的黄油，最好在脱水桶的底部也抹一些，在脱水桶的转动轴上应将黄油涂抹均匀，放开左手，使脱水桶恢复到原位，轻轻用手将脱水桶转动数次，再接通电源，使脱水桶高速转动半分钟，这样便可使转动轴充分润滑，使其噪声消除。

2. 如果是由于机壳铁皮产生振动造成洗衣机噪声大的，可利用汽车的废内胎使噪声减小，剪两块 400 毫米、150 毫米大小的胶皮，擦干净后，涂上万能胶，贴在洗衣机内侧，用平整的重物压住，24 小时后，胶皮即可粘牢，洗衣机就可恢复正常使用了。如用泡沫塑料代替胶皮，效果也很好。

◎防洗衣机生锈的窍门

一般的家用洗衣机都是用金属材料组装的，在其缸口的边沿与控制按钮部分的组合相接之处会有一条又窄又深的缝隙，每次洗衣机用完以后，缝隙内残留的一些积水经常无法消除干净，如此长期淤积会导致机器生锈，还会逐渐腐蚀机体。如果用蜡填满缝隙，利用蜡不溶于水的特性，即可防止生锈。具体做法：找一根蜡加热熔化成液体后，将其均匀地灌入缝隙之中，待其冷却成型后，稍加修整即可。

安装在洗衣机两侧及底部的螺钉，由于暴露在外，所以很容易生锈，到需要维修时很难旋下。若将蜡烛油滴入螺钉的洞孔中，将螺钉洞全部封住，不但能保持螺钉不锈，而且拆卸方便也不影响维修。

◎减少家电间干扰的窍门

现代家庭多数购有彩色电视机、收录机、电风扇、洗衣机、电冰箱等家用电器，这些电器相互会发生干扰，尤其是彩色电视机受的影响最大。

要减少家电间的干扰，首先，电冰箱和电视机应尽量离得远一些，最好不要把它们放在同一房间里，如地方不允许则可以分别安装电冰箱和电视机插头。电冰箱和电视机应分别安装上各自的保护器或稳压器，并要将两者的电源线分开，不要在同一面墙上。相邻的住户，冰箱和彩电不要靠近同一面墙。

其次，电视机与收录机、音箱要保持一定的距离，不要靠得太近，因为收录机及音箱中有带有很大磁性的扬声器，并在周围形成较强的磁场，而彩电的荧光屏后面装有一个钢性的栅网，如果长期处在较强的磁场中，就会被磁化，使电视机的色彩不均匀。

◎空气加湿器的保养窍门

1. 每周清洗空气加湿器一次，清洗时不可将机器放入水中。
2. 清洗时水温不高于50℃。

3. 不用洗涤剂、煤油、乙醇等清洗机身和部件。
4. 清洗换能片用软毛刷刷；水槽用软布擦，两周一次；传感器用软布擦；水箱清洗时，装水晃动两三次后倒掉即可。

◎音响的维护和保养

1. 避免阳光直射、潮湿、灰尘、油烟。尤其是CD机、VCD机、LD机和功放，要考虑它们的散热问题，最好应放置在背阳、干燥、通风处比较合适。
2. 不可用石油精、酒精、稀释剂等挥发性药品以及化学抹布擦试机箱的表面，以免损坏机箱的表面。
3. 尽量避免震动，尤其是CD机、VCD机和LD机，震动轻则会影响读片，重则缩短机器寿命或直接造成机器的损坏。
4. 机器出现故障时不要随意打开机器后盖，以防触电，而且会使原器件损坏更加严重，要请专业人员过来修理。
5. 除中置音箱外，其它音箱应尽量远离电视机，以免将显像管磁化。
6. 遇有灰尘可用干净的软布或毛巾擦试。
7. 除此之外，为能达到较好的听音效果，音箱的摆放位置与听音房间建筑特点、扬声器的指向特性及聆听人数的多少都有关连，要综合权衡后决定。

日常用品选用常识

◎不锈钢餐具的选购窍门

1.用手指甲轻轻在不锈钢器皿的边缘滑动，滑动的时候感觉很光滑有声音，说明没有边毛刺。或者用丝线沿着边缘滑动，要求不挂丝。

2.器皿表面要没有磕碰、划伤的痕迹，也没有砂眼。

3.有些不锈钢器皿表面有圆圈的花纹图案，挑选时要选择纹路清晰、鲜明的。

4.把锅盖的帽儿摇动一下，看其是否有松动不牢现象。

5.挑选时，要观察一下器皿的几何图形，看其是不是对称、规则。

◎不锈钢餐具的使用窍门

1.使用前要在表面涂上一层薄薄的植物油，并在火上烘干。这样就像给不锈钢制品表面穿上了一层微黄色的油膜袍，使用起来既容易清洗，又可延长使用寿命。

2.不锈钢器皿在加热时应注意使之受热均匀（最好使火苗包围住锅底，如炉口小也可转动器皿使之均匀受热），这样做既不容易煳锅，炒出来的菜味道又好。

3.使用后应立即用温水洗涤，以免油渍、酱油、醋、西红柿汁等物质和餐具表面发生作用，导致不锈钢表面黯淡无光，甚至产生

凹痕。器皿清洗以后，必须揩干放在干燥的地方，若长期不用，还应涂上食用油，以防锈蚀。

4.不要用砂纸、炉灰或细沙擦拭不锈钢器皿，最好的清除污垢方法是用铲子把厚污轻轻铲去（注意不要损伤金属表面造成划痕），用棉纱蘸着温碱水擦拭，用厨具清洗剂或去污粉擦拭也可以，洗净后用干软布揩干后放在干燥处。

5.由于不锈钢导热系数小，底部散热慢，温度容易集中，所以使用不锈钢炊具时火力不宜过大，应尽量使底部受热面广而均匀，这样既节省燃料又避免食物烧焦。

6.不锈钢餐具应避免与尖硬物碰撞，以免产生划伤，影响美观和密封性能。有胶柄的不锈钢餐具，应尽量避免高温。

7.使用不锈钢锅时，不要让锅底有水渍。特别在煤球炉上使用，小干煤球内含有硫，燃烧时会产生二氧化硫和三氧化硫，它一遇到水就会生成亚硫酸和硫酸，对锅底起腐蚀作用。

8.不锈钢锅使用一段时间后，器皿面会有一层雾一样的膜，可用软布蘸上一些去污粉或洗洁精擦洗，即可恢复光亮。如果外面被烟熏黑，也可以用这个办法清除。

9.不能用水长时间浸洗不锈钢器皿，否则会使器皿表面暗淡，失去应有的光泽。

10.不锈钢餐具上沾有污迹，必要时可用不锈钢蜡涂在斑迹上擦净。

◎使用喷雾杀虫剂的窍门

1.使用喷雾杀虫剂时一定要检查药筒上是否带有"不含氟利昂"的说明、生产日期、保质期、卫生部门批准文号等。

2.使用喷雾杀虫剂时要适量，如果喷量过多，会污染居室环境，使人产生头痛、头晕、胸闷和视力模糊等症状。

3.使用喷雾杀虫剂时，最好戴上口罩，不要将药液喷到食物、餐具、家具、被褥和衣服上。

4.使用喷雾杀虫剂时，千万不可接近明火，以防引起着火或爆炸。

5.喷完后，应尽快关上门窗，人不要留在室内。约半小时后再打开门窗，使室内充分通气，等气味消失后才能进入室内。

◎挑选与使用牙膏的窍门

挑选牙膏的窍门：1.为预防龋齿可选用含氟牙膏。牙膏中加入适量的氟化物，氟离子可增强牙齿结构，提高牙齿抗酸能力。目前我国生产的含氟牙膏，多数是含氟化钠或单氟磷酸钠，同时含有以上两种者称为双氟牙膏，效果更好。2.患有牙周疾病的人们，可选用有消炎、止血功能的牙膏，或含有中草药成分的牙膏。3.牙齿过敏可用脱敏牙膏，也叫防酸牙膏。这类牙膏中的脱敏药物对于冷、酸刺激敏感的牙齿有一定效果。4.儿童牙膏中摩擦剂颗粒细，可减轻对乳牙或年轻恒牙的磨损。

牙膏妙用新知：1.洗完鱼后，手上会沾上腥味儿，先用肥皂洗，再抹上牙膏，搓揉一会儿洗净，腥味儿很快会除去。2.衣服上的墨迹如果不大，可用牙膏反复揉搓，清水冲洗即可除去。3.电熨斗底板用久了会有黄斑，去除时，先将电熨斗预热几分钟，然后将牙膏往底板上挤少许，用粗布反复擦拭，即可去除黄斑。4.铜器和银器有了污垢，用软布蘸些牙膏擦拭，便可去除。5.用软布蘸牙膏，慢慢擦拭，可除去电冰箱等家用电器外壳的污垢。6.搪瓷杯泡茶时间长了，积了好多茶垢，在杯内涂上牙膏反复擦拭，就可光亮如初。

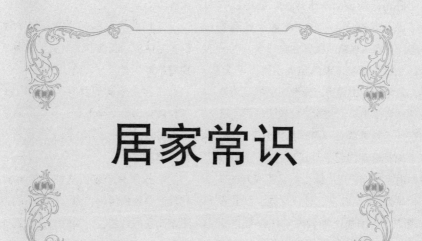

居家常识

购房常识

◎购买经济适用住房需办哪些手续

1. 在市政府作出本市居民家庭中低收入标准及认定办法之前，居民购买经济适用住房，凭本市城镇居民常住户口卡、居民身份证直接到开发建设单位办理购房手续。2. 需要贷款的，由购房人凭登记后的经济适用住房预售（买卖）合同，到建设项目所在地的房屋土地管理部门办理抵押登记手续，房屋土地管理部门应在登记后的 15 个工作日内办理完抵押登记手续。3. 买卖双方在房屋交付使用后的 30 个工作日之内，到建设项目所在地的房屋土地管理部门办理产权过户手续，办理房地权属证件，其中购买本单位利用自用土地建设的经济适用住房，由该单位统一到房屋土地管理部门办理上述手续。

◎哪些房屋不能买卖

房屋买卖是指房屋所有权人将其合法拥有的房屋以一定的价格转移给他人的行为。购房者进入房地产市场后，并不是对所有的房屋都可以进行购买的。《城市房地产管理法》和《城市房地产转让管理规定》规定某些房屋的买卖是要受到限制的，包括：

1. 以出让方式取得土地使用权用于投资开发的房屋建设工程，如未完成开发投资总额的 25% 以上，其商品房是不能买卖的。严格限制房地产开发商通过炒卖地皮而牟取暴利，以保障房地产商开发建设项目的顺利实施。

2. 司法机关和行政机关依法裁定、决定查封或者以其他形式限制了房地产权利的房屋不能买卖。

3. 在未经其他共有人书面同意的情况下，共有房屋不得出卖。共有房屋是指房屋的所有权为两个或两个以上的权利人所共有的房屋。

4. 权属有争议的房屋不能出卖。买卖权属有争议的房屋，由于权属不明，可能会影响交易的合法性。因此，在权属争议解决之前，该房屋不得买卖。

5. 对未经依法登记领取房屋权属证书的房屋不能买卖。未履行权属登记手续，房地产权利人的权利不具有法律效力，其出卖房屋的行为不受法律保护。

在某些地区还规定，违法或违章建筑、教学建筑、寺庙、庵堂等宗教建筑，著名建筑物或文物古迹等需加以保护的房屋，国家征用或已确定为拆迁范围的房屋不得买卖。另外，对购买享有国家或单位补贴的房屋以及单位购买城市私房的行为也有一定的限制。

总之，购房者在购房时，一定要对所购房屋涉及的各方面的情况进行全面调查，不要轻信某些推销员和广告的片面宣传。

若确实拿不准，可聘请专家或专业机构提供帮助。

◎ 住房公积金应该由谁交纳

住房公积金是一种义务性的长期储金，它由职工及职工所在单位交纳。职工个人按月交纳占工资一定比例的公积金；单位也按月提供占职工工资一定比例的公积金。两者均归职工个所有，随着工资发放时交纳，存入职工个人公积金账户。

◎ 购买现房好还是购买期房好

购买现房具有较强的安全性和直观性，可对房屋的质量、装修、区位、室内格局等各个方面进行详细的了解。将实地调查的结果与房地产广告、售楼书上的介绍进行对照比较，可避免购买期房可能带来的风险，做到心中有数，具有较大的安全性。现房建成后，其配套的物业管理已经展开，购房者可以直接了解欲购房屋所处地区的治安、环境、卫生、维修以及配套设施的设置等物业管理工作的优劣，且对房地产项目的合法性、产权的性质进行调查也比较方便。购买现房如果要说有什么不利之处的话，就是与期房相比，现房的价格要高一些。另外，当房地产市场比较火爆，房地产项目供不应求时，现房的房源将会比较少，急需购买现房的消费者所选择的余地将较小。

购买期房就是购房者购买尚处于建造之中的房地产项目。购买期房最大的好处是可以以较低的价格购房，在同等条件下，期房的价格一般要比现房便宜，但购房者承担的风险相对较大一些。期房能否按时建成，建筑质量能否保证，小区生活配套是否齐全等，购房者无法直接体察自己所购房屋的具体状况。另外，如果购房者选择购房时机不当，还可能会遇到房地产市场下滑，房地产价格下降所带来的损失。

◎ 怎样挑选比较好的户型

当你确定了购买的楼盘后，挑选房子应从哪里入手呢？建议你除了要看房子在小区内所处的位置、朝向、层高、视线是否开阔、采光是否充足之外，还要看房子的功能空间配置，是否体现了"以人为本"的精神，即以居住生活为本，满足居住者的生活需求，实现居住者舒适、安全、卫生和健康的生活标准。比如面积、布局是否合理，按照健康住宅的面积标准，客厅最小不要小于14平方米，如能达到25平方米则较为合适，大于40平方米则显得过于空旷，价格上也不能为工薪阶层所接受。而且，客厅过大不仅易失去温馨感、亲和感，还会使人感到疏远和孤独。

起居厅和主卧室应相对独立，避免互相干扰。这种户型往往会多一条内廊，有人认为内廊浪费了面积，但厅卧相连的户型如果没有内廊，厅内会有诸多的房门，则空间更不好利用，而且卧室受干扰大，动静不分。比较而言，厅卧分开，卧室私密性得到保证，厅卧功能互不干扰，是最能满足住户的各种需求的。

除此之外，还要看厨卫的配置是否科学合理，科学上讲究洁污分区。要注意管道的走向安排是否合理，注意房内有无公共管道，如消防管、上下水公共排管等。最好选择集中管道外移、各种管道不穿楼板的住房。

◎哪六种私宅禁止出售

1. 逼迁型。一些房主原已将房屋租给了承租人，承租人也已长年居住，房主在房客无力购买的情况下逼迫房客搬迁的，该房不得出售。

2. 不合法型。有些私房，原产权人死亡而继承人未按规定办理过户手续，或法院未对房产分割进行判决的，或共有产权人意见不一的，或房屋归属不明的，或私自扩建、自建、搭建的违章建筑，那么这些私房不得出售。

3. 规划型。私房已列入成片改造规划，靠近改建、改造地段，或属于搬迁的范围，其户口已冻结，这种私房不得出售。

4. 自住型。出卖私房必须是自住有余的私房主。

5. 欠费型。尚欠建房的贷款、修缮费、土地使用税、房产税等的私房，在没有还清以上税费之前，不得出售。

6. 向单位或房管部门购买由政府或单位补贴的廉价商品房，不得私自转卖。特殊情况需要出售的，必须折价出售，原补贴单位或房管部门有权优先购买。

◎购买商品房一般要经过六个步骤

1. 制订购房预算。购房者产生购买房屋的动机后，要估算一下自己的实际购买能力。首先要根据自己家庭的收入，扣除日常生活开支的金额，得到自己可以动用的资金数额；然后大致计算出购房后所需支付的维修费、物业管理费以及房产税等费用，再考虑是否要向银行贷款。

2. 收集购房信息。购房者初步确定了购房意向后，要大量收集有关房源的信息。对于收集到的大量房地产信息，购房者还要进行仔细的分析和筛选。对广告宣传中的虚假成分，购房者要有辨识的能力，以防上当受骗。

3. 查询房地产商的合法性。查看房地产商的"五证"，即"国有土地使用证"、"建设用地规划许可证"、"建筑工程规划许可证"、"施工许可证"和"商品房销售许可证"。按国家有关规定，房地产商只有在"五证"齐全的情况下，其销售的房屋才属合法范畴。

4. 进行实地调查。要对房屋的建筑面积、使用面积的大小，房屋的建筑质量、装修标准、装修质量，房屋的附属设备是否完备，房间的隔音效果如何，天花板、墙壁、地面、门窗是否有损坏，内部设计是否合理等方面进行仔细考察。对房屋外部进行查看时，要注意房屋的位置、朝向、外观造型、楼梯、电梯、走廊等情况。还要对户外景观、周边环境、交通条件以及各种公共配套设施的设置等情况进行了解。

5. 签订房屋买卖合同和其它合同。购房者的前期调查了解工作完成之后，对欲购房屋满意，就可以与房地产商具体签订房屋买卖合同了。购房者在签订合同时，一定要坚持使用国家认定的商品房购销合同的规范文本，以防在合同中出现欺诈行为。购房者签订的合同中的各项条款一定要准确、清晰，特别是有关房屋面积和购房者付款金额、付款方式等关键条款，购房者如无把握，可以聘请律师参与，为自己把关。购房者还要签订其它有关合同。如购房者向银行申请抵押贷款来分期支付房价款，购房者应与银行签订抵押贷款合同。购房者所购房屋实施物业管理的，购房者还要签订一份物业管理合同。

6. 办理房屋产权过户登记手续。按照我国有关规定，进行房地产交易的单位和个人都要到当地的房地产管理机关办理登记、鉴证、评估和立契过户手续。交易双方当事人签订的房屋买卖合同必须办理上述手续才是合法的，否则就是无效合同。鉴证是指房地产交易管理部门对房地产产权、房地产交易价格以及有关证件等进行的审查、核实活动。在房地产管理部门审查完毕及房地产买卖当事人按照规定缴纳有关税费后，房地产管理部门就可以向当事人核发过户单。当事人可凭过户单办理产权过户手续，领取房地产权属证书。

◎ 小心购买商品房的陷阱

公司陷阱：购房者在购房前要查清开发商背景、主管部门、注册资金及建设部门颁发的房地产开发资格证书等情况。

地段陷阱：购房时不要受广告的诱惑，要进行实地考察，同时还要有发展眼光。开发商为吸引购房者，往往把自己的地段位置说得过于优越。

价格陷阱：他们在广告上标一个令人心

动的价格，而在不显眼的位置注明价格不包括审批费、配套费、绿化费等。购房者切记：房价不包括公证费、"土地使用权证"和"房屋使用权证"的工本费、管理费、土地合作费的契约。

产权陷阱 "国有土地使用权证"、"建设用地规划许可证"以及"商品房预售许可证"这三种证件是办理产权的必要条件，缺一不可。

期限陷阱：购房者在签订购房合同时，一是要写明交房日期，同时注明通电、通气、通车、通水等条件，要明确双方违约的责任，避免日后不必要的麻烦。

规划陷阱：有的房地产公司为减少成本，追求利润，随意缩小房子的间距，给购房者的居住带来不应有的麻烦。

◎ 房价高低不是购房心动的理由

购房者看待同一宗房产往往容易将价格和性能隔离开来，先看房价，然后才考虑房子性能问题。实际上买房、看房，不仅要看房价，更要看房子的性价比。只有你想买的房子性价比相当，才说明钱花得恰到好处。最能表现房地产性能的指标有质量、地段位置、设施配套条件、户型环境和物业管理等。①选品牌开发商，保障质量。选知名度高且实力雄厚的开发商更容易保证维修及服务质量。②要有大地段概念。居住地段选择需在考虑本人经济基础、前景预测及生活习惯的同时，重视对整个城市生活方式及规划的前瞻。③设施配套包括通讯、电视、安全、消防、楼宁设备、停车管理等。④户型设计灵活性、超前性。⑤社区环境，成本不高、可视性强、欣赏性高，能与阳光、绿地、鲜氧为伴，成为众消费者的理想选择。

房屋选购

◎看房应注意的十大事项

①晚上看房。了解夜晚房屋附近的噪声、照明及安全情况。②看房型。房型设计合理，可更好地发挥住房的功能。③检查墙角。墙角承受上下左右的力，墙角是否平整，是否有龟裂或渗水现象。④窗户的通风、采光及各种管线的布局及走向是否合理、够用。⑤厨卫是否有漏水等问题，面积大小是否能满足需要。⑥天花板和角落有无漏水、裂缝等。⑦电器插座的位置及数量是否合理、够用。⑧雨天看房。在连续多天下雨之后质量差的房屋会暴露出渗漏问题。⑨购新房时，不仅看房产商展示的样板房，更应仔细地看空房，这样可以不被漂亮的装潢迷惑而影响选房。⑩了解物业管理收费标准及所提供的服务项目。

◎购房时可能会遇到五个风险

①开发商隐瞒无开发资格或无"商品房预售许可证"等事实，对外销售期房。②开发商恶意搭售商品。对于"缩水"的商品房，一个最大的麻烦是预计使用的面积达不到，房屋使用受限却无法重新选择。③商品房逾期交付的原因很多，但多数法院片面强调要求合同的实际履行，致使购房人无法摆脱该合同而做重新选择。④发展商对房屋设计单方面做出重大调整。这本属开发商的重大违约，但目前使用的格式合同却对违约责任的设计很不合理，仅规定开发商退回房款并给付一定利息。⑤房屋的"裂"、"漏"是个大问题。此时购房人一般只能忍受。

◎如何购买预售房

①购房前应多咨询，最好向专家咨询。咨询越仔细，越不容易上当。②在购买预售房前应对预售合同仔细研究，尤其是预售房的预售面积与交房时的实际面积不一样时，如预售面积超过实际面积如何处理、实际面积超过预售面积如何处理等细节问题，客户应据理力争，都应在签订预售合同前和房产商作约定，不能轻信开发商或房产商的口头承诺，一定要把具体内容变成条款写入合同中。③合同中还应写明交房日期、煤气开通日期，电话线、有线电视接口等细节。④建筑材料应注明所用材料的品质、品牌等并签订相应的违约条款。⑤会看平面示意图。在签订预售合同前，可以向发展商借阅工程蓝图仔细查看，不仅看平面尺寸，还要看层高，或聘请物业代理公司代为咨询。⑥购买高层住宅前，一定要注意两幢大楼之间的间距及采光问题。不仅比较本小区内各幢楼之

间的距离，还要观察与周边建筑物的关系，并要了解与之相邻的周围未来是否会有高大的建筑物遮挡。⑦是否有足够的绿地与车位。

◎ 如何避免购房纠纷

要看购房"五证"开发商是否齐全：消费者购房，卖方一定要"五证齐全"：①国土局的土地使用证；②承建的该物业是否有计委立项、可行性研究的批件；③规划局的规划许可证；④建委的开工建设许可证；⑤房管局的商品房预售许可证。

避免购房纠纷的窍门：①房产商是否具备"三证"，即预售许可证、建筑用地许可证和营业执照，有这三证的楼盘才能出售。②选择可以办理公积金和按揭服务的楼盘，银行总是先对该房产商的实力和信誉作考察，认为可信之后才愿意提供贷款服务。③对于房产商在价格中玩弄的价格游戏，如免息、奉送之类内容，购房者要仔细分析计算，推敲这种付款方式的可信度和可行性究竟有多大。④弄清房产的性质。有些房产商所用的土地属于批租性质，这样的房产如果要在房地产市场流通，一定要补缴土地出让金才行。⑤搞清合同中有关面积的条款内容。一般当实测面积与预测面积的差别超出2%～5%之内，应按多退少不补的原则处理。

◎ 如何订购房合同

①购房者与房产商或开发商是平等的，购房者应详细了解欲购房产的所有情况，房产商应耐心仔细真实地介绍，购房者不要不好意思或怕麻烦而放弃了解真实全面情况的权利。②对合同条款，购房者应仔细阅读，推敲每一条款的措词及细节，有权对其中涉及自身权利或利益的内容提出异议，有权要求复议及修改。若房产商以种种理由拒绝购房者正当要求时，购房者应慎重对待，这种条款中可能会有有利于卖方而不利于买方的因素存在，可不签该份合同。③对于房产商已将一切细节条款均填好的购房合同，购房者更应冷静地查看、审阅，不要急于签字。购房者有权要求房产商更改违背自己意愿和有利于房产商而不利于自己的不平等的内容。

◎ 购买手续不齐的商品房的风险

现实中，在市场上公开销售的商品房，未必能够备齐各种必需的法律文件供买房人审查，其中以缺乏销售许可证最为突出。买了手续不齐备的房屋，都将或多或少地承担一定的风险。购买手续不全的房子，可能的后果有：

①产权可能有保证，但取得权属证件的时间没有保证；

②为取得产权，购房人要额外支付费用，如补交土地出让金、罚款等；

③房屋可以使用，但无法取得产权；

④房屋被政府征用或者拆除。

◎ 购买商品房的重要特殊指标

考察楼盘的25个指标：项目名称、发

展商、位置、物业类型、交通、价格、规划内容、规模、配套、容积率、会所、外立面、户型、装修状况、采暖方式（北方城市）、供水供电、车位数量、电梯、景观、绿地、垃圾间、策划手段、施工现场、销售人员素质、物业管理方面。

智能化小区的五大标准：

根据建设部标准，智能化小区按照其"聪明"程度分为三个等级：普通型住宅小区、先进型住宅小区和领先型住宅小区。①住宅小区封闭，实行安全防范系统自动化监控管理。②小区设立计算机自动化管理中心，负责水电煤的自动计量收费。③住宅设置紧急呼叫系统，实施住宅火灾、有害气体泄漏等的自动报警。④对小区内的关键设备、设施实行集中管理，远程监控其运行状态。⑤高智能化小区还要实行住宅小区与城市区域联网，互通信息，资源共享，通过网络终端实现医疗、文娱、商业等公共服务和费用自动结算。

◎怎样进行房产抵押最合理

①在进行房产抵押操作前应仔细研究房产抵押法和相关的政策。②进行房产抵押时应签订书面抵押合同，到房地产所在地的房地产管理部门办理房地产抵押登记。这些手续应在抵押合同签定后 30 日内办好。③如果抵押人的房地产是享受国家优惠政策而购买的，其抵押额只能以抵押人可以处分和收益的份额比例为限。④有些房产是不能抵押的，如用于教育、医疗、市政等公共福利事业的房地产，列入国家文物保护的建筑物，有重要纪念意义的建筑

物，被依法公告列入拆迁范围内的房地产，权属有争议的房地产，被依法查封、扣押、监管或以其它形式限制的房地产，以及依法不得抵押的其它房地产。

◎买二手房房屋产权验证要注意的事项

在二手房交易过程中经常会出现因产权不清导致的纠纷，因此了解清楚房屋产权状况是十分重要的。首先，弄清楚产权证上的房主与卖房人是否为同一个人并要求卖方提供合法证件，包括产权证书、身份证件、资格证件以及其它证件。其次，确认产权证所标注的面积与实际面积是否相符，向有关房产管理部门查验所购房屋产权来源与其合法性。最后，确认产权的完整性，查验房屋有无债务负担，有无房产抵押，包括私下抵押、共有人等等。当购房者仔细验明所购房屋产权性质之后方可安全购买，以免日后发生纠纷。

◎如何计算购房贷款额度

①个人购房可申请公积金贷款和银行商业贷款相结合的办法。只要每月按工资比例缴存了公积金，就有资格申请公积金贷款。申请住房公积金贷款额度不能满足需要，同时又不到所购房价的 80%，可以同时申请个人住房商业性贷款，两项贷款总额不能超过所购房价的 50%，期限最长不能超过 30 年。②基本公积金贷款每户不超过 10 万元，补充公积金贷款每户不超过 3 万元；两项公积金都缴存的职工，贷款额最高不超过 13 万

元。③基本公积金贷款不超过账户储存的15倍，补充公积金贷款不超过账户储存的2倍。④贷款总额不超过购买住房总价的80%，购买二手房不超过总房价的70%。⑤根据借款人的还款能力和贷款年限确定贷款额，主贷人的贷款年限不超过法定退休年龄10年。

◎如何选购复式房

①房屋平面设计是否合理。复式住宅的设计一般下层安排客厅、餐厅、厨房及客人卧室等公共用房，上层安排主人用房，保证有较好的私密性。②室内楼梯不能占用较多空间，也不要破坏室内的整体感。③选择顶层复式住宅时要注意屋顶的高度，尤其是坡顶最低点的净高，是否有碰头的危险。若是购买期房，宜仔细察看立面剖面图，核实净高尺寸。④应有独立的公共卫生间和主人卫生间。⑤顶层的露台一般是房产商赠送的，其面积不应计算在总建筑面积中。

◎如何签订物业管理合同

购房人将房款付清或办妥分期付款手续后，到由房产商指定的房屋物业管理公司签订合同。

签订合同前，需带好应支付的物业管理费和下列证件：与房产商签订的"购房合同"、购房付款发票、身份证、房地产管理部门办理产权的收据。物业管理合同应具备以下主要条款：

1. 双方当事人的姓名或名称、住所。

2. 管理项目。即接受管理的房地产名称、坐落位置、面积、四周界限。

3. 管理内容。即具体管理事项，包括房屋的使用、维修、养护、消防、电梯、机电设备、路灯、园林绿化地、道路、停车场等公用设施的使用、维修、养护和管理等方面。

4. 管理费用。即物业管理公司向业主或使用人收取的管理费，这些收费，能明确的都应当在合同中明确规定。

5. 明确业主和物业双方的权利和义务。

6. 合同期限。即该合同的起止日期。

7. 违约责任。双方约定不履行或不完全履行合同时各自所应承担的责任。

8. 其它事项。双方可以在合同中约定其它未尽事宜，如风险责任，调解与仲裁，合同的更改、补充与终止等。

◎如何判定房屋卫生标准

①室内净高。适宜的净高给人良好的空间感。净高低于2.55米时会影响室内的空气质量。②采光。窗户的有效光面积和房屋地面面积之比应不小于1：15。③日照。居室里每天应有2小时的日照时间，这是维护人体健康和发育的最低需要。④微小气候。室温夏天不高于30℃，风速不小于0.15米/秒；冬天不低于12℃，风速不大于0.3米/秒；相对湿度不大于65%。⑤空气质量。室内有害气体如二氧化碳、二氧化硫、甲醛、挥发性苯等不能超过一定的浓度；细菌总数和飘尘也不能超过一定含量。

居家装修

◎装修时间合理安排三法

1. 装修一定要留出足够的时间把设计、用料、询价和预算做到位，前期准备得越充分，装修的速度才能越快。如是自己备料，要安排好来料顺序，最好比装修进程略有提前，不能现用现买，尤其是木料，需要风干。

2. 春天是装修的黄金时段。春末夏初的黄梅天多雨，应尽量避开；冬季室温低于5℃也不宜施工，最好等温度回升。

3. 多雨、低温的季节是家庭装修的死对头，潮湿、寒冷的空气将会给新居室留下后遗症。

◎如何签订家庭装修合同

委托书内容：①委托人和被委托公司的姓名或单位名称、双方地址、联系电话、邮政编码，户主本人身份证号码，装修公司营业执照号码。②家庭装修的间数、面积、装修项目、装修方式、装修规格、质量要求以及质量验收方式。③装修工程的开工、竣工时间。④装修工程价格及支付的方式、时间。⑤合同变更和解除的条件，售后服务保证方式。⑥违约责任及解决纠纷的途径。⑦合同的生效方式。⑧双方认为需要明确的其它条款。

值得提醒的是，家庭装修工程在实施过程中都会有一些突发情况，应在合同中预先注明解决方式，以免产生纠纷。

◎怎样选用高效节能灯

1. 外壳的颜色应呈亚光色。

2. 通电后观察荧光粉涂层有无不均匀的现象。

3. 不要选用节能功率因数在 0.5～0.6 左右的。

4. 一定要有正规商标和质量检查合格证。

◎新装修房屋完工后如何验收

1. 家具：线条流畅、封口线、角线与面板接口密实、光滑，门柜抽屉推拉顺畅、拉手对称美观。

2. 电力线路：电路铺设要符合施工规程和安全标准，插座距地面不低于30厘米，三线插座接地线，厨房和空调线路要专线铺设，总闸安装有防漏电开关，灯具安装牢固。

3. 门窗：开关自如，门框、窗框及玻璃周边密封良好。

4. 地面：地砖平整、纹理清晰、色泽均匀，十字线水平垂直，地板铺实平稳、拼缝匀直，油漆色泽一致、无划痕。

5. 墙面：墙纸粘贴牢固、接缝严密，图案完整、花纹吻合，边缝整齐无毛边，涂料均匀平整、无凹凸感、无色差、不掉灰。

6.给排水设施：供水管无渗漏，开关阀门运转良好；排水通畅，无渗漏、积水现象。

7.油漆：漆面光滑，手感好，够油量，无钉眼、扫痕、毛刺和色差。

◎怎样布置阁楼

首先可以给阁楼做一个小平顶，即离阁楼地板高 1.8 米以上范围的屋顶，用小方木作吊筋，钉上纤维板、木屑板、三合板或五合板等，修成一个平顶。斜屋面，这就给阁楼修成了一个梯形平顶。利用空间存放杂物，有的可作为书刊藏库，有的还可摆放一些工艺品等。这样既不占地方，又能美化室内的环境。

阁楼中的采光、通风条件，一般都比较差，除用白色或浅淡的色彩装饰平顶和四面墙壁外，还可在墙上开 1~2 个窗户。窗子的式样可做成圆形、半圆形、菱形或梅花、六角等状，并用泡沫塑料或三合板等材料，运用美工技能，制作一些造型生动的花、鸟、鱼、虫等动植物形象的工艺品，装缀在窗框内，再配上与这些工艺品色彩相协调的纱窗，这样一来，便使阁楼生色增辉。

装修之后，在布置房间的过程中，床、椅尽可能布置在较低的位置，但又要考虑到睡、坐、站起时不致碰撞到平顶，故床、椅的起坐处应尽量高些。床头边放个床头柜，上面配一盏台灯。床前挂上一幅色彩鲜明的落地帐帘，从平顶直拖至地面，拉开帐帘好似一幅优雅的落地大窗帘。

体积高大的衣柜可布置在山墙较高的一面。低矮斜角的地方，宜放置衣箱等不常用的东西。写字台则应摆在迎窗的地方，上放一盆造型别致的山水盆景，或应时的瓶插鲜花点缀。平顶中央安装一只乳白色玻璃罩吸顶灯。经过这一装饰，阁楼便成了一间高雅、幽静、大方、实用的卧室兼书房了。

◎如何判断卫生洁具外观质量

（1）是否有裂纹。用一细棒细细敲击瓷件边缘听其声音是否清脆，当有"沙哑"声时证明瓷件有裂纹。

（2）外形。将瓷件放在平整的台子上，检查是否平稳匀称，安装面及瓷件表面边缘是否平整，安装孔是否均匀圆滑。

（3）釉面质量。釉面必须细腻平滑，釉色均匀一致。

（4）尽量选购有质量信誉保证的产品，查阅该产品是否有经国家有关部门认证的盖有 CMA 章的近期有效质量检测报告。

◎如何选用卫生洁具

（1）购买坐便器前一定要先测量下水口中心距墙面的距离（下排水方式），或距地面的距离（后排水方式），以确定所选购的坐便器是下排水还是后排水。选用排水方式一致和安装尺寸合适的坐便器，才能安装。坐便器排水口的墙距尺寸应等于或略小于卫生间下水口的墙距（下排水方式）；坐便器排水口距地面的距离应等于或略高于卫生间排水口的高度（后排水方式）。

（2）配套制品风格色调必须匹配。卫生间的陶瓷洁具不止一件，数件陶瓷制品如坐便器、洗面盆、皂盒、手纸盒、墩布池等造型颜色要基本一致，才能和谐美观。

◎怎样布置儿童房间

从心理学角度分析，儿童的独特生活区域的划分，有益于养成儿童提高自己动手能力和启迪他们的智慧。儿童卧室布置是丰富多彩的，主基调应简洁明快、新鲜活泼、富于想象，造就童话式的意境，使他们在自己的小天地里自由自在地安排课外学习和生活起居。

1. 儿童房间家具的选择和摆放要科学、合理。

如在给孩子做组合柜时，下部宜设计成玩具柜、书柜、书桌，上部宜作为装饰空间和贮藏空间。床也可以做成贮藏箱式，以节省空间。儿童天性活泼，其家具的颜色也要选择明朗艳丽的色调。若选用明亮的白色家具，配一两种色彩艳丽的灯具和学习用具，也能收到好的效果。

在房间的整体布局上，家具宜少而精，要合理利用室内空间。儿童家具一般指床、写字台、架柜、椅子等。家具尽量靠墙壁摆放，书桌可安排在光线充足的地方，儿童的床要离窗户远些；所有的电线都应暗线，电源插座应设置在儿童接触不到的地方；暖壶、玻璃器皿不宜放在儿童房间；常玩的玩具和常用的书籍最好放在开放式的架子上，便于孩子随时取用。

2. 好的居室陈设，能为儿童房间增辉添彩。

墙面装饰是最常用的陈设方式之一，儿童房间的墙壁最好不要贴壁纸，因为贴了壁纸，就不容易用图画、艺术品或孩子自己的作品装饰了。譬如，在一面墙上布置一幅色调明快的大型风景画，不仅在视觉上扩大了儿童居室的空间，而且画面上湛蓝的天空、浓绿的树林、潺潺的小溪，会使孩子展开想象的翅膀，更加热爱大自然。当然，用孩子自己画的图画来美化墙壁，就更富有情趣和特色了。对于儿童所使用的一些实用工艺品，如台灯、闹钟、笔筒等，以造型简洁、颜色鲜艳为好，同时要安全耐用。摆放品要尽量突出知识性、艺术性，充分体现儿童的特点，如绒制动物、泥娃娃、动植物标本、地球仪等都是理想的选择。室内装饰一两件体育用品，更可突出孩子的情趣和爱好。若是在寒冷的季节，室内摆上一两盆绿叶花卉，能使孩子的房间充满盎然的春意。

3. 色彩的多样性和图样的丰富性结合。

儿童房间的窗帘也应别具特色，一般宜选色彩鲜艳、图案活泼的面料，最好能根据四季的不同，配上不同花色的窗帘。再从造型上看，床架可做成梯形的，也可做成半弧形的，还可做成波浪式的。儿童卧室要赋予一定的人生理想，如卧室中摆挂名人名言或富有积极向上精神的工艺品，都可启发他们奋发向上。

◎如何让背阴客厅变得明亮

1. 首选的办法是补充入口光源。光源在立体空间里塑造耐人寻味的层次感，适当地增加一些辅助光源，尤其是日光灯类的光源，映射在天花板和墙上，能收到奇效。

2. 采用统一色彩基调。背阴的客厅忌

用一些沉闷的色调，由于受空的局限，异类的色块都会破坏整体的柔和与温馨。

3. 选用白桦饰面、枫木饰面或亚光漆家具，浅米黄色柔丝光面砖，墙面采用浅蓝色调试一下，在不破坏氛围的情况下，能突破暖色的沉闷，较好地起到调节光线的作用。

4. 尽可能地增大活动空间。客厅内摆放现成家具会产生一些死角，并破坏色调整体协调。解决这一矛盾并不难，可根据客厅的具体情况，选出合适的家具，靠墙展示柜及电视柜也度身定做，节约每一寸空间，这在视觉上保持着清爽的感觉，自然显得光亮。

5. 若客厅留有暖气位置，可依墙设计一排展示柜，既可充分利用死角，保持统一的基调，还为展示个人文化品位打开一个窗口。

◎如何使小卫生间变大

卫生间的基本设备就是抽水马桶、浴缸、洗脸盆三大件。面积小的卫生间可采用开放式的设计，这样在同一个空间内可大大节省地方，又可节省给水、排水管道，简单实用。

1. 采用大面积玻璃镜"改造"卫生间。可安放两面大镜子，一面贴墙而立，一面镜子斜顶而置，不仅可以遮住楼上住户的下水管道，也能使空间富有变化。

2. 黑白、绛红色的墙砖与白色洁具，黑色大理石洗脸池、台面映衬，形成强烈的对比，通过大面积玻璃的反射，足以让人对卫生间产生"扩大"的视觉效果。

◎如何让卫浴空间节水又节能

1. 巧妙利用上下空间

在卫生间中，坐便器上方的空间是最易被忽略的，可以在此处装一排橱柜，用来放置各种洗浴用品，这样一来，卫生间不但整洁了许多，使用起来也更加方便了。同时还可以将洗手池上方的空间也做成橱柜，收纳一些平日里不常用的物品，洗手池延伸出的台面还可以摆放香皂、牙缸等物品。在卫生间的拐角处的立管也可以利用储物柜来巧妙遮掩，美观之余还能放置不少东西，一举两得。

2. 给水龙头装流量控制阀门

目前一般家庭厨房和卫生间的水龙头都是扳把式的，往往难以控制流量，在无意间增加了用水量。其实可以在水龙头下面安装流量控制阀门，根据住房的自来水压力合理控制水流，这样既节了水，水流的冲刷力和舒适度也都更好了。另外，五金件的选择如果不能一次到位，就要留有余地，比如水龙头、洁具，购买时应选择接头是国际标准的，这样在有满意的产品或经济许可的时候，再更改也不迟。

3. 浴缸与淋浴配合使用

在人们的印象中，淋浴比浴缸更节水，但从实践看，装修时安装新型用水量少的浴缸，同时与淋浴配合使用，可以做到一水多用，更好地达到节水的效果。浴缸主要依靠循环水和容积量来节约用水。长度在 1.5 米以下的浴缸，深度虽然比普通浴缸要深，但比普通浴缸节水，而且，符合人体坐姿功能线的设计，不会让水大量流失。由于缸底面积小，比一般浴缸容易站立，特别适合老人和小孩使用。同时与淋浴配合使用，可以做到一水多用。

4. 安装男用小便器

如果家里有男士，且卫生间又相对较大一些，建议在安装马桶的同时再安装一个男用小便器，不管是从节水还是从卫生、方便的角度来讲，这都是个不错的选择。在现实的生活中，许多男士小便的时候不掀开马桶的垫子，认为这是生活中的小事，其实这样做不仅不卫生，还是对别人的不尊重。安装男用小便器不但方便老人和儿童，同时具有防止坐便器污染和安全、卫生的效果，而且可以节水，至少从每次冲洗的用水量来说比马桶减少了不少。

◎ 如何识别地毯的优劣

地毯分为羊毛毯、麻毯、丝毯、化纤毯等品种，又分为宫廷式、古典式、北京式、美术式等多种样式。尽管地毯的品种、样式有所不同，却都有着良好的吸音、隔音、防潮的作用。居住楼房的家庭铺上地毯之后，可以减轻楼上楼下的噪声干扰。地毯还有防寒、保温的作用，特别适宜风湿病人的居室使用。羊毛地毯是地毯中的上品，被人们称为室内装饰艺术的"皇后"。这种地毯弹性好，耐脏、耐磨、不怕踩、不褪色、不变形。特别是它具有储尘的能力，当灰尘落到地毯之后，就不再飞扬，因而它又可以净化室内空气，美化室内环境。

伪劣地毯标识不全或不正确。地毯应标明厂名、商标、产品名称、规格尺寸等。混纺地毯还应注明羊毛含量，纯羊毛地毯

应注明道数等。伪劣地毯大多标识不全或不正确。

◎ 伪劣地毯外观质量的识别

伪劣地毯毛线粗细不匀，长短不齐，掺有劣质毛，纯毛地毯中混杂有合成纤维。原料染色不均匀或染色不好，湿布擦拭或光照后容易掉色。毯面不齐，有漏针漏底现象，用手摸上去不光滑柔软。表面看上去经纬线不均匀，疏密程度不一致，图案变形，毯面不平整，毯边不直。将地毯毯面向外、毯背向内对折，能清晰地看到经纬线，或毯面向内对折时对折角度小，说明地毯很稀。毯背与背衬材料粘结不牢、开胶。在选择化纤地毯时，应注意背面与底部是否粘牢，表面是否有条痕，最好是具有良好的阻燃性能。

伪劣地毯物理性能不符合要求：除表面装饰性能不合格外，比较多的劣质地毯物理性能不合格，不能保证地毯的使用年限。剥离强度小的地毯，背衬容易脱落，不耐水；耐磨性差的地毯，使用不久后毯面厚度降低，甚至露出背衬；回弹性不好的地毯在铺用一段时间后，经常踩动的地方会凹下去，影响使用效果；粘合力不合格会使绒毛脱落；抗静电性能不合格，会使地毯吸尘积灰；抗老化性能差的地毯使用寿命短。

◎ 怎样设置壁灯

壁灯是室内装饰灯具，一般多配用乳白色的玻璃灯罩；灯泡功率多在 15～40 瓦左右，光线淡雅和谐，可把环境点缀得优雅、

富丽，尤以新婚居室特别适合。

壁灯的种类和样式较多，一般常见的有吸顶灯、变色壁灯、床头壁灯、镜前壁灯等。吸顶灯多装于阳台、楼梯、走廊过道以及卧室，适宜作长明灯；变色壁灯多于节日、喜庆之时采用；床头壁灯大多装在床头的左上方，灯头可转动，光束集中，便于阅读；镜前壁灯多装饰在盥洗间镜子附近使用。

壁灯安装高度应略超过视平线。壁灯的照明度不宜过大，这样更富有艺术感染力。壁灯灯罩的选择应根据墙色而定，如白色或奶黄色的墙，宜用浅绿、淡蓝的灯罩；湖绿和天蓝色的墙，宜用乳白色、淡黄色、茶色的灯罩。这样，在大面积单色的底色墙面上，点缀上一只显眼的壁灯，给人以幽雅清新之感。

连接壁灯的电线要选用浅色，便于涂上与墙色一致的涂料，以保持墙面的整洁。另外，可先在墙上挖一条正好嵌入电线的小槽，把电线嵌入，用石灰填平，再涂上与墙色相同的涂料。

如果已经安装了床头壁灯和沙发壁灯，可省去床头柜台灯和沙发落地灯。这样，既方便实用，又美观大方。

◎家庭沙发的选购

沙发的高度一般应略低于小腿的高度（35～40厘米），沙发的靠背高度，从地面到沙发背顶以68～74厘米为佳。

靠背的角度应以92～98度为好。坐面的弹性以软硬适中，或稍微偏硬为好。这样的沙发造型比较符合人体工程学，对人体健康有益。

◎灯光设计的误区

误区一：许多人盲目使用射灯（即卤素钨丝灯泡）。射灯原来是用于重点照明的，有强调展示品的作用，但现在反而用在一般照明上。天花板上的射灯使得天花板过分抢眼，对其它物体的照明效果反而相对减弱。

误区二：许多人为了省电，过多地使用节能灯。节能灯的灯光过于冷白，因此，从营造居家温馨气氛的角度来看，过多地使用节能灯显然是不合理的。

误区三：很多人偏好水晶灯，觉得它是一种气派的象征，却没有注意到国内住宅的天花板高度一般在3米以下。因此，如果盲目地使用水晶灯，反而会造成压迫感。

◎如何布置小房间

由于城市人口比较集中，一些家庭的住房面积不够宽敞，那么，怎样才能使比较小的房间布置得紧凑宜人呢？

1. 图案法。利用人们视觉上的错觉来改变人对空间高低、大小的估计，比如墙壁上的花纹不同，就会使人对房间空间产生扩大或缩小的效果。所以，如果墙壁用带菱形图案的墙壁纸装饰后，会给人带来宽阔感。

2. 色彩法。色彩是一种有明显效果的装饰手段，不同的色彩赋予人不同的距离、温度和重量感。比如红、黄、橙等暖色，给人一种凸起的感觉；而蓝、青、绿等冷色，则给人一种景物后退的感觉。实际上，距离并没有变，只是色彩给人们的眼睛造成了一种错觉。利用色彩的这个特点，比较小的房间就应该用亮度高的淡色作为主要色调，比如淡蓝或浅绿等。这样的色彩使空间显得开阔、明快。另外，也可以使用中性的浅冷色来改变窄小空间的紧迫感。

3. 重叠法。采用上下重叠组合的家具，把它们尽量贴墙放置，使房间中部形成比较大的空间，便于室内活动。

4. 空间延伸法。通过透明体的反光作用，使室内空间得以贯通。比如将镜子悬挂于迎门的墙上或用镜面做壁橱、桌子和茶几等的表面，尽量选用半透明质的窗帘等，都能收到这样的效果。

◎如何防止装修欺诈

有的装修公司承诺得很好，但在实施装修的过程中却偷工减料，以次充好，极不负责任，造成装修欺诈，给消费者带来诸多麻烦。其实，防止装修欺诈也有技巧：

1：不轻信广告，应找经权威部门认可、信誉好、质量高的恰当规模的公司。

2：一定要签订合同，千万不能因亲戚朋友介绍而只订"口头合同"。

3：最好不要包工包料，以防装饰材料以次充好。

4：施工结束，要有一个验收期，一定要验收合格才能签字，然后交付除了预付款之外的其余工程款。

5：一旦发现技术和质量问题，要及时要求返工重做，否则会难以修复，必要时可到消协和法院申请帮助和裁决。

◎家庭居室客厅如何设计

客厅的颜色：客厅一般是以清爽的中性偏暖的色调为主，如橙色、绿色、蓝色等，使之与室外的环境有所区别，同时更能体现出家的温馨。

客厅的灯光：暖色和冷色的灯光在客厅内均可以使用。暖色制造温情，冷色则更清爽。可以应用的灯具有也很多：荧光灯、射灯、吸顶灯，还有一些壁灯也可使用。

客厅的家具：在客厅，家具的选择，一种是低柜，另一种是长凳。低柜属于集纳型家具，可以放鞋、杂物等，柜子上还可放些钥匙、背包等物品。长凳的作用主要是方便主人换鞋、休息等，而且不会占去太大空间。

客厅的装饰物：要想装饰出一个有气氛的空间，一些小饰物是必不可少的。只要您稍加留心，客厅就会成为家中的第一道风景。

◎居室颜色对健康有什么影响

人的视觉对色彩的感受非常敏感。进入室内以后，首先映入眼帘的、给人较深印象的是室内的色调气氛和色彩综合效果，其次才是室内的造型、结构、家具样式及其它摆设等。如果居室色彩运用不当，就会使人产生视觉生理上的不平衡，容易使人出现多种不适感。

白色能给人以宽广、开放、分散、轻度、高度等感觉，红、橙、黄色能显示温暖、愉快及刺激的效果，青、蓝、紫色能给人以幽静及舒畅的感觉，而黑色则给人以集中、压迫、抑郁、低度、重度的感觉。

一般地面的颜色，应比家具和墙面的色彩重些为好，这样才能增加房间里的美感，才能使墙面、家具、地面三者的整体色调有稳定性和沉着感。

◎挑选各种家具的窍门

家具与人们的生活息息相关，影响着人们的生活质量和身体健康，因此提醒消费者在选购家具之前，最好事先做好知识储备，学些挑选识别各种家具的窍门。

1.家具材料是否合理。不同的家具表面用料是有区别的，如桌、椅、柜的腿子，要求用硬杂木，比较结实，能承重，而内部用料则可用其它材料；大衣柜腿的厚度要求达到2.5cm，太厚就显得笨拙，薄了容易弯曲变形；厨房、卫生间的柜子不能用纤维板做，而应该用三合板，因为纤维板遇水会膨胀、损坏；餐桌则应耐水洗。

发现木材有虫眼、掉沫，说明烘干不彻底。检查完表面，还要打开柜门、抽屉门看里面内料有没有腐朽，可以用手指甲掐一掐，掐进去了就说明内料腐朽了。开柜门后用鼻子闻一闻，如果冲鼻、刺眼、流泪，说明胶合剂中甲醛含量太高，会对人体有害。

2.贴面家具拼缝严不严。不论是贴木单板、PVC还是贴预油漆纸，都要注意皮子是否贴得平整，有无鼓包、起泡、拼缝不严现象。检查时要冲着光看，不冲光看不出来。水曲柳木单板贴面家具易损坏，一般只

能用两年。就木单板来说，刨边的单板比旋切的好。识别二者的方法是看木材的花纹，刨切的单板木材纹理直而密，旋切的单板花纹曲而疏。

3.家具包边是否平整。封边不平，说明内材湿，几天封边就会掉。封边还应是圆角，不能直棱直角。用木条封的边容易发潮或崩裂。三合板包镶的家具，包条处是用钉子钉的，要注意钉眼是否平整，钉眼处与其它处的颜色是否一致。通常钉眼是用腻子封住的，要注意腻子有否鼓起来，如鼓起来了就不行，慢慢腻子会从里面掉出来。

4.镜子家具要照一照。挑选带镜子类的家具，如梳妆台、衣镜、穿衣镜，要注意照一照，看看镜子是否变形走色，检查一下镜子后部水银处是否有内衬纸和背板，没有背板不合格，没纸也不行，否则会把水银磨掉。

5.油漆部分要光滑。家具的油漆部分要光滑平整、不起皱、无疙瘩。边角部分不能直棱直角，直棱处易崩渣、掉漆。家具的门子里面也应着一道漆，不着漆板子易弯曲，又不美观。

6.配件安装是否合理。例如检查一下门锁开关灵不灵；大柜应该装三个暗绞链，有的只装两个就不行；该上三个镙丝，有的偷工减料，只上一个螺丝，用用就会掉。

7.沙发、软床要坐一坐。挑沙发、软床时，应注意表面要平整，而不能高低不平；软硬要均匀；而不能这块硬，那块软；软硬度要适中，既不能太硬也不能太软。挑选方法是坐一坐，用手摁一摁，平不平，弹簧响不响，如果弹簧铺排不合理，致使弹簧

咬簧，就会发出响声。其次，还应注意绗缝有无断线、跳线，边角牙子的密度是否合理。

8. 颜色要与室内装饰协调，白色家具虽然漂亮，但时间长了容易变黄，而黑色的易发灰，不要当时图漂亮，到最后弄得白的不白，黑的不黑。一般来说，仿红木色的家具不易变色。

住房装饰

◎不同朝向的窗口如何摆放花卉

室内窗口的朝向不同，所摆放的花卉也不同。因为每个不同朝向的窗口，光线不一样。所以，在摆放花卉时，要根据各种植物的耐光性合理摆放。

适合于朝南窗口养植的花卉有金莲花、君子兰、鹤望兰、百子莲、月季、茶花、栀子花、牵牛、杜鹃花、茉莉、米兰、水仙、郁金香、天竺葵、风信子、小苍兰、冬珊瑚等。

适合于朝东、朝西窗口养植的花卉有仙客来、海芋、文竹、吊兰、秋海棠、蟹爪兰、花叶芋、金边六雪、天门冬、仙人掌类等。

适于北窗养植的花卉有龟背竹、常春藤、吊兰、棕竹、豆瓣绿、万年青、蕨类植物等。

◎客厅绿化小窍门

客厅要突出热烈和欢快的气氛，应以常绿的大型、中型花本为主，并辅以观花、观果植物，如蒲葵、龟背竹、棕竹、松、柏、竹、梅花、腊梅、山茶等，应避免放置有刺的植物。

此外，给山水盆景配上古色古香的几架，墙上贴一幅与山水相一致、意境高雅的书法条幅，或者墙壁上挂一两幅色彩明丽的风光摄影画，前者雅味十足，后者色彩绚丽，都是很适宜的。

客厅里主面墙壁下，以一盆大型的山水盆景为骨架，墙角的几架上配置一盆四季常绿的树桩盆景，靠沙发的茶几上再摆放一盆时令花卉，这样便形成了一种高低错落，树木、"山水"、花卉交相辉映的立体装饰效果，宛如一幅立体的山水画卷，自然和谐，情趣盎然。

◎不宜家养的致癌植物

专家根据长期的研究指出，到目前为止有五十多种植物，均含有致癌物质，它们是：火殃勒、木油桐、了哥王、石粟、广金钱草、怀牛膝、细叶变叶木、蜂腰榕、多裂麻风树、红背桂花、石山巴豆、毛果巴豆、巴豆、剪刀股、麒麟冠、猫眼草、坚荚树、泽漆、甘遂、续随子、高山积雪、铁海棠、鸢尾、千根草、鸡尾木、红雀珊瑚、三棱、变叶木、圆叶乌桕、山乌桕、乌桕、假连翘、油桐、芫花、结香、狼毒、黄芫花、土沉香、细轴芫花、苏木、红芽大戟、猪殃殃、黄毛豆腐柴、黄花铁线莲、金果榄、曼陀罗、阔叶猕猴桃、红凤仙花、海南蒌、苦杏仁、射干、银粉背蕨等。

所以，对于喜欢花卉的家庭来说，在购买之前要留心，不要误买。而家中已有的，最好还是尽早清理出去，以免影响家人的健康。

◎室内养花有什么好处

为了改善室内环境，在家中适当地养些花卉是有必要的，这不仅可以美化室内的环境，净化室内的空气，排除居室的有害物质，而且对身心还能起到一定的保健作用。比如：

1. 鸡冠花可以吸收大量的放射性元素。

2. 吊兰、芦荟、虎尾草、绿萝等可以吸收室内的甲醛、一氧化碳等。

3. 常青藤、铁树能分解存在于地毯、绝缘材料、胶合板中的甲醛和隐藏于壁纸中对肾脏有害的二甲苯。

4. 雏菊、万年青可清除二氯乙烯。

5. 柑橘、吊兰可使室内空气中的细菌和微生物减少。

6. 仙人掌类植物具有夜间吸收室内二氧化碳，吐出氧气，使空气中的负离子增多，空气新鲜度增高的特殊生理功效。室内养上1～2盆仙人掌、仙人球，就等于在室内安装上廉价的"天然负离子发生器"，对人体健康十分有益。

◎客厅花卉的选择和布置

客厅是家人聚集活动的场所，也是接待客人的地方，所以，如何布置好客厅，就显得非常重要。总的来说，客厅花饰要求的是典雅大方、热情好客。所以，整个花饰就应做到景观鲜明，布局新颖，搭配合理，让人既可以感到环境高稚，又能有宾至如归的感觉。

一般情况下，可以在客厅沙发间的茶几上摆放一盆仙客来，以示主人的好客之意，也可摆放一盆应时花卉、小型盆景或一瓶插花。但要注意的是，高度要适中，以防挡住客人。在沙发旁则可以放置较低矮的观叶植物。然后，在室内一角配以矮花架，摆放一盆中型观叶植物，如散尾葵、君子兰、龟背竹、彩色马蹄莲等。另一角再放上一高几架，摆上一盆枝叶向下飘落的悬垂式花卉。厅内有多用柜的，还可以在柜上放一篮鲜花，这样可以点缀出"万绿丛中一点红"的艺术情趣。

而客厅的电视机上则可以放置小型的仙人掌类植物，电视柜边可放置银苞芋、大型仙人球等绿色植物，防电视辐射，也利于美观。在其附近人员走动较少的墙壁上可吸附半圆形竹篮栽种的鹿角蕨等植物。客厅面积较小时，可以选用小型的绿色植物和小型的开花盆栽，采用吊盆、壁挂等形式向空中发展，品种和数量不要太多。客厅面积较大时，可在客厅一进门醒目位置摆上一盆造别精巧的"五针松"或"罗汉松"盆景，这样既显示大气，也起到欢迎客人的作用。落地窗边还可以布置一些姿态较好的大型绿叶植物，这样人在屋外就可以很清楚地看见它，会给人眼前一亮的感觉。

另外，客厅内的空气湿度会相对较低，这就要注意根据各种花卉对空气湿度的要求，充分补充空气中的水分，保持各类植物需要的水分。同时，还要注意的是，不能将花卉布置在空调风可以吹到的地方，那样容易造成花卉叶片失水而干枯。

◎如何精心设计与布置居室

住宅装修应该以实用为本，在此基础上体现较高的文化品位。装修中要坚持实用的、舒适的、生态的和文化的四大理念。

①实用：无论是客厅、卧室，还是厨房、卫生间，都要从实用出发，进行合理的设计，使人觉得用着方便。人每天都要在自己的住宅里生活、活动，千万不要为了"好看"而放弃"实用"，为了豪华而不顾"方便"。

②舒适：要注重休闲空间的设计，要使人一走进自己的住宅，就有回家的感觉，而不要误以为是走进酒吧或其它公共场所。更不要把住宅装修得像气派十足的总裁办公室，追求那种豪华高档的装修。

③生态：装修装饰应选用无毒、无害、无污染、符合"绿色标准"的材料，不要让无形的"杀手"闯进家里而自己还不知道。回归自然是人类的追求、时代的呼唤，可以用植物、盆景、奇石等点缀住宅，"把大自然引入家中"，使人在家里有在大自然怀抱中的感觉。

④文化：室内的空间布局、家具的陈设摆放、色彩的设计组合是采用中式还是倾向

西式，是爱好简洁还是喜欢繁复，都要体现自己的个性特点，体现自己的文化内涵，体现自己的审美情趣。装修中应该在实用的基础上注重文化品位的提高，因为好的居住环境对人有着不可忽视的熏陶作用。"人创造环境，环境也影响人"，为了创造一个良好的居住生活环境，装修的文化理念不可不重视。

◎居家书房布局、布置的技巧

1. 书房应该设在静区，要尽量做到相对安静，而书台要避免正对大门或窗户，以免受到冲射和干扰。

2. 书房要通风透气，采光良好，但窗户要尽量避开西晒，因西晒阳光猛烈，令人烦躁而无法潜心学习和工作。如有西晒，可通过安装半透明窗帘或百叶窗帘来避免变化的炫目的阳光，改变光照，从而使读书空间的光线变得柔和。光线的均匀对阅读十分重要，在整体照明的前提下，可依需要分别采用壁灯、落地灯或台灯等来完善局部的照明，以保护眼睛。

3. 由于读书空间是属于个人的空间环境，所以除了注意室内装修风格与合理实用的家具外，还要注意创造出室内优雅的视觉环境和声觉环境。可在书架上放一两盆散发出清香的花草，也可在墙上贴上几幅充满生活气息的风景图片等，从而有利于营造舒适的氛围。书房颜色最好以浅绿色为主，绿色有"养眼护眼"的作用。

4. 书房不宜太大。太大则显得空旷，不宜集中精力。

5. 书房的门不能朝向厕所、厨房，否

则会受水火冲击引入秽气。除此之外，坐椅切记不要被横梁压顶，及类似横梁的物件如空调器、吊灯等压在头上，否则于书房主人的事业不利。

◎阳台花卉的布置技巧

阳台是家庭养花、绿化装饰的好场所。因此，合理布置好阳台，不仅可以给温馨的家增加美的享受，缓解人的疲惫身心，还可以改善居住的小气候。

阳台大体有三种类型：凸式阳台、凹式阳台、廊式阳台。但目前的家庭，大多居住的是单元楼，单元楼的阳台多为凸式阳台。这种阳台由于方向不同，接受光照的程度也不同。因此，在布置阳台时，要根据不同的朝向，选择不同的花卉。

朝南的阳台：这个方向的阳台，光照充足，温度比较高，适合于养一些对光照要求比较高的花卉，如赏花类的月季、海棠花、紫薇、菊花、天竺葵等，香花类的茉莉、米兰、九里香等，观叶类的变叶木、彩叶草等，观果类的金橘、代代、果石榴、葡萄等。

朝北的阳台：这个方向的阳台，光照不是很充足，冬季又多偏北风，气温通常比南阳台要低，因此，只能养一些不喜温、耐阴的花卉，如棕竹、绿萝、龟背竹、天门冬、富贵竹、万年青、兰花、吉祥草、吊兰、虎尾兰等。

朝东的阳台：这个方向的阳台，上午可以接受3～4个小时的光照时间，到下午，就剩下一些散射光了，因此，适合栽种短日照和耐阴的花卉，如山茶、杜鹃、含笑、君子兰、蟹爪兰等。

朝西的阳台：这个方向的阳台，上午时间基本没有太阳，到下午时，光照强度又会比较大，因此，适合喜日照、耐热的花卉。在阳台的角落可栽种攀缘的植物，如大花牵牛、爬山虎、络石、凌霄、扶芳藤等。这些花到夏季时，就可以形成"绿色屏幕"，起到遮阴降温的作用。此外，在"绿色屏幕"保护下还可以种植一些草花及木本花卉，如一品红、倒挂金钟拂手、芦荟、昙花、仙人球、金橘等。

顶楼阳台：顶楼阳台在楼房的最顶部，位置高，光照充足，温度也比较高，因此，适合养大部分花卉。但在夏天由于温度过高，故只能养一些喜高温光照的花卉，如睡莲、美人蕉、石榴、矮向日葵等。但要注意降温和避阴。而冬天温度通常又比较低，要注意防冻。

◎如何为居室选择植物

在用植物净化室内环境污染时要注意有针对性地选择植物。有的植物对某种有害物质的净化吸附效果比较强，如果在室内有针对性地选择和养殖，可以起到明显的效果。卫生间、书房、客厅、厨房装修的材料不同，污染物质也不同，可以选择具有不同净化功能的植物。

1. 卧室夜间摆不摆植物。卧室摆花要讲究，这是因为白天花卉在进行光合作用时放出氧气和吸收二氧化碳，但在夜间，植物的光合作用被抑制，进行呼吸作用，即消耗氧气，排出二氧化碳，因此在卧室内夜间最好少放或者不放花卉，以免影响健康。

卧室里最好选择 1 ~ 2 盆多浆类植物（如仙人掌科植物、芦荟）或景天科植物（如燕子掌、长寿花），因为常见的仙人掌科和景天科等植物会进行景天科酸代谢。

2. 植物净化的量化选择。根据房间面积的大小选择和摆放植物。植物净化室内环境与植物的叶面表面积有直接关系，所以，植株的高低、冠茎的大小、绿量的大小都会影响到净化效果。一般情况下，10 平方米左右的房间，放两盆 1.5 米高的植物比较合适。

3. 净化一段时间后的植物该不该撤换。一般来说，在轻度或中度污染的室内环境中，植物会进行代偿性地净化空气作用，也就是说，不用担心，植物会"恢复元气"继续工作。但是，如果当所养护的植物出现枯黄、萎谢，甚至死亡时，就要怀疑是不是室内环境已被高度污染了。

◎阳台花卉色彩巧搭配

阳台养花，除了净化空气之外，更多的是用来观赏和装饰。因此，要特别注意布局和色彩的搭配。杂乱无章的摆放，会影响整体的美观效果，也不方便人们活动和晾晒衣服等。而色彩的错误搭配，也就起不到最好的观赏价值。因此，要使阳台得到最好的美化，就要因地、因时、因花合理规划，这样阳台才可以成为家中的一道亮丽的风景线。

1. 色彩的选择：阳台花卉，通常要选择一些能够创造和谐颜色的植物，这样搭配起来会给人一种整体感，面积看起来也会比现实显得稍大一些，但要注意的是，个别颜色对整体基调的影响。通常情况下，黄色和金黄色表示热情、豪放、温暖，能使空间明亮起来；灰色和银白色叶子的植物，能给人一种轻松、自然、活泼的感觉；而紫色和深绿色、青铜色搭配能创造一种神秘幽暗的感觉。

2. 配色的方法：比较常见的有四种，即同一色系配色、近似色配色（如红—黄—橙）、对比色配色（如红—绿，黄—紫）、三等距色配色（红—黄—蓝）。

配色时必须注意：有时同一花卉会因花色改变、开花期参差不齐或因花色混杂而破坏整体的均衡，所以要先充分了解各种花卉的特征，才能做到配色协调。

居室清洁

◎如何保养布艺家具

每周至少吸尘 1 次，尤其注意去除织物结构间的积尘。

如垫子可翻转换用，应每周翻转 1 次，使磨损均匀分布。

如沾有污渍，可用干净抹布沾水拭去。为避免留下印迹，最好从污渍外围抹起。丝绒面料不可沾水，应使用干洗剂。

所有布套及衬套都应以干洗方式清洗，不可水洗，勿漂白。

应避免身带汗渍、水渍及泥尘坐在布艺

家具上，以保证家具的使用寿命。

如发现松脱线头，不可用手扯断，应用剪刀将之剪平。

◎ 如何创造卫生间的良好环境

1. 形状要方正，忌三角形、弧形或畸形。

2. 通风排水要良好，干湿分离。

3. 不宜使用玻璃门或用玻璃间隔。

4. 卫浴排水管道不宜流经住宅其它房间。

5. 厨卫相对线上，不宜设香火、神位。

6. 镜子前宜设暖色镜前灯。

7. 不宜堆放过多杂物。

8. 打扫卫生的用品不要露出摆放。

◎ 巧擦纱门窗

1. 海绵擦拭法。取两块海绵，用一些肥皂水或洗衣粉溶液，一只手握一块，两面夹住纱门窗的同一部位，同时擦试，先由上而下，再由左至右，这样纱门留上的灰尘污垢很容易就被清除掉了。

2. 洗衣粉、牛奶去污法。刷纱窗时，在洗衣粉溶液中加入少量牛奶，可使刷完的纱窗焕然一新。

3. 洗衣粉、烟蒂去污法。将烟蒂泡在洗衣粉溶液中，然后用此溶液来刷洗纱窗，会收到事半功倍的效果。

4. 白酒或食醋去污法。灶间的纱门、纱窗很容易沾上油污。如果在纱窗、纱门洗净后，喷些白酒或食醋，尘污就好清除了。

◎ 如何清除地毯污渍

食用油渍：用汽油或四氯化碳等挥发性溶剂清除，残余部分要用酒精清洗。

酱油渍：先用冷水刷过，再用洗涤剂洗，即可除去。陈渍可用温水加入洗涤剂和氨水刷洗，然后用清水漂净。

鞋油渍：用汽油、松节油或酒清擦除，再用肥皂洗净。

尿渍：新渍可用温水或 10% 的氨水液洗除。陈渍先用洗涤剂洗，再用氟水洗，纯毛地毯要用柠檬酸洗。

果汁渍：先用 5% 的氨水液清洗，然后再用洗涤剂洗一遍。但氨水对纯毛地毯纤维有损伤作用，故应尽量减少使用，一般可用柠檬酸或肥皂清洗，用酒精也可以。

冰淇淋渍：用汽油擦拭。

酒渍：新渍用水清洗即可。陈渍需用氨水加硼砂的水溶液才能清除。如果是毛、丝材料的地毯，可用草酸清洗。

咖啡渍、茶渍：可用氨水洗除。丝、毛地毯，可用草酸清洗剂浸 10 ~ 20 分钟后再洗除，或用 10% 的甘油溶液清洗。

呕吐渍：一种方法是用汽油擦拭后，再用 5% 的氨水擦拭，最后用温水洗净。另一种方法是用 10% 的氨水将呕吐液润湿，再用加有酒精的肥皂液擦拭，最后用洗涤剂清洗干净。

◎ 常见居室异味的消除九种方法

在日常生活中，人们都希望自己的居室空气清新，可是由于一些原因，室内总会出现一些异味，不仅影响居室空气，还影响人体健康，同时也会使自己产生一种不好的心情。下面就教给大家几个去除居室异味的小技巧：

1. 居室异味。居室空气污浊，可在灯泡上滴几滴香水、花露水或风油精，遇热后会散发出阵阵清香，沁人心脾。

2. 厨房异味。做完饭后，厨房中残留的各种饭菜味道很浓，可在锅中放少许食醋加热蒸发，厨房异味即可消除。

3. 卫生间臭味。室内厕所即使冲洗得再干净，也常会留下一股臭味，可将清凉油或风油精开盖后放于卫生间角落处，既可除臭又可驱蚊。也可放置一小杯香醋，恶臭也会自然消失。香醋有效期为 6 ～ 7 天，可每周换一次。

4. 香烟味。室内吸烟，烟雾缭绕，严重影响家人健康，可以用蘸了醋的纱布在室内挥动或点支蜡烛，烟味即除。

5. 油漆味。新油漆的墙壁或家具有一股浓烈的油漆味，要去除油漆味，只需在室内放两盆冷盐水，一至两天漆味便除。也可将洋葱浸泡盆中，同样有效。

6. 霉味。遇到梅雨或返潮季节，屋内往往都很潮湿，衣箱、壁橱、抽屉常常会散发霉味，只需往里面放一块肥皂，霉味即除。也可将晒干的茶叶渣装入纱布袋，分发各处，不仅能去除霉味，还能散发出一丝清香。

7. 花肥臭味。家里养花若用发酵的溶液做肥料，会散发出一种臭味，这时可将新鲜橘皮切碎掺入液肥中一起浇灌，臭味即可消除。

8. 炖肉异味。炖肉时，在锅中放上几块橘皮，可去除肉的异味和油腻，并且能增加肉汤的鲜味。

9. 鱼腥味。做完鱼的炒菜锅里往往会留下一股浓浓的鱼腥味，再用来炒别的菜，便会影响味道。去除鱼腥味，可将锅烧热，放一些用过的温茶叶，鱼腥味就会消失。

◎如何驱除蚊虫效果好

家庭如何防虫和灭虫？

很多人使用杀虫剂消灭家中的害虫，不仅会污染环境，也会对人体造成危害。那么怎样才能既防虫灭虫，又不污染环境呢？

1. 保持家庭卫生。保持家庭干净整洁对于防治和消灭苍蝇、蚊子、蜘蛛、蝎子、蟑螂、老鼠等有害动物，有很好的效果。

2. 将垃圾密封置于安全的地方，以防招引有害蚊虫。

3. 在家中应该安装好无缝隙的纱窗和纱门，以防止飞入蚊虫。还要保持庭院清洁，以避免孳生蜘蛛、蚊蝇、蚜虫、爬虫和毛虫等有害昆虫。

4. 可以栽种一些有驱虫作用的植物，如万寿菊、芸香、薄荷等。

5. 可以用烟蒂泡水，变成咖啡色时就可以当杀虫剂使用，而且还能起到驱赶蚊蝇的作用。

6. 家中植物感染病虫害，可以用喷雾器喷洒，用烟蒂、大蒜、花椒泡制的浸剂，每天喷洒三次。

7. 人工清洁有害蚊虫后应当及时洗手。

◎如何使用蚊香

1. 不宜长期使用同一牌号的蚊香。因为各种牌号的蚊香，由于其配料不尽相同，气味也略有不同，常用同一牌号的蚊香，时间久了，蚊子会产生抗药性，驱蚊效果也就降低了。

2. 傍晚六七点钟是蚊子活动的高峰期，因此这时候点燃蚊香灭蚊效果最好。点燃蚊香后，把它放在门窗附近，可拒蚊子于门窗之外，点燃 10 分钟后关闭门窗半小时左右，以加强灭蚊效果。

3. 蚊香忌点燃过量。烟雾都对人的呼吸系统有刺激作用，人们不宜过量接触。所以，蚊香不可点燃过多，一般 15 平方米的房间点一盘就足够了。

◎如何增加室内的湿度

由于室内冬季有热源，所以湿度常常比人体最适宜的相对湿度低些，常令人感到空气闷热，口腔和鼻黏膜干燥难耐。

如果在热源上放置一个装有水和橘皮的无盖饭盒，则橘皮水的不断挥发，不但可以调节室内湿度，增加室内香气，而且还可预防感冒和鼻塞。

◎如何清洁卫生间

1. 涂蜡去霉点：厕所里环境潮湿，长时间不打扫，瓷砖的接缝处容易出现墨绿色的小霉点。可以在彻底清理一遍卫生间以后，在瓷砖的接缝处涂上蜡，这样会大大减少发霉的可能性。

2. 醋液浸淋浴喷头保通畅：晚上淋浴后，在脸盆中倒上半杯醋，再放上些水，然后把淋浴喷头卸下来，浸泡在醋液里，第二天早晨，淋浴喷头就彻底干净，出水更加顺畅了。

3. 预防镜面模糊：在镜面上涂些肥皂，然后用干布擦一遍，使其形成一道能够隔绝蒸气的保护膜。

4. 驱除卫生间的异味：将柠檬皮或泡过的干茶叶放在卫生间里，异味很快就会消失。若气味是由坐便器内发出来的，可以点燃一根火柴丢入坐便器内，气味会很快消除。

5. 喝剩的可乐洗马桶：将喝剩的可乐倒进泛黄的马桶中，浸泡 10 分钟左右，污垢一般都能被清除。

◎小件物品收藏法

把各种票证装在带拉链的塑料袋中，由于有拉链，里面装的物品掉不出来。塑料袋本身也很结实，不仅可以装厨房用品，还可以用来装其它的小件物品，特别适用于存放发票、收据、标签、邮票等。可以按品种和大小进行分类，贴上标签或物品清单，用起来很方便。

药品及绷带等物存放在密闭容器中，完全可以作为药箱使用。密闭容器具有防潮功能，储存的药品不会变质，特别是软膏或消毒药品等外用药，放在别的地方容易洒落或破碎，在密闭容器中保存绝对安全。

针类物品要用磁铁吸住收藏，有婴儿的

家庭一定要注意大头针、图钉、发夹等针类物品的收藏方法。建议你把这些东西放在有盖的密闭容器中，盖要严实。如果在瓶子底部用黏合剂上一块强磁铁就更放心了，这样，即便是孩子把盖子打开了，里面的针类物品也掉不出来。

◎如何进行室内清洁更有效

1. 瓷砖地打蜡便可永葆光亮，但用水清洁后一定要确保地面干爽，以免被剩余水渍滑倒。

2. 墙壁与天花板的种类多得不胜枚举，但清洁维护时的处理方式，归纳起来只有可用水洗与不能用水洗两种。可用水洗的墙壁与天花板，包括木板墙、彩色瓷砖与木天花板，清洁时可用湿布沾稀释肥皂水轻抹，不可用力以免伤及表面。不可用水洗的墙壁，包括粉墙、壁纸墙，清洁时只需用鸡毛帚由上至下掸去尘埃即可。不论是哪种墙壁，若是沾上污垢了，千万不可用力猛擦，否则难免损坏墙壁。最好是用1小杯酒精、1小匙清洁剂混合后，用喷雾器喷在墙壁的污垢处，然后再以热毛巾覆盖，污垢就能轻易去除了。

3. 皮沙发可用湿布轻抹，沾上油渍可用释稀肥皂水轻抹，但切忌用热水擦以免得皮质变形。

4. 毛绒布料的沙发可用毛刷沾少许稀释的酒精扫刷一遍，再用电吹风吹干。如有果汁污渍，用1茶匙苏打粉与清水均匀，再用布沾上擦抹污渍便会减退。

5. 原色家具可用水质蜡水直接喷在家具表面，再用柔软干布抹干，家具便会光洁明亮。

6. 门窗是家中最直接迎向外在风霜雨雪的一关，因此也最容易显脏。铝合金门窗因为氧化而生锈迹时，可用小刀将铝锈轻轻刮去，再用肥皂水洗干净，用布抹干就可以，打上蜡油之后用干布擦亮，则更能光滑如新。

7. 清洁玻璃较为简便、经济的方法有下列几种：

A 将醋和水按1：2的比例放入喷雾器中，喷在玻璃上再擦抹，就可以擦得非常干净。

B 如果玻璃窗上沾上鸟粪，可用沾醋的布擦抹；有油渍的窗户可用柠檬切口擦抹，可擦得很干净。

C 在水盆中加入5%的阿摩尼亚溶液或汽油，用其清洗玻璃，待玻璃稍干再用干布擦抹干净，玻璃即可一尘不染。

8. 窗帘的质料花色繁多，自己清洗时必须注意哪些不可用水洗，哪些可以用水洗，最好的方法是将其送到专门清洗店，清洗店自会依其料的质地进行处理清洗，最后烫干就如同新的窗帘一样了。

◎如何擦洗浴缸

1. 泡完澡后，就应拔掉塞子，将水排掉，否则很容易留下不易除去的水垢。然后清水洗一遍，避免皂污滞留和细菌滋生。

2. 平时清洗时，先要分清浴缸的材质。一般的瓷浴缸可以使用海绵蘸取清洗剂或洗衣液擦洗；如果是树脂或珐琅浴缸，千万别让洗涤剂停留在其表面的时间过久，否则很容易造成污斑；不锈钢浴缸清洁后要马上用干布擦拭，保持干燥，避免产生锈痕。

3. 清洁时需要注意的是，湿布上不能有沙粒、金属屑等容易划伤表面的东西，也不能用去污粉，否则会把表面擦花，令浴缸失去光泽，还很容易使污垢在磨损处积聚，进而发霉、变黑。如果已经出现这种现象，可用旧牙刷蘸着漂白剂加水混合的液体刷洗。

4. 浴缸使用一段时间后在侧面和底部会有皂污黏附，可用抹布蘸清洗剂反复擦洗，直到皂污被完全清洗干净。

◎阳台上忌堆放太多杂物

无论哪一种阳台，它的底板设计承载能力与厨房或卧室是相同的，一般为每平方米 250 千克左右。如果堆放的东西重量超过了设计能力，即使一时不会倒塌，也会使阳台底或梁柱发生裂缝，潜伏诸多危险。

◎如何控制室内灰尘

1. 减少厨房烟气对居室的污染。厨房安装排烟罩或抽油烟机，并且在做饭炒菜时应及时打开，炊事结束 10 分钟后再关掉。

2. 适时通风换气。

3. 不在居室内吸烟。

4. 冬春季空气干燥季节应增加室内空气湿度。

5. 搞好个人卫生。

6. 搞好宠物保洁卫生。

7. 家庭养花。应选择具有吸尘和净化空气功能的花样品种，如芦荟、常春藤、仙人掌等。

◎如何使浴室保持干燥

1. 要经常打开门窗，让空气自然流通，如果有向阳的窗户，要让阳光直射进来，因为阳光是最佳的除湿器。

2. 干湿分离。如果采用淋浴，最好安装淋浴拉门，防止洗澡时水花四溅、雾气弥漫。由于浴帘不易清洗，容易滋生霉菌，专家并不建议使用，如果要用，也要一两周清洗一次。

3. 多用排气扇。若浴室通风条件不佳，一定要加装排气扇，在浴室洗漱、淋浴时记得打开，走出浴室后还要让排气扇再运转一段时间，直到湿气排尽为止。

4. 平时用水时多加小心，不要让水漫溢、泼溅在地上和台面上。养成习惯，随时用拖把或抹布把地上、台上的水擦干，并注意观察水管、浴缸等是否有漏水的现象。

◎几种常用的清洗常识

真皮沙发忌用热水擦拭：真皮沙发切忌

用热水擦拭，否则会因温度过高而使皮质变形。可用湿布轻抹，如沾上油渍，可用释稀肥皂水轻擦。

用盐清除地上面的汤汁：有小孩的家庭，地毯上常常滴有汤汁，千万不能用湿布去擦。应先用洁净的干布或手巾吸干水分，然后在污渍处撒些食盐，待盐面渗入吸收后，用吸尘器将盐吸走，再用刷子整平地毯即可。

简易清洗油烟机法：先在高压锅内注入冷水并烧沸，待有蒸气不断排出时取下限压阀，接着打开抽油烟机，将蒸气水栓对准旋转的扇叶。由于高热水蒸气不断冲入扇叶等部件，油污水就会循道（管）流入废油杯中。直到油杯里没有油为止，此时抽油烟机已清洗干净，可将高压锅停火。

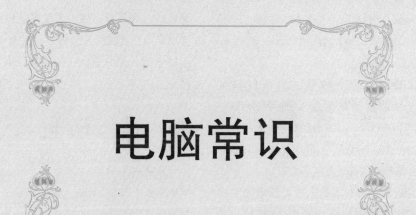

电脑常识

电脑硬件

◎ 光 驱

光驱是台式机里比较常见的一个配件。随着多媒体的应用越来越广泛，使得光驱在台式机诸多配件中已经成标准配置。目前，光驱可分为 CD-ROM 驱动器、DVD 光驱（DVD-ROM）、康宝（COMBO）和刻录机等。

DVD 光驱是一种可以读取 DVD 盘片的光驱，除了兼容 DVD-ROM、DVD-VIDEO、DVD-R、CD-ROM 等常见的格式外，对于 CD-R/RW、CD-I、VIDEO-CD、CD-G 等都能很好地支持。

光驱怕灰尘和震动。灰尘是激光头的"杀手"，震动同样会使光头"打碟"，损坏光头。另外粗劣的光盘也是光驱的大敌，它会加速机芯的磨损，加快激光管的老化。

◎ 显示器

台式机通常采用 CRT 显示器和 LCD 液晶显示器两种。

大体上讲，现在 CRT 显示器分球面显像管和纯平显像管两种。所谓球面是指显像管的断面就是一个球面，这种显像管在水平和垂直方向都是弯曲的。而纯平显像管无论在水平还是垂直方向都是完全的平面，失真会比球面管小一点儿。现在真正意义上的球面管显示器已经绝迹了。

显示器是与人进行交流的界面，也是整个电脑系统中的耗电大户，是最容易损坏的部件。它最怕的是冲击、高温、高压、高亮度、高对比度、电子灼伤等等，显像管很精密，瞬间冲击会损伤它，容易发生诸如断灯丝、裂管颈、漏气等问题；高温易使电源开关管损坏，温度越高开关管越容易击穿损坏，所以它的散热片很大；灰尘易使高压电路打火。

◎ 主 板

常见的主板是 ATX 主板。它是采用印刷电路板（PCB）制造而成，是在一种绝缘材料上采用电子印刷工艺制造的。市场上主要有 4 层板与 6 层板两种。

主板主要包括一个 CPU 插座，北桥芯片、南桥芯片、BIOS 芯片等三大芯片，前端系统总线 FSB、内存总线、图形总线 AGP、数据交换总线 HUB、外设总线 PCI 等五大总线，软驱接口 FDD、通用串行设备接口 USB、集成驱动电子设备接口 IDE 等七大接口。

◎ 主板上的主要芯片

1. 北桥芯片。MCH 在 CPU 插座的左方是一个内存控制芯片，也叫北桥芯片，一般上面有一铝质的散热片。北桥芯片的主要功能是数据传输与信号控制。它一方面通过前端总线与 CPU 交换信号，另一方面又要与内存、AGP、南桥交换信号。

2. 南桥芯片。南桥芯片主要负责外部设备的数据处理与传输。南桥芯片坏后的现象多为不亮，某些外围设备不能用。因为南北桥芯片比较贵，焊接又比较特殊，取下它们需要专门的 BGA 仪，所以一般的维修点无法修复南北桥。

◎ 什么是"显示器适配卡"

显卡全称是显示器适配卡，现在的显卡都是 3D 图形加速卡。它是连接主机与显示器的接口卡。其作用是将主机的输出信息转换成字符、图形和颜色等信息，传送到显示器上显示。显示卡插在主板的 ISA、PCI、AGP 扩展插槽中，ISA 显示卡现已基本淘汰。现在也有一些主板是集成显卡的。

◎ 电脑最重要的部件（电源）

当我们电脑出现故障时，大部分用户可能会将目标第一时间锁定到 CPU、显卡、主板、内存、硬盘上，在电脑出现故障时最不为人们所关注的就是电源品质的好坏。

本质上，电源是电脑最重要的部件，是其心脏，如果电源不正常，就不可能保证其它部分的正常工作，也就无从检查别的故障。据统计，电源部分的故障在整机中占的比例最高，许多故障往往就是由电源引起的。

电源怕反复的开机、关机。开机时，开关电源需要建立一个由启振到平衡的过程，启振过程中频率不稳、冲击电流大，很容易烧毁开关管。绝大部分的开关管都是在开机瞬间烧毁的。

◎ 内存（内存储器）

在计算机的组成结构中，有一个很重要的部分，就是存储器。存储器是用来存储程序和数据的部件，对于计算机来说，有了存储器，才有记忆功能，才能保证正常工作。存储器的种类很多，按其用途可分为主存储器和辅助存储器，主存储器又称内存储器（简称内存），辅助存储器又称外存储器（简称外存）。外存通常是磁性介质或光盘，像硬盘、软盘、磁带、CD 等，能长期保存信息，并且不依赖于电来保存信息，但是由机械部件带动，速度与 CPU 相比就显得慢得多。内存指的就是主板上的存储部件，是 CPU 直接与之沟通，并用其存储数据的部件，存放当前正在使用的（即执行中）的数据和程序，它的物理实质就是一组或多组具备数据输入输出和数据存储功能的集成电路。内存只用于暂时存放程序和数据，一旦关闭电源或发生断电，其中的程序和数据就会丢失。

内存比较害怕超频，一旦达不到所需频率，极易出现黑屏，甚至发热损坏。

◎ 电脑中最重要的部件CPU

"CPU"是 Central Processing Unit 的缩写，译为中央处理器，也做叫微处理器，指具有运算器和控制器功能的大规模集成电路。微处理器在微机中起着最重要的作用，是微机的心脏，构成了系统的控制中心，对各部件进行统一协调和控制。

CPU 最怕的是高温和高电压。高温容易使内部线路发生电子迁移，缩短 CPU 的寿命。高电压更是危险，很容易烧毁CPU。

◎无线局域网

计算机局域网是把分布在数公里范围内的不同物理位置的计算机设备连在一起，在网络软件的支持下可以相互通讯和资源共享的网络系统。通常计算机组网的传输媒介主要依赖铜缆或光缆，构成有线局域网。但有线网络在某些场合要受到布线的限制：布线、改线工程量大；线路容易损坏；网中的各节点不可移动。特别是当要把相离较远的节点联结起来时，敷设专用通讯线路布线施工难度之大，费用、耗时之多，实是令人生畏。这些问题都对正在迅速扩大的联网需求形成了严重的瓶颈阻塞，限制了用户联网。

◎网卡的作用是什么

网络接口卡，又称网络适配器，简称网卡。它用于实现联网计算机和网络电缆之间的物理连接，为计算机之间相互通信提供一条物理通道，并通过这条通道进行高速数据传输。在局域网中，每一台联网计算机都需要安装一块或多块网卡，通过介质连接器将计算机接入网络电缆系统。网卡完成物理层和数据链路层的大部分功能，包括网卡

与网络电缆的物理连接、介质访问控制（如CSMA/CD）、数据帧的拆装、帧的发送与接收、错误校验、数据信号的编/解码（如曼彻斯特代码的转换）、数据的串行与并行转换等功能。

◎"Modem"是什么

Modem 就是调制解调器，是调制器和解调器的合称，通常戏称为"猫"。它是拨号上网的必备设备。通过 Modem 将计算机的数字信息变成音频信息才得以在电话线上传播。

Modem 一般分内置和外置两种。内置式插入计算机内不占用桌面空间，使用电脑内部的电源，价格一般比外置式便宜。外置式安装简易，无须打开机箱，也无须占用电脑中的扩展槽。它有几个指示灯，能够随时报告 Modem 正在进行的工作。

◎什么是防火墙

防火墙是指设置在不同网络（如可信任的企业内部网和不可信的公共网）或网络安全域之间的一系列部件的组合。它可通过监测、限制、更改跨越防火墙的数据流，尽可能地对外部屏蔽网络内部的信息、结构和运行状况，以此来实现网络的安全保护。

在逻辑上，防火墙是一个分离器、一个限制器，也是一个分析器，有效地监控了内部网和 Internet 之间的任何活动，保证了内部网络的安全。

◎ 使用防火墙的益处

1. 保护脆弱的服务。通过过滤不安全的服务，防火墙可以极大地提高网络安全和减少子网中主机的风险。

2. 控制对系统的访问。防火墙可以提供对系统的访问控制。如允许从外部访问某些主机，同时禁止访问另外的主机。

3. 集中的安全管理。防火墙对企业内部网实现集中的安全管理，在防火墙定义的安全规则可以运行于整个内部网络系统，而无须在内部网每台机器上分别设立安全策略。防火墙可以定义不同的认证方法，而不需要在每台机器上分别安装特定的认证软件。外部用户也只需要经过一次认证即可访问内部网。

4. 增强保密性。使用防火墙可以阻止攻击者获取攻击网络系统的有用信息，如 Figer 和 DNS。

5. 记录和统计网络利用数据以及非法使用数据。

6. 策略执行。

◎ "蓝牙" 是什么

蓝牙是一种无线电技术规范，用来描述各种电子产品（诸如移动电话、计算机和个人数字助手 PDA）相互之间是如何用短距离无线电系统进行连接的。电子设备间的这种无线电连接是用低功率无线电链路来实现的。蓝牙技术的主要好处是消除了千头万绪、令人头痛的电缆线，通常这些电缆是用于连接设备间信息传递和同步所必需的。

◎ 服务器是什么

服务器是一种高性能计算机，作为网络的节点，存储、处理网络上 80％ 的数据、信息，因此也被称为网络的灵魂。做一个形象的比喻：服务器就像是邮局的交换机，而微机、笔记本、PDA、手机等固定或移动的网络终端，就如散落在家庭、各种办公场所、公共场所等处的电话机，我们与外界日常的生活、工作中的电话交流、沟通，必须经过交换机才能到达目标电话。同样如此，网络终端设备如家庭、企业中的微机上网，获取资讯，与外界沟通、娱乐等，也必须经过服务器，因此也可以说是服务器在"组织"和"领导"这些设备。

◎ 路由器是什么

是什么把网络相互连接起来？是路由器。路由器是互联网络的枢纽、"交通警察"。

目前路由器已经广泛应用于各行各业，各种不同档次的产品已经成为实现各种骨干网内部连接、骨干网间互联和骨干网与互联网互联互通业务的主力军。

所谓路由就是指通过相互连接的网络把信息从源地点移动到目标地点的活动。一般来说，在路由过程中，信息至少会经过一个或多个中间节点。通常，人们会把路由和交换进行对比，这主要是因为在普通用户看来，两者所实现的功能是完全一样的。

电脑软件

◎ 系统变慢的原因有哪些

新安装系统后，使用一段时间后出现系统变慢或者报错情况，可能原因有：

1. 安装软件过多，占满了硬盘上的空间，造成系统或程序缺少足够的运行空间而变慢。可定期检查系统盘所在地的硬盘空间，并确保其有足够的空间（如果是 XP 系统，建议至少要留 2G 以上的空间）。

2. 频繁的安装、删除软件或程序，造成文件碎片或系统垃圾，将严重地妨碍系统的运行速度。

3. 由于安装的软件较多，造成启动的时候异常缓慢：由于很多软件需要在系统中写入软件的相关设置，甚至在电脑启动的时候就需要启动软件的很多服务，故造成启动时间变慢。

◎ 系统变慢如何解决

1. 定期对系统进行碎片整理，以提高系统的运行速度：需要定期经常做些磁盘维护工作，清除垃圾，整理硬盘碎片，这样可以帮助提高硬盘的读写效率，提高运行速度。

2. 另外一个很重要的原因是病毒：病毒会造成系统使用缓慢或出现异常报错，定期查杀病毒，慎重安装软件，都是有效避免的方法。

3. 对于过频繁的安装、删除软件或程序，

造成文件碎片或系统垃圾，妨碍系统的运行速度的，建议卸载软件或程序时，一定要遵照相应的说明进行。

4. 需要定时进行软件清理，不用的软件最好卸载掉，同时注意"开始\所有程序\启动"中的项目，不必要的软件，就不要启动加载，从启动项目中删除就可以。

◎ "电脑病毒"是什么

电脑是相当精密的设备，在我们使用电脑过程当中，很多原因都能造成电脑的运行速度减慢、无法打开网页、电脑完全无法运行等。其中，最主要的原因就是电脑病毒。电脑病毒是一种程序，只不过这种程序不是为用户服务，而是一个破坏用户所使用的系统、窃取用户资料等功能的破坏程序。

◎ BIOS病毒现象

"BIOS 病毒现象"是电脑感染了病毒后会出现的异常现象。

1. 开机运行几秒后突然黑屏。
2. 外部设备无法找到。
3. 硬盘无法找到。
4. 电脑发出异样声音。

◎ 硬盘引导区病毒现象

1. 无法正常启动硬盘。
2. 引导时出现死机现象。

3.执行 C 盘时显示："Not ready error drive A Abort，Retry，Fail？"

◎ 操作系统病毒现象

1.引导系统时间变长。

2.计算机处理速度比以前明显减慢。

3.系统文件出现莫名其妙的丢失，或字节变长，日期修改等现象。

4.系统生成一些特殊的文件。

5.驱动程序被修改使得某些外设不能正常工作。

6.软驱、光驱丢失。

7.计算机经常死机或重新启动。

◎ 应用程序病毒现象

1.启动应用程序出现"非法操作"对话框。

2.应用程序文件变大。

3.应用程序不能被复制、移动、删除。

4.硬盘上出现大量无效文件。

5.某些程序运行时载入时间变长。

◎ 电脑病毒传播的途径有哪些

电脑病毒传播的途径有以下三种：

1.从别人的电脑中复制资料到磁盘上，再将磁盘拿到自己的电脑中使用,这一环节,可能您的电脑已感染了电脑病毒。

2.使用盗版电脑光盘。在使用盗版电脑光盘时,光盘中的文件可能已被病毒感染,您使用了被感染的文件，也意味着自己的电脑中的文件也被该病毒感染了。

3.在互联网中感染电脑病毒。电脑病毒的传播绝大部分都是由互联网中传播的，在互联网上感染电脑病毒的几率最大，一定要小心!

◎ 怎样预防电脑病毒

1.尽量少从别人的电脑中复制资料到自己的电脑中使用,如果必须复制资料到自己的电脑中使用，那么，在使用资料前，请先用杀毒软件查杀病毒，确保无病毒后，再进行使用。如果您还没有安装杀毒软件，请尽快安装。

2.提倡使用正版电脑光盘。尽量少使用盗版电脑光盘，在使用盗版电脑光盘前也请先用杀毒软件查病毒，确保无病毒后，再进行使用。

3.在进入互联网前，一定要启动杀毒软件的病毒防火墙，现在的病毒防火墙技术已经相当成熟了，病毒防火墙不但可预防感染病毒，而且还可查杀部分黑客程序。

4.经常更新杀毒软件病毒库，并使用杀毒软件进行查杀病毒。

5.不要轻易下载小网站的软件与程序。

6.不要光顾那些很诱惑人的小网站，因为这些网站很有可能就是网络陷阱。

在做好了以上预防工作后，相信电脑感染病毒的几率会大大降低。

◎ 什么是"三打三防"

"三打"：安装新的计算机系统时，要注意打系统补丁，防止震荡波类的恶性蠕虫病毒传播感染；上网的时候要打开杀毒软件实时监控；安装个人防火墙，隔绝病毒跟外界的联系，防止木马病毒盗窃资料。

"三防"：防邮件病毒，收到邮件时首先要进行病毒扫描，不要随意打开陌生人的附件；防木马病毒，从网上下载任何文件后，一定要先进行病毒扫描再运行；防恶意"好友"，当收到其通过 QQ、MSN 发过来的网址连接或文件，不要随意打开。

◎机器染上了病毒怎么办

如果您的机器感染上了病毒，或者您怀疑您的机器感染了病毒，您可以采用如下的方法，进行检查并清除病毒：

1. 使用正版的查杀病毒软件来清除病毒。

2. 使用杀毒软件网站上提供的在线杀毒方法进行杀毒。目前很多专业杀毒软件厂商（如金山毒霸、瑞星等）都在其官方网站上提供了在线式的查杀病毒服务，您可以登陆这些厂商的网站，使用其上述服务帮助查杀病毒。

3. 使用专杀工具进行查杀。对于某些特种病毒（比如蠕虫、木马病毒），使用这些专杀工具查杀，效果比较好。这些专杀工具，在专业杀毒软件厂商网站上都有下载，下载本地后，需要先断开和网络（Internet 或局域网）的联接，然后执行这些专杀工具后进行杀毒。

4. 使用正版软件的杀毒盘进行查杀。目前很多专业杀病毒软件都提供单独的杀毒盘（软盘、U 盘）启动杀毒，这种方式杀毒效果比较好，能够较彻底地清除病毒。

5. 重新安装系统。这是解决病毒感染

最彻底和有效的方法，但会造成您部分使用参数或数据的丢失。

◎如何使用系统恢复

WindowsXP 系统提供了系统还原功能，默认情况下，这个功能是开启的。系统还原在计算机运行的过程中，自动监测一组核心系统文件和某些特定类型的应用文件和注册表所做的更改。如果用户对计算机系统做了有害的更改，影响了其运行速度，或者出现严重的故障，可以使用"系统还原"功能，做过改动的计算机的系统返回到一个较早的时间的设置，而不会丢失用户最近进行的工作。可以在"开始\所有程序\附件\系统工具"下，找到"系统还原"项目，点击后依照提示进行操作即可。

◎如何使用"一键恢复"

"一键恢复"是一种系统复原的程序，大部分机器在出厂是就已经安装并启用了这个服务。使用一键恢复后，可以将系统恢复到原始的出厂状态，或着恢复到您当初备份的状态。启动一键恢复的方法很简单，以联想为例，您可以在开机时出现"联想"字样的时候，点击键盘上的"一键恢复"按钮，启动依照该程序，依照相关提示进行操作就可以完成恢复工作。需要特别提醒您注意的是：此操作会带来您的系统设置或数据的损失，请慎重使用；同时使用前请一定要备份您 C 盘下的相关数据。

◎ 什么是"流氓软件"

目前网上流行一些被网民们称为"流氓软件"的程序，这些软件包括广告程序、间谍软件、IE 插件等，其软件的表现为：有时在电脑的使用过程中，会经常跳出很多广告，在 IE 的地址栏及收藏夹中出现很多无关的链接等等。而且此类程序无卸载程序，无法正常卸载和删除，强行删除后还会自动生成。这些软件给我们的上网带来了很多的不便和困扰。

◎ 如何避免"流氓软件"

1. 必须注意在安装某些软件的过程中，不要一味地点击"下一步"，而是要看清楚，是否在安装的时候会"顺便安装"某些插件。一般软件会有提示，让你是否选择安装某些插件，如果这些不是您所需要用的，最好是不要选中安装。

2. 在浏览一些网站的时候，有时会跳出"您是否要安装 XXXX"之类的对话框，在不能确定这个即将安装的软件是什么来路之前，最好点击"否"。

3. 有些软件和网站不留相关提示就安装了某些插件或广告程序，可以在网络上搜索一些清楚这些软件的方法或者工具。

◎ 如何确保网络交易顺畅安全

目前网上支付是一个很时髦的网络交易方式，但这种交易支付方式也存在很多的隐患和较大的风险，从发生问题的案例来看，由于个人对安全方面的忽视，预防措施做的不到位，是造成网上交易支付损失最大的原因。为了有效降低此种方面的风险，建议以下几点：

1. 确保您安装并启用了正版杀毒软件和微软 Internet 防火墙，上述软件能够有效地阻止黑客软件对您计算机的入侵。

2. 更新 Windows 操作系统，安装补丁程序，防止系统漏洞。

3. 安装正版杀毒软件，并确保定期升级。正版的杀毒软件有软件厂商保证的各项权益，尤其是定期升级，对您的系统安全防护至关重要。使用正版杀毒软件，并定期升级，定期杀毒（至少一个月做一次）能够有效的降低被木马病毒感染的几率，降低重要信息尤其是密码等被泄漏的风险。

4. 登陆正规网站，避免留下和银行密码相同的密码。很多非法或不正规网站，诱骗客户注册，并取得用户密码，如果您一旦泄漏了您的相关银行账号，密码相同的话，就会给你带来严重威胁和风险，所以注册网站是一定要留意和谨慎。

5. 登陆网上银行，留意网址，避免登陆克隆网站。

6. 安装认证证书，设定长字位密码，建议使用银行提供的各种安全认证工具（如 USB 密匙、证书）等，详细情况可联系您开户银行，取得相关建议。

电脑保养维护

◎电脑屏幕的操作应注意什么

平时总是能看见有人在电脑屏幕上用手指头指指点点，使得屏幕上出现了许多难看的手印。其实无论是纯平显示器或者是液晶显示器都是不能用手去触摸的，更不能用指甲在显示器上划道道。用手触摸显示器的屏幕，会由于发生剧烈的静电放电现象而损害显示器，同时还会因为手上的油脂破坏显示器表面的涂层。注意，显示器在清洁养护时一定要拔掉电源线和信号线，以保证安全。擦拭外壳时，最好不要用会滴水的湿布。对屏幕的清洁要特别小心，严禁使用有机溶剂（如酒精、丙酮等），尽量避免使用化学清洁剂，否则造成显示器表面的镀膜破损脱落，这是无法弥补的损失。擦拭时一定要用软布（如眼睛布，镜头纸也可以）直接擦拭或喷上电脑屏幕清洁剂再用软布沿同方向轻轻擦拭。

◎如何清洁液晶显示屏

液晶显示器使用一段时间后，你会发现显示屏上常会吸附一层灰尘（关掉 LCD 后侧看更明显），有时还会不小心粘上各种水渍，这肯定将大大影响视觉效果，该如何清洁呢？

1. 先关闭 LCD 电源，并取下电源线插头和显卡连接线插头。

2. 将 LCD 搬到自然光线较好的场所，以便能看清灰尘所在，从而达到更好的清洁效果。

3. 清洁液晶显示屏不需要什么专门的溶液或擦布，清水 + 柔软的无绒毛布或纯棉无绒布就是最好的液晶显示屏清洁工具（不掉屑纸巾也行）。在清洁时可用纯棉无绒布蘸清水然后稍稍拧干，再用微湿的柔软无绒毛湿布对显示屏上的灰尘进行轻轻擦拭（不要用力地挤压显示屏），擦拭时建议从显示屏一端擦到另一端直到全部擦拭干净为止，不要胡乱挥舞。

4. 用较湿的柔软湿布清洁完液晶屏后，可用一块拧得较干的湿布再清洁一次。最后在通风处让液晶屏上水气自然风干即可。

◎计算机如何摆放

应当放在阳光照射不到的地方，远离火炉、取暖和制冷等一切致使计算机过热、过冷、过潮或损坏、震动的设备。在显示器的周围一米之内杜绝摆放磁性物体（包括磁铁、磁头改锥等），对于电脑专用的防磁音箱可不在此列。

◎计算机如何运输

计算机的主机在运输装运前应使主机中的主板保持在最下方的位置，并注意避免对主机的强烈震动，以免导致硬盘的损坏。对于液晶显示器要注意避免屏幕受压而导致损坏。

◎计算机如何清洁

如需为显示器的屏幕进行清洁，绝对禁止使用酒精、洗衣粉等清洁剂或一切有腐蚀性的溶剂，应该用质地柔软的湿布或干布进行擦拭），一定避免机内进水；在开机状态绝对禁止对主机进行擦拭、移动等动作，以免导致硬盘产生坏道，甚至损坏。

◎怎样保养笔记本电脑显示屏幕

屏幕上沾染的灰尘只要用干燥的软毛刷刷掉就可以了，并不需要更多的清洁手段。但如果屏幕布满指纹和口水，还有其它不知名的污渍，就需要一些特殊的清洁手段，如使用液晶屏专用清洁剂，如果买不到这种清洁剂也可以用高档的眼镜布加一点儿清水来清洁。

在笔记本电脑屏幕的保护上，最忌的就是压、顶、刮和不正确的屏幕开启方式。笔记本电脑的液晶屏由许多层的反光板、滤光板及保护膜组成，其中任何一层受伤都会令屏幕的显示有瑕疵。虽然大多数笔记本电脑在设计和出厂时都会经过顶盖抗压和屏幕开合次数测试，但是不正确的使用和运输方法可能会使笔记本电脑屏幕提早受到损伤。

在运输和携带笔记本电脑的过程中，要注意不要让屏幕和顶盖受到压迫，这可能造成屏幕的排线断裂和顶盖碎裂，这也是最常见的屏幕损坏情况。

◎电脑使用时不要碰撞

尤其在读盘时（机箱上红色指示灯在不停地闪烁时），主要发生在刚开机进入时或打开程序和文件时，这时硬盘正以每分钟7200次、每秒钟120次的转速高速旋转，此时如果遇到强烈的震动，可能使磁头触碰到盘面（因为读取磁头与硬盘盘面之间仅隔一丝缝隙），如此高速状态下哪怕轻轻一碰都可能造成你电脑里的硬盘的致命划伤，导致硬盘报废，硬盘内贮存的你苦心收藏多年的个人资料和文件可能全部丢失，造成无法弥补的损失。

◎潮湿天气不宜立即开机

遇到大雾天气或雨过初晴的潮湿天气或南方四五月间的梅雨季节，尤其你一朝起床发现地上湿湿的，墙壁上冒出水珠甚至往下流，这时你要马上意识到你的房间非常潮湿，你的电脑部件的电路板上可能也冒着水珠，如果贸然开机可能引起短路而烧毁电脑部件。潮湿天气开机时经常发生的显示器忽暗忽亮可怕情况就是显示器内太潮湿引起的，此时要立即关机并用热吹风机往显示器上方的小气孔里吹热气，机箱内太潮湿可以往机箱后面的气孔吹气或打开机箱往里面的电路板上吹热气，几分钟后湿气驱除再开机就万事大吉了。

注：房间装修越高档可能越潮湿越不安全，因为目前墙漆和涂料都不透气，墙壁粘满油漆木板不仅更潮湿且可能引起火灾招致灾祸。

◎雷电天气要及时关机

夏天是雷雨最多的季节，如果遇到雷电交加的天气切记要及时关机，尤其在雷声很响时，说明雷电云正移至你的房屋上方，此时的一个霹雳可能足以击毁你家的许多家电。雷电的瞬间强电流会通过室外电线闯入，烧毁脆弱的电器。

◎不要带电插拔电脑部件

电脑部件千万不要带电插拔，即使是鼠标之类可以热插拔的部件也尽量不要带电插

拔，因为大部分电脑都没有接通地线，有些电脑机壳漏电严重，热插拔时不小心碰到机壳金属突起处会引起键盘鼠标接口或与主板的接口处短路烧毁。

◎设置开机密码有利于保护电脑

设置密码对修理电脑也是非常有用的，有时重新开机仅为查看主板、显示卡型号、硬盘和内存大小或光驱状态，看不清楚时还要反复关开多次，如果设了开机密码便可看个一清二楚又不必进入Windows。

网络常识

◎计算机网络是什么

计算机网络，是利用通讯设备和线路将地理位置不同的、功能独立的多个计算机系统互连起来，以功能完善的网络软件（即网络通信协议、信息交换方式及网络操作系统等）实现网络中资源共享和信息传递的系统。它的功能最主要的表现在两个方面：一是实现资源共享（包括硬件资源和软件资源的共享）；二是在用户之间交换信息。

计算机网络的作用，不仅使分散在网络各处的计算机能共享网上的所有资源，并且为用户提供强有力的通信手段和尽可能完善的服务，从而极大地方便用户。

◎计算机网络的种类怎么划分

现在最常见的划分方法是按计算机网络覆盖的地理范围的大小，一般分为广域网（WAN）和局域网（LAN）。顾名思义，所谓广域网无非就是地理上距离较远的网络连接形式，例如著名的 Internet 网、Chinanet网就是典型的广域网。而一个局域网的范围通常不超过 10 公里，并且经常限于一个单一的建筑物或一组相距很近的建筑物，Novell 网是目前最流行的计算机局域网。

◎什么是IP地址

在网络中，我们经常会遇到 IP 地址这

个概念，这也是网络中的一个重要的概念。所谓 IP 地址就是给每个连接在 Internet 上的主机分配一个在全世界范围唯一的 32bit 地址。IP 地址的结构使我们可以在 Internet 上很方便地寻址。IP 地址通常用更直观的、以圆点分隔号的 4 个十进制数字表示，每一个数字对应于 8 个二进制的比特串，如某一台主机的 IP 地址为：128.20.4.1

Internet IP 地址由 Inter NIC（Internet 网络信息中心）统一负责全球地址的规划、管理，同时由 InterNIC、APNIC、RIPE 三大网络信息中心具体负责美国及其它地区的 IP 地址分配。通常每个国家需成立一个组织，统一向有关国际组织申请 IP 地址，然后再分配给客户。

◎什么是域名

Internet 域名是 Internet 网络上的一个服务器或一个网络系统的名字，在全世界，没有重复的域名。域名的形式是以若干个英文字母或数字组成，由"."分隔成几部分，如 Sohu.com 就是一个域名。

◎什么是电子邮箱

电子邮箱业务是一种基于计算机和通信网的信息传递业务，是利用电信号传递和存储信息的方式为用户提供传送电子信函、文件数字传真、图像和数字化语音等各类型的信息。电子邮件最大的特点是，人们可以在任何地方时间收、发信件，解决了时空的限制，大大提高了工作效率，为办公自动化，商业活动提供了很大便利。

◎电子邮件符号@的来历

@符号在英文中曾含有两种意思，即"在"或"单价"。它的前一种意思是因其发音类似于英文 at，于是常被作为"在"的代名词来使用。如"明天早晨在学校等"的英文便条就成了"wait you @ school morning"。除了 at 外，它又有 each 的含义，所以"@"也常常用来表示商品的单价符号。

美国的一位电脑工程师汤姆林森确立了@在电子邮件中的地位，赋予符号"@"新意。为了能让用户方便地在网络上收发电子邮件，1971 年就职于美国国防部发展军用网络阿帕网的 BBN 电脑公司的汤姆林森，奉命找一种电子信箱地址的表现格式。他选中了这个在人名中绝不会出现的符号"@"并取其前一种含义，可以简洁明了地传达某人在某地的信息，"@"就这样进入了电脑网络。

电脑小技巧

◎重装Windows XP不需再激活

如果你需要重装 WindowsXP，通常必须重新激活。事实上只要在第一次激活时，备份好"Windows 菜单"选项卡，选择"经典 [开始] 菜单"即可恢复到从前的模样了。

◎优化视觉效果

Windows XP 的操作界面的确是很好看，好看的背后是以消耗大量内存作为代价的，相对于速度和美观而言，我们还是宁愿选择前者，右键单击"我的电脑"，点击"属性/高级"，在"性能"一栏中，点击"设置/视觉效果"，在这里可以看到外观的所有设置，可以手工去掉一些不需要的功能。在这里把所有特殊的外观设置诸如淡入淡出、平滑滚动、滑动打开等所有视觉效果都关闭掉，我们就可以省下"一大笔"内存。

◎少用休眠功能

WindowsXP 的休眠可以把内存中当前的系统状态完全保存到硬盘，当你下次开机的时候，系统就不需要经过加载、系统初始化等过程，而直接转到你上次休眠时的状态，因此启动非常快。但它会占用大量的硬盘空间（和你的内存大小一样），可以到"控制面板/电源选项/休眠"中将其关闭，以释放出硬盘空间，待到要需要使用时再打开即可。方法是：单击"开始/控制面板/电源管理/休眠"，将"启用休眠"前的勾去掉。

◎合理设置虚拟内存

对于虚拟内存文件，WindowsXP 为了安全默认值总是设的很大，浪费了不少的硬盘空间，其实我们完全可以将它的值设小一点儿。方法是：进入"控制面板/系统/高级/性能/设置/高级/虚拟内存/更改"，来到虚拟内存设置窗口，首先确定你的页面文件在哪个驱动器盘符，然后将别的盘符驱动器的页面文件全部禁用。建议你把它设置到其它分区上，而不是默认的系统所在的分区，这样可以提高页面文件的读写速度，有利于系统的快速运行。根据微软的建议，页面文件应设为内存容量的 1.5 倍，但如果你的内存比较大，那它占用的空间也是很可观的，所以，建议如果内存容量在 256MB 以下，就设置为 1.5 倍，最大值和最小值一样，如果在 512MB 以上，设置为内存容量的一半完全可行。

◎删除多余文档

WindowsXP 中有许多文件平时我们很少用到，放在硬盘中，白白浪费空间，降低系统性能。我们完全可以把这些用不到的文件删除，需要删除的文件有：

帮助文件：在 C:Windows\Help 目录下。

386 目录下的 Driver.cab 文件。

系统文件备份：一般用户是不怎么用的，利用命令 sfc.exe/purgecache 删除。

备用的 dll 文件：在 C:Windows\system32\dllcache 目录下。

输入法：在 C:Windows，Ime 文件夹下直接删除 Chtime、imjp 8_1、imkr6_1 三个目录即可，分别用繁体中文、日文、朝文输入法。

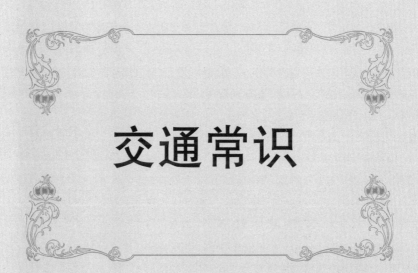

交通常识

安全驾驶

◎如何避让行人

在日常所发生的交通事故中，有相当一部分是行人乱穿马路、驾车处理措施不当所造成的。因此，驾车时应当掌握、了解三类人群行路的特点，从而学会辨别避让。

1. 儿童：儿童对外界事物的观察力、判断力和自我保护意识较差，所以，儿童过马路具有行停不定，行走路线曲折多变的特点。当儿童穿越道路时，会经常地突然向前或向后奔跑，令行驶中的车辆不知如何躲避，常常使驾驶员感到措手不及。所以，开车时一定要减速，千万不要与孩子争时间，抢路面。

2. 青年人：青年人由于精力旺盛、感觉敏锐、反应快捷等因素，使得他们具有较强的自信心理，有些青年人敢在车辆临近时横穿道路，甚至会爬越道路隔离护栏，与机动车争道抢行，或不走人行道而走车行道。针对青年人的这种过路特点，驾车时要尽量为过路人留出空间余地。

3. 老年人：老年人由于年老体弱，行动迟缓，视力听力较差，过马路时常常不能正确估计车速和自行车横穿马路的速度。有些老年人甚至只顾低头走路，根本不看往来的车辆。另外，由于大多数老年人喜欢穿着深色的服装，所以在夜间或光线昏暗的时候，不容易被发现，时常发生被撞事故。

掌握上述三类人群的行路特点，对开好安全车很有裨益。

◎驾驶员的记路技巧

1. 用脑走路。作为一名优秀驾驶员，首先应学会用脑"走"路。驾车行驶时，驾驶员除要注意观察车辆、行人动态及道路交通标志外，还要留意路面状况，例如平坦或坎坷、笔直或弯曲、宽阔或狭窄，甚至偶然出现的小坑洼、小凸起都要把它作记忆的信息存储在大脑中。

2. 借物记路。驾驶员要善于借助路边的各种事物来记路。每条道路，每个交叉路口均有自身的特征，例如不同的树木、不同的交通标志、不同的建筑物、不同的景物设置等。因此，要想方设法地寻找有代表性的特殊标志。

3. 判断方面。驾驶员要有准确的方向判断能力，这是记路的好帮手。判断方向可以通过日出日落、路旁屋舍的朝向、农田的排列，甚至可以通过花草树木的阴阳向背来进行分析。

如果具备了这些能力，就不会迷路，就是一时误入歧途，也能及时纠正。

◎初学驾车有"八忌"

一忌起步猛抬离合器。汽车起步应缓慢松开离合器踏板，随之适当加大油门行进。否则会造成对离合器及其它传动件的冲击，甚至使它们损坏。

二忌长期脚踏离合器。有些学员在驾车"钻杆"时，常习惯将脚踏在离合器踏板上，生怕撞杆、压线，这样不仅违反操作规程，还会加剧离合器摩擦片磨损。

三忌换挡时低头。有些初学者换挡时习惯低头去看，这是操作不熟练的表现。汽车在行进中，低头换挡的一瞬间很容易发生意外事故。故要熟练操作，换挡时两眼注视前方。

四忌换挡时扭肩。驾驶员在操作时，正确的方法是，眼睛注视正前方，身体保持端正，除了手以外，上身需要放松。

五忌用分离离合器的方法减速。这样不仅会加剧零件的磨损，同时因惯性的作用，减速效果也会大受影响。

六忌原地回轮。有人为了使汽车转向到位，习惯采取原地回轮，即在汽车静止不动时操纵方向盘的办法，这样既违反操作规程，又很容易使转向拉杆因受力过大而损坏。

七忌握方向盘的姿势与位置不正确。正确的握法应根据变速杆的位置确定左右手上下位置。如变速杆在右侧，握方向盘时右手应处在相当于钟表 3～4 点位置，左手处在 10 点的位置。若变速杆在左侧，握方向盘时左手处在 7～8 点的位置。

八忌以油门"鸣号"令行人让路。驾驶车辆遇到行人时，应鸣喇叭减速慢行，若用轰大油门的方法令行人让路，会使发动机排冒浓烟，造成环境污染，还会埋下事故隐患。

◎雾天驾车的注意事项

保持足够的行驶距离。雾天因视距短，能见度低，有时候路面因雾水造成路面湿滑，制动性能降低，车辆易侧滑，因此必须保持足够的行驶距离。

开防雾灯或车尾雾天信号灯以示目标。如雾天汽车不开防雾灯，行人或其它车辆很难察觉到你。另外，不能开远光灯，因为远光灯光线强烈，会被雾反射到驾驶员眼中使视线模糊。

严格遵守交通规则，限速行驶，严禁超车和抢行，千万不可开快车。此时，雾天湿度大，水气很容易凝结在挡风玻璃表面造成视线不清，开快车极容易发生事故，雾越大，可视距离越短，你的车速就必须降低。

适时鸣笛。预先警告行人和车辆，如果你听到别的车鸣笛时，你也应鸣笛回应，做到心中有数。

如果发现后车与你离得太近，你可以轻点几下刹车，让刹车灯亮起来，提醒后车应注意保持适当车距。

◎怎样判断车况

较简捷的方法就是检查车辆的"三好"情况，即好看、好听、好用，以此来判断车况是否良好。①看车貌。②看排气烟色。③看加机油口，观察燃气下窜情况。④看仪表。⑤看汽车各种操控连结的磨损情况及可靠程度。重点观察转向、制动系统操控部分的销、铰、球碗等处。

◎汽车安全避让原则

1. 在遇到紧急情况需要避让时，应做到遇事不惊，头脑保持冷静，这是防止事故发生或事故扩大的首要条件。

2. 遇险时要先顾人再顾物。因为物质损坏毕竟可以补偿而人的生命却毫无补偿的办法，故而驾驶员在紧急避让时，应考虑到车辆与物资相撞时人会不会受到损害。

3. 遇险时要避重就轻。在避让时要选择避开损失大的一方。

4. 遇险时应先人后己。事故一旦要危急人的生命财产时，身为驾驶员，要本着牺牲自己保护他人生命财产的原则，果断地采取有效措施。

5. 遇险时要先顾方向后顾制动。

◎ 男士开车的三种危险习惯

衣服前胸口袋里装硬物。很多男士都喜欢将日常用品装在上衣口袋里，比如手机、钥匙、笔或名片夹之类。开车时一旦发生事故，哪怕仅仅是紧急刹车，身体肯定会剧烈地向前冲，在安全带的作用下，司机会被紧紧地勒住。换句话说，安全带对身体的压力非常大，此时如果在衣服前胸口袋里装着手机等硬物，就很有可能遭到伤害，比如肋骨骨折等。

腰系硬而细、带有金属扣的皮带如果男士系的是又硬又细且带有金属扣的皮带，开车时如出事故就会有一定的"危险系数"。因为皮带位于腹部，正是安全带通过的地方，当事故发生时，细长又带有金属扣的皮带会在安全带的作用下，深深地压向司机的腹部，这样会加剧对内脏的损害。

在行李箱内乱堆乱放杂物。尤其乘坐空间与行李箱空间相连的车，如果将杂物放在后座，把行李箱变成"杂物间"，又不用网罩固定这些杂物，那么一旦发生事故，短时间内这些杂物在力的冲击下会变成"重磅炸弹"，直击司机的后脑勺，从而造成伤害。

◎ 长途驾驶注意些什么

高速公路：对于长途旅行，高速公路是比较安全的选择，但高速公路上发生的事故可能后果更加严重，所以一定要注意车速不要过快。

国道：跨省的国道通常路面不错，但不宽，很多上下行车道间没有硬隔离，超车、会车频繁。另外，国道上很多长途卡车往来，体积大、速度快，司机经常疲劳驾驶，所以在国道开车要特别小心。

山路：山路其实并不像人们想象中那样可怕，因为越是看起来可怕的路，司机越是全神贯注，所以事故发生率并不高。但走山路很考验驾驶技术和操作习惯，频繁地刹车、过分使用离合器、挡位不合适等，都容易造成车辆故障，增大危险性。

赶夜路：长途公路大部分没有路灯，夜间对面的车大灯就变得极其刺眼。此外，有时候前方车的后灯根本不亮，速度太快时就容易追尾。走夜路比较危险，尽量不要夜间赶路。

◎ 如何预测驾驶时周围的动态

驾驶汽车时，要学会正确地预测周围的车辆和行人的动态，避免发生事故。

1. 行车时，不但要注意前面、左右的车辆，而且要注意后方的车辆。这样，当后方的汽车突然加速超车驶到自己的前方时，就不会慌张了。

2. 行车时路遇前方有障碍时，也要顾及周围。如果前方有障碍物的时候，在旁侧那条行车线上的车就会并入自己的车线，所以要预先做好准备。

3. 在有左右转弯行车线的交叉口和没有左右转弯线的交叉口，前方和左右方车辆的移动情形是有很大分别的，因此，要预先了解好，这对于顺利地驾驶是必要的。

4. 汽车是由人驾驶的，因此，人的心理状态也表现在车的运动上。从车辆行驶的状态，就可预测到对方在想什么以及其后将有什么行动。

5. 在转弯处要有效地使用路边反射镜。这经常被人忽视，如果有对向车通过时可按喇叭以表示自己车辆的存在。

◎ 行车中的三个危险时辰

一是午间时分——上午 11 时至下午 1 时，经过上午的劳累，人的大脑神经已趋疲劳，反应灵敏度减弱。

二是黄昏时分。据不完全统计，下午 5 时至 7 时发生的交通事故约占全部事故的 1/4，因此尤需小心。黄昏时分光线由阴转暗，驾车容易出现视觉障碍，导致判断失误，措施不当，加上经过一天的旅途劳顿后，会出现眼干、喉燥、头晕目眩、耳鸣、出虚汗、打哈欠等一系列疲倦症状，此时如不停车休息，很容易造成交通事故。另外，行人在行走时也由于出现视觉障碍而导致观察不清，躲让过往车辆判断不准，加之回家心切，行走速度快，也极易造成交通事故。

三是午夜时分——午夜 1 时至凌晨 3 时，这段时间人的生理节律处于大脑反应迟钝、血压降低、手足血管神经僵硬麻痹的状态，这些都潜伏着交通事故的危机。

◎ 车辆追尾频发的原因

追尾相撞事故发生频繁的原因：一是唯恐其它车辆插空当儿或自行车、行人穿行而采取紧随前车行驶的方法，前车刹车，后车刹车不及；二是后车驾驶人精神不集中，发现前车刹车情况晚；三是超车或借道行驶时不注意安全距离，强行超车变更车道发生追尾碰撞；四是前车刹车灯或后车制动系统不合格等。

◎ 夜间行驶应注意哪些

1. 严格控制车速，并且尽量避免夜间超车。

2. 按会车规定使用远近灯光。夜间行车时距对向车 150 米以内不用远光灯，改用近光灯甚至小灯。若遇到不遵守交通法规的驾驶人使用远光灯，应尽量使自己的视线远离对向车远光灯的明亮光线，减少眩光感，减速行驶并注意避让右侧的行人、自行车。

3. 夜间行车要注意从左侧横过马路的人。在城市道路的交通繁忙地段，有时对向车道上排满了等红灯的车辆，在这种情况下常常有行人从车缝里跑出来从左向右横穿马路，在夜间，机动车驾驶人很难发现。

4. 注意行车间距。机动车驾驶人在夜间行车时，一是视线不良，二是经常遇到危险情况，为此，驾驶人必须随时准备停车。为避免追尾事故的发生，应注意尽量增加车辆纵向间距。

汽车保养

◎如何让爱车"去斑消痕"

将去痕蜡倒至附赠的专用海绵，并将受损部位先用清水彻底清洗干净；随后用沾上去痕蜡的海绵轻轻在伤痕处擦拭，以顺时针方向反复地推，直至伤痕已经缩小到几乎看不见的范围，接下来用干净的干布将整个范围再彻底清洁一次；最后将常见的亮光蜡倒在海绵的另一面，同样依同方向去推，将受损的漆面尽可能的上一层保护面。

◎如何清洁挡风玻璃上的标志

可以用温水将车标浸湿，等其湿透了，一些不太黏的标志可以轻松撕掉；如果遇到时间久、黏附力强的车标可以采用专门的清洗液，如沥青去除剂、多功能清洗剂等。

◎汽车内部保养不可忽视

清洁座椅

座椅不是很脏的时候，建议使用长毛的刷子和吸力强的吸尘器配合，一边刷座椅表面，一边用吸尘器的吸口把污物吸出来，效果相当不错。

保养仪表板

用各种不同厚度的木片或尺子片，把它的头部修理成斜三角、矩形或尖形等不同样式，然后把它包在干净的抹布里面清扫仪表板上的沟沟坎坎，既提高了清洁效果，又不会对被清扫部位造成损伤。

把各部分灰尘打扫干净以后，用专用的仪表蜡喷一喷，过几秒钟再用干净的抹布擦一下即可。

特殊材质的养护

现代汽车内部为了更美观、舒适，大量运用了复杂的材料，其中较多的有乙烯塑料纤维等。这些材料可直接喷洒清洁剂，然后用抹布擦干净即可。最后不要忘记喷涂一层乙烯塑料式橡胶保护剂，以防止其变脆变硬。

对于高中档车的皮革内饰件，应采用专用清洁剂蘸在抹布上清洁，完成后采用自然干燥为好，最后喷上专用皮革蜡，用干布擦亮即可。只要定期保养得当，皮革饰品几乎是可以永久使用的。

◎如何保养闲置车辆

①每个月至少发动车辆一次，以便检查发动机工作状况是否良好。②检查蓄电池。蓄电池的电解液液面应高于极板10～15毫米，如不足要及时添加蒸馏水，保持电量充足。如果蓄电池没有电了，应及时充电。③检查橡胶配件。汽车上有不少橡胶配件，这些配件容易发生老化、变形或膨胀，会使这些配件的使用寿命缩短。闲置车辆最好停放在车库内，以避免阳光直射，同

时尽量不接触矿物油。④检查金属配件。及时去除车辆中的灰尘、水分和污物，可在这些部件的表面涂抹一些润滑脂或机油，保护这些部件不受侵蚀。停放在车库内的车辆应经常通风，使车厢内的湿度保持在70%以下。⑤检查棉麻制品。这些配件容易吸收空气中的水分而发生霉变，要经常晾晒吹干，保持干爽。⑥汽油的存储时间不要太长。如果长期不用车辆，会使汽油的抗爆性能降低，因此停放的车辆应将油箱密封，同时避免高温。

◎雨季汽车如何防潮

雨后要及时擦干汽车的电器部件，有条件的用风扇对车内进行干燥处理，以防电路接线部分短路。定期检查前挡风处防水槽的排水是否通畅，避免雨天积水造成发动机进水。最好买一个简易除湿盒放在车内，或放一卷卫生纸也能起到除潮的效果。另外天晴后，应该把汽车停放在阴凉处，打开所有的车门及后备厢，让汽车通通风，排排湿气。同时，还可将车内的脚踏垫、椅套拆下洗净晾干。

◎日常生活中如何对汽车养护

螺栓越紧越好？汽车上的螺栓、螺母应有足够的预紧力，但也不能拧得过紧，一方面将使连接件在外力的作用下产生永久变形；另一方面将使螺栓产生拉伸永久变形，预紧力反而下降，甚至造成滑扣或折断现象。

传动皮带越紧越好？如果把传动带调整过紧，易拉伸变形，同时，皮带轮及轴承容易造成弯曲和损坏。传动带紧度一般应调整到按压皮带中部，其下沉量为两端皮带轮的中心距的30%～50%为佳。

机油越多越好？机油太多，发动机在工作时曲轴柄和连杆会产生剧烈搅动，不仅增加发动机内部功率损失，而且还会因激溅到缸壁上的机油增多而产生烧排机油故障。因此，机油量应控制在机油尺的上、下刻线之间为好。

◎如何保养汽车空调

空调最重要的是冷却空气量，从发动机室内的侧玻璃孔检测，侧玻璃孔是很小的显示窗，必须注意观察内部。冷却空气不足也是损伤压缩机的原因，应尽早添加。

◎如何保护车身漆膜

避免对漆膜进行强烈冲击、磕碰和划伤。擦洗车时，尽量少用碱水。要用干净柔软的擦布、海绵擦洗。不要用带有机溶剂的擦布擦洗外表，且不要把这种擦布或物品放在漆膜表面上。若无大损坏，不要轻易进行二次喷漆，防止因结合不好脱落。

◎如何保养消音器

消音器的检查需贴入车底。使用升降设备将汽车架高抬起，若只用千斤顶比较危险。如果发现生锈，需要除掉锈喷上漆；如果发现有洞，使用专用修补剂切实塞住洞。

汽车日常注意事项

◎如何选择满意的旧车

购买二手车应到正规的二手车市场中去挑选，挑选时要注意以下几方面：①仔细查看车身及内部，查看车漆是否是原漆，保持是否良好。如果有补漆的痕迹，那么该车可能曾经有过碰撞，这时应仔细查看并向车主询问。②仔细查看车身及底盘。车身上不应有明显的划痕和锈斑。③查看出厂时间和里程表，了解汽车的使用情况。向卖主索要检测报告，了解汽车动力机械是否经过大修、汽车是否出过事故、汽车的整体状况等。④检查发动机。可要求车主起动发动机，这时可查看尾气的颜色，如果尾气的颜色是白色的，再听发动机的声音，如果同时伴有金属撞击噪声，说明该发动机中的一些部件需要检修。⑤查看汽车所有权证，了解该车的出厂日期，了解旧车的行情，以便与卖主谈价钱。⑥查看车的内部。内部部件的好坏可知道该车使用时间的长短及保养程度。方向盘、坐垫、地垫、各种仪表等都要查看。查看每扇门的开关是否方便、正常，锁具是否能用。⑦了解禁止交易的旧车的种类，以免上当受骗。⑧查看汽车保养记录，动力机械部分是否及时保养，了解汽车零部件更换情况。⑨试车。在行驶时感觉关键部位如刹车装置、转向装置等是否灵活，行驶是否平稳。⑩了解该车的各种牌证及完税证据、票据是否齐全，不至于给过户带来麻烦。

◎驾车怎样才省油

1. 发动机最好不要原地预热

原地预热发动机会使磨损增大，预热时间长既费油对车又不好，可采用较低的速度，匀速行驶，边走边热车，养成良好的驾驶习惯。

2. 正确选择挡位

学会正确使用挡位，尽量不要采用低挡位高转速，长此以往会使机械部分磨损增大，噪声也会加大，而且相当费油。

3. 保持经济时速

尽量避免以最高车速行驶，如需要最快也不要超过最高时速的3/4，车上的空调、车窗加热装置最好少用一些。

4. 减少不必要的装备

经常清理后备箱，不需要的东西和不常用的较大工具不要放在车内，尽量减少车内装饰，以免增加车载重量，造成油耗增加。

5. 出发前做好准备

先想好路程再上路。许多车主都没有养成这个习惯，结果走了不少冤枉路。开车兜风在这个高油价时代已经不流行了。

6. 锁好油箱

每次加油时，油箱盖应锁紧，油不要加太满，以免溢出。

7. 与前车保持距离

城市中红绿灯多，塞车司空见惯，车辆起步频繁，行进中要与前车保持足够的距离，前车突然制动时，为自己留出足够的反应时间；即使前车司机轻带刹车减速，自己也有足够的距离，不必频繁制动，既安全又省油。

8. 使用节能润滑油

当汽车传动系统各部件润滑不良，或是间隙调整不当，将增大传动阻力造成费油。好的润滑油，具有好的低温启动性，在车辆启动时，能及时到达各润滑面，减小阻力，保护发动机。

9. 减少风阻系数

高速行驶中的空气阻力不容忽视。如无必要，尽量不要打开车窗，减少风阻，可以省油。

◎夏季高温行车注意什么

1. 加强对发动机冷却系统的检查，及时清除水箱、水套中的水垢和散热器芯片间嵌入的杂物，保证发动机的正常运转，防止发动机爆燃。

2. 及时清洗燃油滤清器，保证油路畅通。一旦燃油系统产生气阻时，应立即停车降温，并扳动手油泵使油路中充满燃油。

3. 经常检查蓄电池内液面高度，并及时添加蒸馏水，避免蓄电池因"亏水"而损坏。

4. 及时检查调整制动系统，及时添加或更换制动液，彻底排净液压制动系统中的空气，并保证制动皮碗、制动软管和制动蹄片完好。

5. 换季用机油，经常检查油量油质，并及时添加或更换。

6. 预防中暑。驾驶员要多食用新鲜蔬菜，多饮用清凉饮料，并注意补充盐分。

7. 高温路面上的灰尘较多，路面附

着系数下降，降低了制动性能，需要小心驾驶。

◎车险如何理赔最划算

越来越多的有车族对车险感到犯怵，买车、上保险、出险、索赔、修车，一个看似并不繁琐的过程，但车主理赔的过程往往就没有那么简单了。如何在出险后及时维护自己的权益，得到保险公司的赔偿呢？

1. 第一时间报案　尽量使用"全国通赔"

及时报案。保险车辆出险后，车主应在 48 小时内向保险公司报案，将车牌号、投保人姓名告诉保险公司，告知保险公司损坏车辆所在地点，以便对车辆查勘定损，并认真填写好《机动车辆保险出险 / 索赔通知书》。

2. 及时理赔　防止理赔员作梗

对于那种该赔不赔的现象，投保人在第一次去申请拿理赔金没有结果的时候，一定记住服务于你的理赔员的姓名和工号以及联系方式。在第二次再去拿理赔款项时，可以先电话联系确定，如果得到的仍然是不确定答案，你有权要求他给你一个答复，明确回答为什么不给，什么理由不给，要给的话什么时候能给。如果他无法给你有效回答的话，则说明他的工作失职，你可以通过保险公司提供的客户投诉电话维护自己的保险权益。

3. 选好保险公司　避免理赔"缩水"

在购买车险的时候一定要选择信誉好、实力强的保险公司，不要为了贪图一点儿便宜而为自己以后的理赔埋下隐患。不同的修理厂在修车价格和服务上差别很大，仅仅零部件上就有正厂、副厂、副副厂之分，而一些次品的零件很多都不能保证质量。一般情况下，保险公司都是按正厂件的价格定价，但也有个别的保险公司理赔员就是不按照正厂的价格定价。遇到此种情况，你可以明确要求按照正规厂家的价格来赔付和安装使用配件；每次修理时，与修理厂签订质量合同，这样才能维护自己的合法权益。

◎开车族的自我保健常识

医学专家有研究表明，连续驾车两小时以上就会对人体健康造成危害。长时间连续驾驶会引发多种疾病，如软骨病、脊神经炎，男士易患前列腺炎，女士则会导致子宫附件发炎。

怎样才能避免这些问题呢? 主要是借助体育锻炼。每天坚持做操，平时多步行。若是不得已需要长时间驾车，那么最好每隔两小时停车休息 15 分钟，下车活动活动脊柱，做做下蹲和颈部运动，伸展四肢，转转腰。还应该做眼部放松运动，最简单的做法是：选择两个参照物，一远一近，将目光交替投向这两个物体，几分钟就够了。驾车时最好随身携带一副镜片偏黄的眼镜。天气不好时戴上这种眼镜可以提高四周物体的反差度，此外，还能避免眼睛因迎面车灯而发生目眩。

切记，腰部和前列腺疾病也有可能是车内的"穿堂风"所致。一定要锁好车门，关严窗户，不要留下缝隙。即使觉得热，也最好不要开窗，以免着凉。最好开汽车顶部的天窗。

◎发动机舱的五分钟检查方法

发动机舱内的重要装置比较集中，所以检查项目十分多。本来应该逐项地进行检查，但平时不可能总有那么多的时间，为了确保行车安全，建议对其进行简便有效的检查。检查制动油的储油罐，看制动油的油面是否位于两条基准线之间。在发动机内所使用的各种油料当中以制动油最为重要，油量不足时十分危险，很可能引发交通事故。看一下储水罐中的水面，检查冷却水量。检查完冷却水量之后，检查一下机油的油量以及动力转向油的油量是否合适。检查蓄电池的液量是否足够，检查接线端子和蓄电池电极的接触状态，这是两项十分重要的检查。最后，检查发动机皮带，检查皮带有无异常情况。

◎为轮胎充气的窍门

①充气前先检查气门嘴和气门芯是否紧密吻合，如有缺陷应先处理再充气。②充气前将气门嘴及其周围擦干净，以免在充气时把灰尘或泥沙带进轮胎，并检查气门芯是否移动，若有松动，应拧紧。③充气不要超过标准太多，以免轮胎中的帘线过分伸张而降低其强度。④充气结束后可用肥皂泡沫涂在气门嘴上检查是否漏气，如有漏气，拧紧气门帽。⑤所充的气中不应含有水分和油液，以免损坏轮胎内的橡胶。⑥如果在行车过程中需要给车胎充气，应等到车辆停驶轮胎尽量散热后再充气，以免因轮胎温度较高而影响正常的气压。

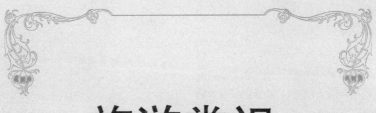

旅游常识

自驾游

◎新手第一次跑长途应注意什么

要备一本新近出版的省市公路里程地图册。对于不熟悉、没有到过的地方，出发前先选择好行车路线，在地图册上用笔标出来做上记号，尽可能选择高速公路、国道和省道行驶。行驶中要始终保持行驶方向与目的地方向一致，这主要靠路标指示，还可以根据路上观察目的地车辆来确定行驶路线。阴天或夜间可参照大部分民房坐北向南的特点辨认方向。在一些岔道口注意看路标指示牌，就可以尽量减少问路的次数。

◎自驾游应做什么准备

出行前做好全车检查，并带上 4S 店的联系方式。随时检查轮胎气压，防止长途旅行爆胎，带足备用胎。适当地开窗，尽量不要长时间使用空调的车内循环功能。防止疲劳驾驶。加油时应选择有正规发票的大型加油站。带好身份证、驾驶执照等相关证件。准备好零钱、地图、指南针、修车警示牌，急救及常用药箱等物品也是必备之物。保证通讯工具的畅通。

◎自驾游山道行车技巧

在山路上行车，最为关键的是把握好自己的驾驶节奏和行车路线。驾驶者可以不必完全遵守靠右侧行驶的原则，特别是在山路狭窄的情况下，在对面无来车的前提下，将车的位置固定在道路的中间才是上上之策。

◎自驾游下山行车技巧

一般在下坡时容易发生车速过快的问题。要使用合理的挡位来用发动机制动牵制车速，过分频繁的刹车很容易导致刹车系统过热衰竭，甚至完全失灵。如果是驾驶手排汽车，在下山时应控制以 3 挡行车，而驾驶自排的驾驶员则可以根据实际情况选择以 D3 甚至 2 挡行车。

◎自驾游爬坡行车技巧

碰到陡坡，必须先目测车头在驶上坡道时是否会被坡道卡住，如果无法通过，就必须寻找木板以及石头进行铺垫以减小车头进入上坡时的进入角。在开始爬坡前应将车加速到一定的速度，利用车速的惯性将车辆带上坡道，然后保持油门并不停地轻轻左右来回扭转方向盘以保证车轮具有最大的附着力，直至车辆到达坡顶。车辆在进入坡道之前的车速不能过快。

◎自驾游雨天行车技巧

在雨中驾驶，最为要紧的就是应当懂得避开积水以及路面上的各类油漆线号。在潮湿的环境下，路面上的车道分隔线会变得尤其光滑，如果碰到紧急情况需要大力刹车，车辆一旦碰到这类油漆线很容易发生打滑。

◎ 自驾游夜间行车技巧

夜间赶路驾驶者很不容易辨别道路上的情况，最好找一辆同向前进的车辆尾随前进，根据前方车辆的灯光信号行驶会省力很多。不过由于自驾游相当消耗体力，夜间赶路并不可取。驾驶者应该乘夜里充分休息，白天才会有足够的体力游玩和驾车。

◎ 自驾游落坑如何自救

如果在驾驶途中不小心陷落大坑，驾驶员不必过分惊慌，试着用木板以及石头垫高陷落的车轮，然后以中等油门试着让车辆脱险，如果还是不行，就只能求助其它车辆进行牵引。所以，进行长途自驾游，在车内备一条拖车牵引绳是相当必要的。

◎ 自驾游投保指南与出险应对策略

自驾游投保指南：各项保险都应补全，人身意外险是重中之重。出行前务必带好保险单正本、被保险人身份证、行驶本、驾驶员驾驶证。一旦在异地出险，首先要保持冷静，不要因为出险影响了游玩的心情；应迅速拨打保险公司服务电话，向当地保险公司进行报案，由当地公司迅速提供理赔服务。

◎ 自驾游国道、省道驾驶技巧

由于国道、省道多为开放式的公路环境，各类突发情况出现的概率高，必须时刻注意公路上的交通标志。在每次通过路口时，要时刻准备好刹车。行驶时应该尽力避免跟在大货车或者大客车的后方。在穿过城镇和乡村时要注意行人以及牲畜。切忌猛打方向躲闪，易造成车辆失控，酿成大祸。

◎ 驾车出游带什么

行车路线地图。可不要小看地图的作用，虽说鼻子底下有张嘴，可在关键时刻地图往往是人们真正的指路明灯。

通关证件。有关车辆的"合法证明"是你顺利出行的前提。驾驶证、行驶证、养路费缴讫证千万不能少，即便是去郊区，也别忘带齐证件。

过关"银两"。多准备些零钱，特别是1元、2元和5元的，交过路费、停车费等较便捷。

随车工具。行车中出现一些小故障可能只有靠你自己进行修理，所以出门前定要检查好随车工具，特别是千斤顶、换胎扳手、拖车带等。

通讯装置。通讯装置就是手机。驾车出游，你的手机一定要充足电，最好再准备块备用电池。

应急装置。驾车出游可能会遇到一些意想不到的情况，你最好带上急救药箱、应急灯、指南针、警示牌等。有汽车救援卡的也要随身带着。

野营装备。驾车出游如果能准备一些野营装备肯定会给出游增添不少的乐趣。比如防潮垫、保温水瓶、折叠桌椅、烧烤炉、大遮阳伞等，去较艰苦的地方还要带睡袋，以备适时之用。

旅行须知

◎怎样选择旅游地和旅游季节

一般来说,老年人和儿童冬夏两季以家居为好,如要旅游,应选在春光明媚的春季和秋高气爽的时节。青壮年人外出旅游,也应先考虑自己的身体状况,条件许可的话,最好先做一个全面体检。

现代生活节奏快,压力重,许多年轻人有胃肠方面的疾病,尤其以胃溃疡为多。对这些人而言,秋冬和冬春交接季节不宜外出,因为这个时候无论南方还是北方,都是雨水稀少,气候干燥,最易引发溃疡病。

有些人皮肤敏感,不适宜在百花盛开的春天外出,一旦引发花粉并发症,得不偿失。

还有,眼睛不好的人,不适宜在雪山雪地旅游;高血压及心脏病人切不可去高原或上高山旅行,只能去气候温和、地势平坦的地方。

◎什么时候去旅游最好

北京以春秋为旅游旺季,春季为 4～5 月,秋季为 9～10 月,尤以秋季为最佳。故宫博物院、八达岭长城以及颐和园、天坛公园、十三陵、雍和宫等都是旅游好去处。

西安春秋两季都适宜旅游,但是秋季更佳。那里有秦始皇兵马俑、碑林、大雁塔、华清池等名胜古迹。

成都气候宜人,除夏季外其余各季观光皆佳。那里有武侯祠、杜甫草堂、望江楼等景点,也是品尝川菜及川味小吃的好去处。

桂林山水甲天下,春秋旅游最合适。主要风景有芦笛岩、象鼻山、叠彩山、独秀峰及漓江—阳朔景区等。

昆明四季如春,风光艳丽,滇池、大观楼、西山公园等都是游人必到之地。

苏州素有"东方威尼斯"之称,是我国重点旅游城市,每年 3～11 月为最佳旅游时节。城内的园林古迹及近郊的寒山寺等名扬中外。

杭州春秋两季为最佳旅游时节,以西湖胜景驰名于世,苏堤春晓、断桥残雪等令人流连忘返,孤山是观赏西湖景的最佳处。

东岳泰山 9～11 月旅游最佳。有旭日东升、晚霞夕照、黄河金带、云海玉盘四大奇观。

西岳华山夏季旅游最佳,以奇险著称,有千尺幢、擦耳崖、苍龙岭等景点,还是道教圣地之一,有玉泉院、仙姑观等名胜。

中岳嵩山 5～9 月旅游最佳。有中岳庙、少林寺等名胜古迹。

◎旅游时走路要诀

①要穿平跟的软底鞋,最好是旅游鞋、登山鞋等,不宜穿皮鞋、高跟鞋等。②用双肩背包比用单肩包省力,用腰包最省力。③早晨出发时走得快些,晚上回来时走得慢些。④走路时保持匀速,比一会儿快、一会

儿慢省力，也比走一阵、歇一阵省力。⑤遇到危险的冰面或沙砾坡时宁可绕点路走较湿的雪地或草坡，比较安全。⑥走较硬的水泥路、石板路，比走河滩、草地和湿地安全。⑦到陌生的地方，宜多问路，可避免因走错路而过多地消耗体力。

◎野外旅游的禁忌

遭遇雷雨躲避禁忌：旅途中遭遇雷雨时，千万不要在巨石、悬崖下和山洞口躲避，电流从这些地方通过时会产生电弧，击伤避雨者。若山洞很深，可躲在里面。

旅游护肤三不宜：不宜吃感光蔬菜；不宜使用果酸护肤品；不宜只美白不防晒。护肤，是旅游生活中不容懈怠的必修课程。你必须了解旅游护肤过程中的种种不宜，以确保娇容不会因为不恰当的保养方式受到伤害。

老人春游五忌：一忌毫无准备。有些老年人喜欢搭便车，不顾身体是否适应，也来不及准备衣物、食品，起身就走。像这种毫无精神、物质准备的春游难免发生意外。二忌不择天气。旅行前尤其是远途旅行，应先了解本地及目的地的天气预报，预知风雨、气温等信息，以便及时添加衣服，应付天气变化。三忌不服老。与青年人相比，老年人体力、耐力均占下风，应量力而行，切不可为争一口气而不顾一切。四忌独身外出。单独行动多有不便，万一生病或发生意外无人照料，后患无穷。五忌中断治疗。许多老人患有慢性病，外出旅行虽无妨碍，但若全心投入观赏风景而遗忘服药，很可能导致旧病复发或病情加重。

◎老幼旅游的禁忌

1.忌忽视休息。老年人和幼儿体力较弱，容易疲劳。游山玩水时要增加休息时间，每玩一会儿作一小憩，晚上早些安睡。

2.忌饮食不洁。老年人和幼儿消化功能较差，饮食要注意卫生，吃喝要适可而止，零食、冷食少吃为宜，以防消化不良和急性肠胃炎等疾病。

3.忌衣服少带。老年人和幼儿的体温调节功能较差，易受凉感冒。我国地域广阔，各地气温悬殊，出门旅游一定要多带衣服，以便随时增加。

4.忌登高下水。老年人和幼儿对自身姿态和行动的控制能力欠佳，容易失去平衡而跌倒和绊倒。因此逢山遇水，必须谨慎。

5.忌单独外出。老年人和幼儿的应变反应能力不及青壮年，外出时，必须由家人或友人伴行，以便及时照顾。

6.忌忘记备药。老年人和幼儿的体质一般不如年轻人，多数老人都有慢性病。所以扶老携幼去旅游，不要忘记备好药品，以应不时之需。

◎旅游怎样登山最安全

登山前要先确定上山的最佳路线，备好食物饮料，穿上适宜的鞋子，登未开发的野山最好带上指南针、绳子和棍棒，要有向导，不可盲目行动，以防迷路。在山路的险要地段，一定要思想集中，谨慎缓行。下山时要特别小心，要看得准，走得稳。在不熟悉的危险处，如悬崖、山洞、水池、丛林，千万不可冒险攀援、入内。旅游登山忌用明火，走路不吸烟，烟蒂不乱丢，更不能在干燥的山林草地野炊。

户外探险注意事项：要注意天气。了解所要去区域历年此段时间内的天气变化情况；了解同行是否有丰富的相关经验；要量力而行。对所要去地方的地域情况应该充分了解，并做好各种不测的准备。比方说，登山时要做好雪崩、滑坠等情况的紧急处理；除了要带足常用的药品外，还要有相应的急救药品，要掌握一定的急救方法；不能自发组织，一定要有相关组织单位带队，以保障安全性；出发前一定要就近联系好相关救援人员，以应出现不测。

◎旅游前如何查找地名

在旅游之前对旅游景点了解越多越好，可利用以下工具书：①《辞海》。这是上海辞书出版社出版的一部综合性的辞书，收录了许多地名。中外地名，或中国的古地名，都能查找。②《中华人民共和国行政区划简册》。该书基本上每年出版一次，由地图出版社出版，有全国行政区划统计表，以及全国各省、直辖市、自治区县级以上行政区划名称和地名索引等，反映了各行政区划的最新动态，记录详细，比较实用。③《中国古今地名大辞典》。该书由商务印书馆出版。这部辞典收录古今中国地名共4万多个。尤其是对每个地名的概况、历史演变，作了简要的说明，可依地名首字的笔画或四角号码进行查找。但它是50多

年前编印的，书中所说的"今地"与今天的地点可能有差异，用时还应参考现今出版的地名辞典。④《中国地名录》。它由地图出版社出版，是《中华人民共和国地图集》的地名索引，凡是地图集上标有的大小城镇、关隘、山口，全部收入。该名录共收录中国地名3.2万条，既可与地图集配合使用，也可单独查阅。⑤《世界地名词典》。由上海辞书出版社出版。该词典共收录外国地名1万多条。依地名首字的笔画顺序排列，地名译名准确，词目解释详细。⑥旅游手册。

◎行程中导游哪些行为要投诉

对当地旅游景点的讲解介绍通常由旅游地接待社的导游担任，如果导游不讲解，可直接告诉他，他将被投诉，费当中包含导游费的。保留好出发前签订的协议书、行程表以及旅行中旅行社违约或导游不负责任的证据，向旅行社的质量管理部门投诉。如果旅行社的质量管理部门不能妥善解决问题，就向各省、市旅游局质量管理处投诉。

旅行中如何清洗水果

吃水果前，最好将水果消毒，在0.1%的高锰酸钾或0.2%的漂白粉溶液中浸泡5～10分钟，再用清水冲净即可。若在开水中烫半分钟左右也有杀菌作用。有的水果可先在冷水中冲洗一下再剥去皮吃，不仅能将皮上附着的细菌去掉，而且还能避免将果皮上残存的农药吃下去。

旅游准备

◎旅游乘坐火车须知

火车车厢的标记：火车各节厢的车门旁边写着"YZ"、"YW"之类字母。"YZ"是硬座车的标记，它是由汉语"Ying Zuo"二字的前一个字母组成的；而"YW"则表示是硬卧车厢；"RW"是软卧车厢；"RZ"是软座车厢；"L"是行李房；"CA"是餐车；"P"即棚车；"B"为保温车；"S"是守车。

乘火车防盗的窍门：①在车中与陌生人交谈要适可而止，不要轻易将自己的情况告诉陌生人，离开座位时也不要托陌生人保管自己的物品。②在列车上过夜，不要睡得太深，尤其是乘坐硬座的游客更需留心。③在车上不要经常清点钱物等贵重物品。④保持清醒的头脑，在车上饮酒不要过量，尤其不要与陌生人喝酒或喝陌生人的饮料或酒。⑤在火车进站前应特别提高警惕，提前清点并看管好自己的行李物品。⑥努力识别扒手。扒手们一般没有什么行李，喜欢拿书、报、杂志等作掩护。他们上车后在车厢内来回走动，东张西望，一般不找座位坐下。如果发现这样的人，应提高警惕。

◎怎样制订旅游日程计划

1. 徒步旅游。中等身体素质的人可日行25～30公里。如果背囊过重，或在土路、泥沼、沙地、乱石滩、沟壑纵横的地方行走，

或成员中有体弱的人，其日行程量需相应减少到15～20公里。行程量可采用递增的方式，如第一天为15公里，第二天为20公里，第三天为25公里……徒步旅行头几天可能会感到很累，过一段时间适应后，就会好转。

2. 登山旅游。登山速度较为缓慢，中等速度每小时约2～3公里，攀登陡坡，每小时约为0.4～0.5公里。一般下坡速度为每小时4～6公里。在行程安排上，切莫忘记在山地可能会遇到恶劣的天气、雪崩危险的地段等，因此，日程安排要宽裕些。

3. 滑雪旅游。滑雪速度较快，就是新手每天也能滑30～40公里。在有天然障碍没人迹的雪地，或在复杂的地段速度受影响的情况下，每天滑行15～20公里。若遇到解冻天气，滑行速度就要放慢。暴风雪和顶风天最好不要上路。

4. 水上旅游。在安排日程时，要考虑到旅游者划桨的熟练程度、船只的结构和形状、航行河流的流速、航道中可能出现的障碍物、气候状况等诸因素。一般顺流航速每小时为5～6公里，逆流航速每小时为2～3公里。在日程安排上，要留有余地。

◎教你野外旅游学会看地图

地图的方向。多数的地图是按上北、下南、左西、右东的方位绘制的，少数地图是按特定要求绘制的，由方向标注明方向。

地图的比例。地图是从上空观测实物加以缩小，再绘制成的，将实际长度缩小的倍数，就是比例尺。到野外旅行时尽量选择大比例尺的地图带上。

图例。大部分的地图有图例说明，用图形、线条等符号表明特殊的地形，如公路、桥梁、湖泊、草原、河流、行政区划等，看懂这些图例才能给你更大的帮助。

等高线。这是一种将地理海拔高度相同、相近的点，用线条人为连接起来的假想线条。通过看等高线的分布及密疏情况，应该可以知晓大致的地形：等高线越密集，表明这一带的地势越陡；等高线越稀疏，这一带的坡度越缓。在彩色地形图上，海拔高度是从浅棕色、深棕色到深褐色逐渐变化的，海拔越高颜色越深，而平原地则是绿色，海平面用蓝色表示。等高线是野外旅行者的最好情报。

◎登山旅游怎样准备

1. 应精简行装，以"轻装"为原则，带上"必需品"。所谓必需品，包括导游图及有关资料、方便食品、饮料、雨具、拐杖等。山上食品饮料供应点较少，自己携带可随时吃喝，补充体力。海拔较高的山峰气温较低，还需带上御寒衣物。

2. 需穿上一双适合登山的鞋子，要求鞋底摩擦力较大、软底、软帮、系带，如登山鞋、胶鞋等。登山全靠走路，而山路一般崎岖难行，甚至陡峭无路，如穿上高跟鞋就要吃足苦头，甚至寸步难行。

3. 应安排好登山计划。天黑前一定要到达宿营地点，以免露宿山野，诸多不便。登山时需根据个人的体质量力而行，碎石路

要防滑，陡坡上别攀草。下山路上往往容易出事，需倍加小心。一些年轻人喜欢乘着登顶的兴致顺着山坡一溜儿小跑下山，因登山时用力过多，腿肚发胀，脚尖易充血，因此，这样下山容易发生危险。

◎怎样计算旅游开支

出门旅游要带够钱，但太多了是个负担，少了又影响旅行计划。旅游者应事先作出旅行预算，旅途中最好每天记账以使旅游计划顺利实施。旅途中一般包括以下几项开支：

①交通费。这是一项较大的开支。②住宿费。一般按中下标准的价格计算。③膳食费。除日常饮食外，还要准备品尝各地风味菜的费用。夏季的冷饮费用也要计划进去。④摄影费。回来洗印照片的费用要比买胶卷费用大几倍。⑤购物费。包括采买各地土特产、纪念品和礼品费用。⑥娱乐费。包括门票和游乐票。

◎旅客乘坐飞机应注意的事项

1. 旅客购买好或拿到预订的机票，请注意查看一下航次、班机号、日期是否对，如有问题应立即去售票处据情解决。

2. 旅客按机票上指定的日期、班次去售票处乘航空公司交通车，买车票上车或凭机票（一般费用已算入机票内）上车去机场，也可自己乘车前往。最好提前一些时间到达机场，以便有足够时间办理乘坐飞机前的各种手续（如查验证件、安全检查等），免得

时间仓促造成漏乘或误机。

3. 乘飞机时尽量轻装，手提物品尽量要少，能托运的物品，随机或分离托运。一般航空公司规定手提物品不得超过 5 公斤，还可携带雨伞、大衣、手杖、相机、半导体、途中看的书报等。随机托运行李一般头等舱 30 公斤、二等舱 20 公斤以内免费，超过部分付超重费。

4. 登机前，机票应交航空公司查验。随机托运的行李要过磅，并将重量填到机票上，航空公司撕下由其承运段的一联后，将机票与行李卡、登记卡一并交还乘客。乘客凭登记卡上下机，凭行李卡到目的地机场领取行李。直接托运的行李，在换班机时，应关照一下，行李是否转到换乘的班机上。

5. 上下飞机时要向站在机舱口的航空小姐简单打招呼或点头致意。

6. 随身物品可放在头顶上方的行李架上。有的物品也可以放在座位下面，但注意不要把东西堆放在安全门前或出入通道上。

7. 飞机起飞和降落时不准吸烟，不得去厕所，要系好安全带，座椅要放直。

8. 晕飞机者，可在起飞前半小时服用乘晕宁，一般座椅背兜中备有清洁袋，呕吐时，吐在袋内。

9. 长途飞机上备有酒水、茶点、食品、早餐、正餐等，免费供应。

10. 在飞机上不要大声喧哗，谈话声音不要影响他人。坐卧姿势也不要妨碍他人。如不小心碰着别的旅客，应表歉意。

11. 飞机上的一切用品均不得拿走，如厕所内的卫生用品，座椅背兜中的东西，以及小毛毯、小垫子、塑料杯、刀叉等。

12. 飞机中途着陆加油时，乘客一般可下机休息。重要小件物品可随身带着。旅客不得随意离开过境候机室，以免误机。

13. 如遇气候不好，改降其它机场，不要慌张，一切由航空公司负责。

14. 办完入境手续即可凭行李卡领取托运的行李。很多国际机场有行李传送带和手推车。

15. 乘飞机时万一丢失行李，不要慌张，可找机场行李管理人员或所乘航班的航空公司协助寻找。一时找不到，可填写申报单交航空公司。果真丢失，航空公司会照章赔偿。

16. 乘飞机，同乘火车、轮船、汽车时一样，飞机上的设备，旅客不要随意触动。如各式各样的灭火装置，安全设施，紧急制动阀、钮等。有的国家规定无故按动紧急制动装置，要判处徒刑。

17. 膳宿。在空中飞行时，旅客的膳食由民航按有关规定免费供应；因民航原因在航班经停站过夜的旅客，由民航免费安排住宿。持有国际客票的旅客在联程航班衔接地的膳宿，按中国民航的有关规定办理。

◎ 准备滑雪的窍门

①服装宜选轻便、保暖、防风的厚毛衣、羽绒滑雪衫、紧腿裤和厚袜子。②戴毛线帽、有色眼镜和防风面罩。③鞋子要符合滑雪要求。如高帮儿、宽头，鞋底的前部稍稍伸出鞋头，鞋底上有用于稳定的孔，宜选择比平时所穿鞋了尺码大一号的鞋子，以便穿两双

厚袜子。④根据不同的滑雪内容，选择不同的工具，如花样滑雪板、跳台滑雪板、越野滑雪板、高山滑雪板及滑雪杖，还要带一些修理工具。这些用品也可到滑雪地租用，租用前要仔细检查，确认没有安全隐患后才能使用。

冬季旅游如何给照相机保暖：电子快门的照相机或摄像机，在零下20℃以下时，电池易"放电"，相机"失灵"，快门不能按下。因此，在户外拍摄完后，要及时将相机收在外衣里面"保暖"，用时再拿出来。此外，一定要多备些电池。

◎老人旅程中注意衣食住行

衣：老年人容易受凉感冒，所以要带足衣服，出游时随气温变化及时添减衣服。另外，还要带好雨具，以免淋雨。

食：老年人胃肠敏感，环境的变化会引起消化道的功能紊乱。旅途中要特别注意少吃辛辣、油腻食物，如方便面等，多吃新鲜蔬菜和水果，不随便吃小商贩提供的食物，更不能吃生食，如生海鲜等，避免食物不卫生引发肠道疾病。

住：旅行期间不论时间多么紧张，老人也得保证每天6～8小时的睡眠。住宿时最好由家人陪同住两人间的客房，万一老人生病，也好有人及时照顾。失眠的老人往往会因换了环境或过于兴奋而加重病情，他们入睡前可服速效安眠药，但不可服中长效安眠药，因其副作用会导致次日身体乏力。

行：乘车时老人要尽量靠前坐，以减少颠簸，还要避免直接吹着冷风，防止受寒。长途旅行时尽量乘飞机以缩短路途中的时间。观光时，因视力、听力下降，老人反应较迟钝，最好拄拐杖，并由家人陪同，缓慢行走；登高时，应量力而行，不要过度疲劳，如感觉身体有异常反应时，要及时休息。

◎了解《世界遗产名录》中中国风景名胜及历史古迹

经联合国教科文组织世界遗产委员会批准，截至2005年，我国已有32处名胜古迹被列入了《世界遗产名录》。现按批准的时间顺序介绍如下：①1987年批准的有北京故宫、长城、敦煌莫高窟、秦始皇陵（包括兵马俑坑）、泰山风景名胜区、周口店"北京人"遗址。②1990年批准的有黄山风景名胜区。③1992年批准的有九寨沟风景名胜区、黄龙区、武陵源区。④1994年批准的有武当山古建筑群、拉萨布达拉宫、曲阜孔庙孔府孔林、承德避暑山庄及周围寺庙。⑤1996年批准的有庐山区、峨眉山一乐山大佛区。⑥1997年批准的有丽江古城、平遥古城、苏州古典园林。⑦1998年批准的有北京颐和园、天坛。⑧1999年批准的有大足石刻、武夷山区。⑨2000年批准的有都江堰一青城山、皖南古村落、龙门石窟、明清皇家陵寝。⑩2001年批准的有山西大同云冈石窟。⑪2003年批准的有云南三江并流。⑫2004年批准的有高句丽王城、王陵及贵族墓葬。⑬2005年批准的有澳门历史城区。

旅行安全

◎ 旅行中怎样防止发生腹泻

注意饮食卫生，养成良好的个人卫生习惯。只要在旅途中牢记"防止病从口入"这一警语并严格遵守，一般是不会与腹泻结缘的。

适当地服用药物。黄连素片是预防和治疗腹泻的良药，如果在旅途中感到进食后有胃肠不适，或对饮食店的卫生觉得不尽如人意，或进食的食物不太新鲜，均可立服黄连素 2～3 片，定能起到预防作用。

风油精：乘车途中，将风油精搽于太阳穴或风池穴。亦可滴两滴风油精于肚脐眼处，并用伤湿止痛膏敷盖。

◎ 旅途中异物入眼怎么办

当灰沙尘粒进入眼内，切莫马上用手揉搓眼睛。可以立即闭上眼睛，不时转动眼球，或用拇指和食指做提拉上眼睑（上眼皮）的动作，反复几次，这样，异物便会随眼泪排出；也可用手指将上、下眼睑向外翻出，仔细寻找异物，然后用沾有冷水或温水的手帕或棉花卷将异物拭去。

◎ 旅行不适应急处理小常识

乘飞机不适的临时处置方法：如果乘坐飞机出现耳胀、耳痛和听力下降等不适，尤其飞机下降时，不妨做些吞咽动作，上述感觉会有缓解；你还可以捏住鼻子，闭嘴鼓气，增加鼻腔内外的压差，冲开耳咽管，使所气体冲入中耳腔，达到平衡。

出行备好小药箱：感冒药：感冒清热冲剂、羚羊感冒片、扑尔敏等。消化不良药：乳酶生、保和丸、山楂丸、吗丁啉等。腹泻药：黄连素片、保济丸、藿香正气软胶囊等。晕车药：镇静、催眠及抗胆碱药。上火药：牛黄解毒丸或黄连上清丸。其它必备药包括：创可贴、清凉油、眼药水、活络油。

旅途中小腿抽筋的防治：取坐姿，一手用力压迫痉挛的腿肚肌肉，一手抓住足趾向后扳脚，使足部背曲，再活动一下，即可缓解。

旅途中治疗中暑的小妙招：旅游途中如果天气炎热，不幸发生中暑，可将大蒜捣成汁用冷开水稀释后滴鼻，有醒脑益神之效。

◎ 出游徒手治病法

指压太阳穴止头痛。一般头痛，患者自己可用双手食指分别按压头部双侧太阳穴，压至胀痛并按顺时针方向旋转约 1 分钟，头痛便可减轻。

按揉足三里穴止胃痛。胃痛时，用双手拇指揉按患者双腿足三里穴，足三里穴在膝盖下 3 寸，胫骨外侧一横指处，待有酸麻胀感后 3～5 分钟，胃痛可明显减轻至消失。

掐中指甲根缓解心绞痛。当心绞痛发作，一时无法找到硝酸甘油片时，旁人可用拇指甲掐患者中指甲根部，让其有明显痛感，亦可一压一放，坚持 3～5 分钟症状便可缓解。

捏压虎口治晕厥。晕厥即面色苍白，恶心欲呕，出冷汗甚至不省人事。此时，他人可用拇指食指捏压患者手之虎口（即合谷穴），捏压十余下时，一般可以苏醒。

点压天枢穴治便秘。便秘者在大便时以左手中指点压左侧天枢穴（位于肚脐左侧 3 厘米、下方 1 厘米处）上，至有明显酸胀感即按住不动，坚持 1 分钟左右，就有便意，然后屏气，增加腹压，即可排便。

◎旅游中腿脚肿的防治

要妥善安排旅游的时间和路线，不要赶得太紧，游完一个景点后要休息一会儿，注意劳逸结合。途中要注意体位的变化，站立和行走一段时间后，要坐一会儿或平躺一会儿，并把两腿翘起来。外出旅游需要长时间逛街或登山时，最好打上松紧合适的绑腿，或用宽布带在小腿上缠几圈，用别针固定住。每天旅游完以后，用热水烫脚，使脚部的血管扩张，便于血液回流。万一发生了旅游性腿脚肿，要平卧休息一两天，抬高腿脚，使其高于心脏的位置，便于血液回流，一两天即可好转。

◎旅行中的急症处理

虚脱：热天，车船里人多，气温高，空气污浊，人容易发生虚脱。症状突然头晕，眼前发黑，面色苍白，出冷汗，昏迷。遇到这样的病人，应立即帮他平卧地板上，打开窗户，用针刺或手掐人中、合谷、百会等穴，使之苏醒；然后给病人喝些淡盐开水或清凉饮料。

急性胃肠炎：症状发热、腹痛、呕吐、腹泻，严重者可致脱水，电解质紊乱。对这样的病人，首先禁食，给患者喝些盐糖温开水，腹痛者服 1～2 片莨菪片或注射一支阿托品，或用热水袋（瓶）热敷腹部。止泻药有复方新诺明、黄连素片、痢特灵、止痢片、氟哌酸等。如脱水严重，应下车船到医院就治。

脑血管意外：脑出血、脑梗塞等疾患多发生在有高血压和动脉粥样硬化的人身上。症状头痛、头晕、肢体麻木及活动失灵、偏瘫、言语不清，进而出现抽搐或意识丧失等。发现这样的病人，先把他平放在地板上，头稍高，偏向一侧，以免呕吐引起窒息。在未确诊前，不要乱用药，及时到附近车站、码头就医。

◎旅途中失眠怎么办

不少人会在旅途中失眠。生活规律被打乱、环境的更改、白天旅途的见闻令大脑兴奋等等都可能引起失眠。要减少和避免旅途中的失眠，睡前不要喝茶、抽烟；尽量让被褥、枕头的厚薄高低和自己平时所习惯的相似；洗温水澡或热水泡脚都能促进睡眠；在晚餐时饮少量的酒或睡前饮热牛奶都有很好的帮助作用。

如果一旦失眠，要尽力保持情绪安定。

找一个舒适的姿势，令全身肌肉放松，思绪平静，慢慢培养睡意，直至感到眼皮沉重而自然入睡。即使一时难以入睡，闭目养神，也比翻来覆去、烦躁不安要好得多。

另外，服用安眠药也是办法之一。常用的药有利眠宁、安定片等。每次一至两片，睡前服用。旅游结束用药即停。

◎解决晕车的方法

你在旅途中曾晕车、晕船甚至晕机吗？从医学上说，晕车、晕船和晕机统称为晕动病，这个病虽不属疑难杂症，但是症状令人非常难受，下面我们介绍七种解决方法：

1. 胃复安

胃复安1片，晕车严重时可服2片，儿童剂量酌减，于上车前10～15分钟吞服，可防晕车。

行程2小时以上又出现晕车症状者，可再服1片。途中临时服药者应在服药后站立15～20分钟后坐下，以便药物吸收。此法有效率达97%，且无其他晕车片引起的口干、头晕等副作用。

2. 鲜姜

行驶途中将鲜姜片拿在手里，随时放在鼻孔下面闻，使辛辣味吸入鼻中。也可将姜片贴在肚脐上，用伤湿止痛膏固定好。

3. 橘皮

乘车前1小时左右，将新鲜橘皮表面朝外，向内对折，然后对准两鼻孔两手指挤压，皮中便会喷射带芳香味的油雾。可吸入10余次，乘车途中也照此法随时吸闻。

4. 风油精

乘车途中，将风油精搽于太阳穴或风池穴。亦可滴两滴风油精于肚脐眼处，并用伤湿止痛膏敷盖。

5. 食醋

乘车前喝一杯加醋的温开水，途中也不会晕车。

6. 伤湿止痛膏

乘车前取伤湿止痛膏贴于肚脐眼处，防止晕车疗效显著。

7. 指掐内关穴

当发生晕车时，可用大拇指掐在内关穴（内关穴在腕关节掌侧，腕横纹上约二横指，二筋之间）。

◎如何预防高原反应

初入高原的人，往往出现头昏、头痛、失眠乏力的症状，重者恶心、呕吐、面部水肿、口唇轻度紫绀、手足发麻、血压升高等。轻症者会在一至两周内自愈；较重者可给予吸氧，或口服镇静、止吐药物。出现高原昏迷，要及时送往医院抢救。包括吸氧，降低颅内压，给予能量合剂、脑细胞营养剂等。

其实，高山病是完全可以预防的。首先，在去高原地区旅行前，应进行体格检查，有严重心血管疾病、严重支气管炎、肺病、血液病、癫痫的人以及孕妇和小儿等，一般不宜前往。即使健康人，在临行前也要做好充分的准备。在饮食上，多吃含高糖、高蛋白的食物，禁烟酒以减少氧的耗散。口服维生素C、参麦片、复方党参片、黄芪茯苓片、苯海拉明等药，也有预防和减轻症状的作用。有条件的旅游者，还可以配备氧气袋以应急。

高原地带气候干寒，空气稀薄，紫外线特别强烈，容易引起皮肤皲裂、脱皮和因强光刺目而造成"雪盲"，因此，应多擦些防晒霜及防裂膏，并带上白色的帽子和墨镜。

◎冬季旅行如何防冻伤

冬季旅游，由于气候寒冷，保暖不当，人体受低温侵袭所引起的损伤，称之为冻伤。

局部冻伤是由于在寒冷的环境中停留太久，四肢及面部冻伤。受冻部位冰凉、苍白、感觉麻木或感觉丧失，严重的可造成伤残。治疗时，首先将患处放在38℃～42℃的温水中浸泡复温，不要超过20分钟，再用煮沸过的温盐水冲洗，然后用干净的毛巾、布擦干后局部消毒，并涂上冻伤膏，包扎好并送医院治疗。如出现感染症状，要加用抗菌素防治感染。

全身冻伤的患者多为全身僵硬，要立即将患者移到温暖避风的环境，并迅速用温水复温。待其神志清醒后，继续浸泡10分钟，然后在保温的状态下，急送医院抢救。要强调的是，对冻伤的伤员，严禁雪搓、火烤，必须采用温水复温的方式现场急救。

◎外出旅游如何饮水

一般人对外出时的饮水并不注意，其实在游山玩水时怎样喝水也是很有讲究的。

早晨出游前尽量多喝水，包括早餐的牛奶和稀饭。旅途中口渴时只能间歇饮几口清水或茶水，切忌"牛饮"。饥渴时不妨以绿豆汤、八宝粥之类的浆液代替喝水，较符合生理要求。口渴时勿贪食冰淇淋、冰汽水之类的冷饮，否则越吃越渴，还易伤脾胃。不喝野外自然水，万不得已时只喝山林间的泉水，勿饮河水、融雪水、路边溪水。归来畅饮回宿地可静心慢饮茶水，晚餐后可继续喝。

◎怎样保护随身财物

由于旅游中情况复杂，环境变幻频繁，加上旅游者不断地购买新物，输出旧物，当遇到时间紧迫、身体疲劳或众事缠身等情况，就很容易发生疏漏，造成财物损失。为防止类似情况发生，旅游者应注意以下几点：

1. 整理自己财物时，应尽量积小成大，聚散为一，把零散物品集中到大包里携带。

2. 专袋专用。经常使用的物品使用后不要随意乱放，用完后放回原处。

3. 要特别注意新的和碍手的物品。

4. 要事先做好准备。每当行李转移时，一定事先把行李收拾停当，只有这样才不会忙中出错。

5. 离开此地时，除检查手中物品外，还应对周围环境做最后细致的检查。诸如床上床下、桌里桌外、门后、杂物下面等等。

6. 旅游者对钱财及其它贵重物品，应妥善保管。如发现丢失，应及时报案，请有关部门帮助查找或侦破。

著名景点

◎北京的皇家名园——颐和园

颐和园距北京市中心15公里，原为乾隆十五年（1750年）所建的清漪园，后慈禧重建成颐和园。全园占地2.9平方公里，由万寿山、昆明湖等组成，计有宫殿园林建筑3000余间。可分为勤政、居住、游览3个区域。在万寿山前、昆明湖畔，以41米高的佛香阁为中心，以728米长的长廊为彩带，把千姿百态的建筑群连缀在一起，构成了一幅秀丽的山水画。其中如佛香阁、德和园大戏楼、排云殿等均是清末木质结构建筑的代表作，其园林布局，集我国造园艺术之大成。登上万寿山顶，远处以西山、玉泉山为借景，近处17孔桥如玉带横陈，昆明湖水碧波荡漾。全园山清水秀，阁耸廊回，金碧辉煌，在中外园林艺术史上具有极高的地位。

◎明清两代皇宫——故宫

故宫是明清两代的皇宫，又称紫禁城。占地72万平方米，建筑面积15万多平方米，有房屋9000多间，堪称世界最大的皇宫，也是现存世界最大、最完整的古代木质结构建筑。故宫建于1420年，周围有10米多高的城墙和护城河环抱，四端有角楼。从天安门入午门，分前朝和内廷两组。前朝依次为太和殿、中和殿、保和殿，东西两侧是文华殿和武英殿等；内廷依次为乾清宫、交泰殿、坤宁宫等，两侧是养心殿、奉先殿、东六宫和西六宫。最大的太和殿又名金銮殿，面积2377平方米，全殿由72根大柱支撑，雍容华丽，金碧辉煌，是皇帝举行盛典的地方。故宫全用黄琉璃瓦顶，布局严谨，在世界古建筑中占有重要地位。

◎秀美天下的苏州园林

苏州园林有180多处，全国四大名园（颐和园、避暑山庄、拙政园、留园），苏州就占了一半。拙政园：苏州最大的园林，占地0.04平方公里，太平天国时曾为忠王府，全园以水为中心，亭台楼阁，临水而筑。狮子林：代表元代风格园林，园东南部用太湖石堆垒成许多假山，形如狮子，故名。网师园：建于南宋，其特色是园中有园，景外有景，有迂回不尽之致。沧浪亭：原是五代吴越国广陵王的花园，在园林中历史最久，以假山为中心，建筑环山布置，山顶有沧浪亭，亭匾"沧浪亭"三字是清末学者俞樾所书。虎丘：向有"吴中第一名胜"之称，内有七层八角虎丘塔和吴王墓。西园：明代私园，罗汉堂内诸尊金罗汉神态各异，令人流连忘返。

◎探访泉城——济南

济南为山东省省会，因地处济水之南

而得名。市内有泉 100 多处，著名的有趵突泉、黑虎泉、玉龙潭、珍珠泉等，《老残游记》里描绘济南"家家泉水，户户垂杨"，向有"泉城"之称。城内大明湖是济南的一颗明珠，湖面积 46.5 公顷，碧波荡漾，一湖烟水，还有"四面荷花三面柳"的特色。这里泉水甘而淳，清而冽，含矿物质很低，济南 72 泉流传很古，趵突泉是 72 泉的第一泉。市东南郊的千佛山上有建于隋代的兴国寺。寺外千佛崖，丛石嶙峋，有镌于崖壁上的佛像多尊，故名。千佛崖下有龙泉、极东、黔娄 3 个洞穴，内有大石佛 3 尊，神态自若。此外，山上还有四门塔、龙虎塔、九顶塔等隋代古迹。

◎东方之珠——香港

东方之珠香港，是个闻名世界的自由港，经济非常繁荣。其名之由来，乃由香港仔又名香港村而起。古时小岛南部有一港湾，附近盛产莞香（高级香料），南运至旧名香步头的尖沙咀，再集中至右排湾，转运至广州。因为是集散莞香之地，便得名香港，而后逐渐成为整个香港岛及九龙、新界的总称。这个珠江口外的小岛，风景秀丽，传统中国风格中夹杂着英国殖民风格，东方文化与西方文化交错混合，风格特异。游客到香港，除了赏景，最主要的还是购物。在这儿，你可以买到世界各地的舶来品，而且价格合理，谓其购物者的天堂，实在不为过。同时香港多彩多姿的夜生活也闻名于世，美食世界更是中外皆知。

◎美丽宝岛——台湾

台湾位于祖国大陆东南边缘的海上，东临太平洋，南界巴士海峡，是我国与太平洋地区联系的交通枢纽。台湾总面积为 3.578 万平方公里，全省由众多个岛屿组成。台湾岛是我国第一大岛。台湾是一个多山的海岛，北部属亚热带气候，南部属热带气候，中部则为两气候带之过渡气候。

台湾人口为 2000 多万，是我国人口密度最大的省份之一。人口中 98% 以上是汉族，少数民族占全省人口的 2%。台湾的通用语言是普通话和闽南话。大部分居民信奉佛教和道教。台北市位于台北盆地中央，是台湾的政治、经济、文化中心，是台湾最大的工业城市。高雄位于台湾岛西南，是台湾第二大城市，也是台湾最大的港口城市。高雄不仅是台湾南部的工商业中心，也是一座美丽的旅游城市，市区内遍布椰子树和凤凰树，郁郁葱葱，风光明丽。高雄的主要观光区有万寿山公园、西子湾浴场等。台湾由于其独特的地势，形成许多著名的景观。这些景观大多远离城市，有的于崇山峻岭之中一展奇采，有的于烟波浩渺之中尽显异姿。如：①阿里山。阿里山位于嘉义县东北，到处苍翠欲滴，景色迷人。②日月潭。日月潭是台湾最大的天然湖，重峰叠翠，"满目青山夕照明"是这里的著名景色。日月潭附近有文武庙、玄光寺等，红砖碧瓦，景色如画。③大自然的鬼斧神工将整个岛造化得如同一座美丽的海上花园。还有被称为"天下绝景"

的太鲁阁峡谷、气象万千的鸟来山地景区和遍布珊瑚的垦丁公园等。

◎ 风光旖旎海南岛

海南岛是祖国的宝岛，她风光旖旎，犹如一颗璀璨的明珠，镶嵌在南中国海面。这个昔日流放"叛民"和"逆臣"的天涯海角，而今已成为享誉中外的旅游度假胜地。

美丽富饶的海南岛，是一个色彩缤纷的世界。那里阳光、海水、沙滩、绿色、空气五大旅游要素俱全，具有得天独厚的热带自然风光。同时，它山清水秀，河湖潭瀑、矿泉温泉、热带雨林、珍禽异兽、奇花异木，数不胜数，可谓一座天然地貌、热带动植物种类繁多的伊甸园。加之前人留下的文化古迹、民族风物和近年开发建设的景点和景物，使得海南的旅游资源极为丰富。

海南著名的风景名胜有：奇峰耸云天的五指山；两岸风光如画的万泉河；谐趣横生的猕猴王国——南湾猴岛；中国保存最好的火山遗迹马鞍岭；清幽雅静的兴隆温泉；古称南天"鬼门关"，今成天然乐园的"天涯海角"；水暖沙平，素有"东方夏威夷"之称的亚龙湾……这些都是饮誉海内外的旅游胜地。

具有悠久历史的海南人文胜景有著名的古迹五公祠、海瑞墓、黄道婆遗迹、东坡书院等等。海南的华南热带作物研究院、兴隆华侨农场以及七大自然保护区，被誉为热带植物园和珍稀动物园，吸引游客观赏。

◎ 地质景观游

我国生物化石景观很多。首先是古人类化石世界闻名。"北京猿人"是我国最早发现的古人类化石。20世纪20年代，在北京周口店龙骨山猿人洞中，先后发掘出北京猿人牙齿化石和头盖骨化石；30年代初，又在龙骨山山顶洞中发现了"山顶洞人"头骨以及大量石器、骨器等。

地震是一种自然灾害，而地震后留下的"遗迹"往往造成奇特的地震景观。中国南海的琼州海底村庄，是历史上迄今保存好的唯一处导致大面积陆陷成海的地震遗址。退潮时，沉陷在海底的村庄就明显地袒露出来。那时代的墓碑、棺材、石臼、锅碗盆罐、灯盏灯座都历历在目，向人们诉说着当年的灾难。

我国还有十分雄伟壮阔的地震断裂景观。川西高原鲜水河断裂带上，1973年炉霍7.9级地震造成的地裂缝和鼓包，甚为壮观，断裂带上的断陷盆地、石林、温泉，千姿百态。郯庐断裂带上历史地震遗留下的大大小小无数山泉，犹如一棵蔓上的串串瓜果。富蕴断裂带上由1831年8级地震形成的断裂长达186公里，是举世闻名的观览、科考胜地。

地震留下的旧城遗址最典型的要算叠溪古城。1933年叠溪7.5级地震将古城震毁，现仅存半截的残留南门城洞，城门上模糊的"叠溪城"三个大字尚依稀可辨，修筑城墙用的大青砖、城门附近的火药碾、衙门口的石狮子等都已成为地震文物。

◎国家历史文化名城

第一批国家历史文化名城

第一批国家历史文化名城，1982年公布24个：北京、承德、大同、南京、苏州、扬州、杭州、绍兴、泉州、景德镇、曲阜、洛阳、开封、江陵、长沙、广州、桂林、成都、遵义、昆明、大理、拉萨、西安、延安。

第二批国家历史文化名城

第二批国家历史文化名城，1986年公布38个：上海、天津、沈阳、武汉、南昌、重庆、保定、平遥、呼和浩特、镇江、常熟、徐州、淮安、宁波、歙县、寿县、亳州、福州、漳州、济南、安阳、南阳、商丘、襄樊、

潮州、阆中、宜宾、自贡、镇远、丽江、日喀则、韩城、榆林、武威、张掖、敦煌、银川、喀什。

第三批国家历史文化名城

第三批国家历史文化名城，1994年公布37个：正定、邯郸、新绛、代县、祁县、哈尔滨、吉林、集安、衢州、临海、长汀、赣州、青岛、聊城、邹城、临淄、郑州、浚县、随州、钟祥、岳阳、肇庆、佛山、梅州、雷州、柳州、琼山、乐山、都江堰、泸州、建水、巍山、江孜、咸阳、汉中、天水、同仁。

增补国家历史文化名城

增补城市11处（2001～2007）：山海关区（秦皇岛）、凤凰县、濮阳、安庆、泰安、海口、金华、绩溪、吐鲁番、特克斯、无锡。

重点风景旅游名胜区

◎北京重点风景名胜区有哪些

北京海洋馆
北海—景山公园
北京房山云居寺
北京石景山乐园
北京红螺寺旅游度假区
北京慕田峪长城
雁栖湖旅游区
居庸关长城风景区
九龙游乐园
石花洞风景区

中央广播电视塔
银山塔林景区
龙庆峡风景区
京东大溶洞风景区
潭柘戒台风景区
中国紫檀博物馆
北京人遗址博物馆（周口店）
北京南宫旅游景区
北京元大都城垣遗址公园
北京朝阳公园
怀柔青龙峡旅游区
密云司马台长城景区
房山十渡风景名胜区

北京圣莲山风景度假区
中国航空博物馆
北京龙脉温泉度假村
北京平谷青龙山旅游区
北京欢乐谷
北京恭王府景区
北京北宫国家森林公园
北京市首都博物馆
西城区什刹海风景区
海淀区圆明园遗址公园
丰台区世界花卉大观园
昌平区温都水城
大兴区野生动物园
平谷区金海湖风景名胜区
平谷区京东石林峡风景区
密云县黑龙潭风景名胜区
密云县桃园仙谷风景名胜区
八达岭—十三陵风景名胜区
石花洞风景名胜区

◎天津重点风景名胜区有哪些

天津黄崖关长城风景游览区
天津海滨旅游度假区
天津热带植物观光园
天津水上乐园
天津天塔湖风景区
天津蓟县独乐寺
天津宝成博物苑
天津杨柳青博物馆（石家大院）
盘山风景名胜区
天津古海岸与湿地自然保护区
天津蓟县中上元古界自然保护区
天津八仙山自然保护区

◎河北重点风景名胜区有哪些

承德避暑山庄外八庙风景名胜区
秦皇岛北戴河风景名胜区
野三坡风景名胜区
苍岩山风景名胜区
嶂石岩风景名胜区
西柏坡—天桂山风景名胜区
崆山白云洞风景名胜区
河北黄金海岸自然保护区
河北小五台山自然保护区
河北泥河湾自然保护区
河北大海陀自然保护区
河北雾灵山自然保护区
河北红松洼草原自然保护区
河北衡水湖自然保护区
柳江盆地地质遗迹国家级自然保护区

◎辽宁重点风景名胜区有哪些

千山风景名胜区
鸭绿江风景名胜区
金石滩风景名胜区
兴城海滨风景名胜区
大连海滨—旅顺口风景名胜区
凤凰山风景名胜区
本溪水洞风景名胜区
青山沟风景名胜区
医巫闾山风景名胜区
辽宁大连斑海豹自然保护区
辽宁城山头自然保护区
辽宁蛇岛—老铁山自然保护区
辽宁仙人洞自然保护区

辽宁老秃顶子自然保护区

辽宁白石砬子自然保护区

辽宁鸭绿江口滨海湿地自然保护区

辽宁双台河口自然保护区

辽宁北票鸟化石群自然保护区

努鲁儿虎山国家级自然保护区

黑龙江洪河自然保护区

黑龙江八岔岛自然保护区

黑龙江挠力河自然保护区

黑龙江牡丹峰自然保护区

黑龙江呼中自然保护区

黑龙江南瓮河自然保护区

凤凰山国家级自然保护区

◎吉林重点风景名胜区有哪些

松花湖风景名胜区

八大部—净月潭风景名胜区

仙景台风景名胜区

防川风景名胜区

吉林伊通火山群自然保护区

吉林龙湾自然保护区

吉林鸭绿江上游自然保护区

吉林莫莫格自然保护区

吉林向海自然保护区

吉林天佛指山国家级自然保护区

吉林长白山自然保护区

大布苏国家级自然保护区

珲春东北虎国家级自然保护区

◎浙江重点风景名胜区有哪些

杭州西湖风景名胜区

富春江—新安江风景名胜区

雁荡山风景名胜区

普陀山风景名胜区

天台山风景名胜区

嵊泗列岛风景名胜区

楠溪江风景名胜区

莫干山风景名胜区

雪窦山风景名胜区

双龙风景名胜区

仙都风景名胜区

江郎山风景名胜区

仙居风景名胜区

浣江—五泄风景名胜区

方岩风景名胜区

百丈漈—飞云湖风景名胜区

方山—长屿硐天风景名胜区

浙江清凉峰自然保护区

浙江天目山自然保护区

浙江南麂列岛自然保护区

浙江乌岩岭自然保护区

浙江大盘山自然保护区

浙江古田山自然保护区

浙江凤阳山—百山祖自然保护区

◎黑龙江重点风景名胜区有哪些

镜泊湖风景名胜区

五大连池风景名胜区

黑龙江扎龙自然保护区

黑龙江兴凯湖自然保护区

黑龙江七星河自然保护区

黑龙江东北黑蜂自然保护区

黑龙江丰林自然保护区

黑龙江凉水自然保护区

黑龙江三江自然保护区

浙江九龙山自然保护区

长兴地质遗迹国家级自然保护区

◎ 安徽重点风景名胜区有哪些

黄山风景名胜区

九华山风景名胜区

天柱山风景名胜区

琅琊山风景名胜区

齐云山风景名胜区

采石风景名胜区

巢湖风景名胜区

花山谜窟—浙江风景名胜区

太极洞风景名胜区

花亭湖风景名胜区

安徽鹞落坪自然保护区

安徽牯牛降自然保护区

安徽金寨天马自然保护区

安徽宣城扬子鳄自然保护区

安徽升金湖自然保护区

铜陵淡水豚国家级自然保护区

◎ 福建重点风景名胜区有哪些

武夷山风景名胜区

清源山风景名胜区

鼓浪屿—万石山风景名胜区

太姥山风景名胜区

桃源洞—鳞隐石林风景名胜区

金湖风景名胜区

鸳鸯溪风景名胜区

海坛风景名胜区

冠豸山风景名胜区

鼓山风景名胜区

玉华洞风景名胜区

十八重溪风景名胜区

青云山风景名胜区

福建厦门珍稀海洋物种自然保护区

福建龙栖山自然保护区

福建天宝岩自然保护区

福建深沪海底古森林自然保护区

福建漳江口红树林自然保护区

福建虎伯寮自然保护区

福建武夷山自然保护区

福建梁野山自然保护区

福建梅花山自然保护区

戴云山国家级自然保护区

闽江源国家级自然保护区

◎ 江西重点风景名胜区有哪些

庐山风景名胜区

井冈山风景名胜区

三清山风景名胜区

龙虎山风景名胜区

仙女湖风景名胜区

三百山风景名胜区

梅岭—滕王阁风景名胜区

龟峰风景名胜区

高岭—瑶里风景名胜区

武功山风景名胜区

云居山—柘林湖风景名胜区

江西鄱阳湖候鸟自然保护区

江西桃红岭梅花鹿自然保护区

江西九连山自然保护区

江西武夷山自然保护区

◎河南重点风景名胜区有哪些

鸡公山风景名胜区

洛阳龙门风景名胜区

嵩山风景名胜区

王屋山一云台山风景名胜区

石人山风景名胜区

林虑山风景名胜区

青天河风景名胜区

神农山风景名胜区

河南黄河湿地自然保护区

河南新乡黄河湿地鸟类自然保护区

河南太行山猕猴自然保护区

河南南阳恐龙蛋化石群自然保护区

河南伏牛山自然保护区

河南内乡宝天曼自然保护区

河南董寨鸟类自然保护区

连康山国家级自然保护区

小秦岭国家级自然保护区

◎湖北重点风景名胜区有哪些

武汉东湖风景名胜区

武当山风景名胜区

大洪山风景名胜区

隆中风景名胜区

九宫山风景名胜区

陆水风景名胜区

湖北青龙山自然保护区

湖北神农架自然保护区

湖北后河自然保护区

湖北天鹅洲麋鹿自然保护区

湖北长江天鹅洲白鱀豚自然保护区

湖北长江新螺段白鱀豚自然保护区

湖北星斗山自然保护区

◎湖南重点风景名胜区有哪些

衡山风景名胜区

武陵源（张家界）风景名胜区

岳阳楼一洞庭湖风景名胜区

韶山风景名胜区

岳麓风景名胜区

莨山风景名胜区

猛洞河风景名胜区

桃花源风景名胜区

紫鹊界梯田一梅山龙宫风景名胜区

德夯风景名胜区

湖南东洞庭湖自然保护区

湖南石门壶瓶山自然保护区

湖南张家界大鲵自然保护区

湖南八大公山自然保护区

湖南莽山自然保护区

湖南都庞岭自然保护区

湖南小溪自然保护区

黄桑国家级自然保护区

乌云界国家级自然保护区

鹰嘴界国家级自然保护区

◎广东重点风景名胜区有哪些

肇庆星湖风景名胜区

西樵山风景名胜区

丹霞山风景名胜区

白云山风景名胜区

惠州西湖风景名胜区

罗浮山风景名胜区

湖光岩风景名胜区

广东南岭自然保护区

广东车八岭自然保护区

广东内伶仃—福田自然保护区

广东珠江口中华白海豚自然保护区

广东湛江红树林自然保护区

广东鼎湖山自然保护区

广东象头山自然保护区

广东惠东港口海龟自然保护区

◎广西重点风景名胜区有哪些

桂林漓江风景名胜区

桂平西山风景名胜区

花山风景名胜区

广西大明山自然保护区

广西花坪自然保护区

广西猫儿山自然保护区

广西山口红树林自然保护区

广西合浦儒艮自然保护区

广西北仑河口海洋自然保护区

广西防城上岳金花茶自然保护区

广西十万大山自然保护区

广西弄岗自然保护区

广西大瑶山自然保护区

广西木论自然保护区

千家峒国家级森林公园

◎海南重点风景名胜区有哪些

三亚热带海滨风景名胜区

海南三亚珊瑚礁自然保护区

海南东寨港自然保护区

海南铜鼓岭自然保护区

海南大洲岛自然保护区

海南大田坡鹿自然保护区

海南尖峰岭自然保护区

海南五指山自然保护区

海南霸王岭自然保护区

◎四川重点风景名胜区有哪些

峨眉山风景名胜区

九寨沟—黄龙寺风景名胜区

青城山—都江堰风景名胜区

剑门蜀道风景名胜区

贡嘎山风景名胜区

蜀南竹海风景名胜区

西岭雪山风景名胜区

四姑娘山风景名胜区

石海洞乡风景名胜区

邛海—螺髻山风景名胜区

白龙湖风景名胜区

光雾山—诺水河风景名胜区

天台山风景名胜区

龙门山风景名胜区

四川龙溪—虹口自然保护区

四川白水河自然保护区

四川攀枝花苏铁自然保护区

四川画稿溪自然保护区

四川王朗自然保护区

四川唐家河自然保护区

四川马边大风顶自然保护区

四川蜂桶寨自然保护区

四川卧龙自然保护区

四川若尔盖湿地自然保护区

四川察青松多自然保护区

四川亚丁自然保护区

四川美姑大风顶白然保护区

四川长江合江—雷波段珍稀鱼类自然保护区

米仓山国家级自然保护区

雪宝顶国家级自然保护区

◎贵州重点风景名胜区有哪些

黄果树风景名胜区

织金洞风景名胜区

潕阳河风景名胜区

红枫湖风景名胜区

龙宫风景名胜区

荔波樟江风景名胜区

赤水风景名胜区

马岭河风景名胜区

都匀斗篷山—剑江风景名胜区

九洞天风景名胜区

九龙洞风景名胜区

黎平侗乡风景名胜区

紫云格凸河穿洞风景名胜区

贵州习水中亚热带森林自然保护区

贵州梵净山自然保护区

贵州麻阳河黑叶猴自然保护区

贵州草海自然保护区

贵州雷公山自然保护区

贵州茂兰自然保护区

◎云南重点风景名胜区有哪些

路南石林风景名胜区

大理风景名胜区

西双版纳风景名胜区

三江并流风景名胜区

昆明滇池风景名胜区

玉龙雪山风景名胜区

腾冲地热火山风景名胜区

瑞丽江—大盈江风景名胜区

九乡风景名胜区

建水风景名胜区

普者黑风景名胜区

阿庐风景名胜区

云南哀牢山自然保护区

云南大山包黑颈鹤自然保护区

云南大围山自然保护区

云南金平分水岭自然保护区

云南绿春黄连山自然保护区

云南文山老君山自然保护区

云南无量山自然保护区

云南纳板河自然保护区

云南苍山洱海自然保护区

云南高黎贡山自然保护区

云南白马雪山自然保护区

云南南滚河自然保护区

药山国家级自然保护区

会泽黑颈鹤国家级自然保护区

永德大雪山国家级自然保护区

◎新疆重点风景名胜区有哪些

天山天池风景名胜区

库木塔格沙漠风景名胜区

博斯腾湖风景名胜区

赛里木湖风景名胜区

新疆阿尔金山自然保护区

新疆罗布泊野骆驼自然保护区

新疆巴音布鲁克自然保护区

新疆托木尔峰自然保护区

新疆西天山自然保护区

新疆甘家湖梭梭林自然保护区

新疆哈纳斯自然保护区

塔里木胡杨国家级自然保护区

◎上海重点风景名胜区有哪些

九段沙湿地国家级自然保护区

崇明东滩鸟类国家级自然保护区

上海松江生态水利风景区

碧海金沙水利风景区

金茂大厦 88 层观光厅

上海博物馆

上海东方明珠广播电视塔

上海野生动物园

上海豫园

上海佘山国家森林公园

上海城市规划展示馆

陈云故居暨青浦革命历史纪念馆

上海大观园

上海世纪公园

上海太阳岛旅游度假区

上海市动物园

东平国家森林公园

上海共青森林公园

上海朱家角古镇旅游区

上海科技馆

上海古漪园

出 境 旅 行

◎禁止携带哪些物品出入境

禁止携带哪些物品出入境：各种武器、弹药及爆炸物品；伪造的货币；对中国政治、经济、文化、道德有害的印刷品、胶卷、照片、唱片、影片、录音带、激光视盘、计算机存储介质及其它物品；各种烈性毒药；麻醉品、毒品及精神药物；带有危险性病菌、害虫及其它有害生物的动物、植物及其产品；有碍人畜健康的、能传播病菌的食品、药物及其它物品。

禁止携带哪些物品出境：内容涉及国家秘密的手稿、印刷品、胶卷、照片、影片、录音机、录像带、激光视盘、计算机存储介质及其它物品；珍贵文物及其它禁止出境的文物；濒危的和珍贵的动物、植物（均含标本）及其种子和繁殖材料。

进出境现金携带限额：国内居民旅客携带外币出境的限额是 2000 美元，15 日内多次往返的短期旅客携带外币出境限额是 1000 美元。旅客携带人民币进、出境限额均为 6000 元。旅客携带超出规定限额的外币出境，必须持有国家外汇管理部门出具的《携带外币出境许可证》，并在通过海关前填写书面形式的申报单向海关申报。

◎出国旅游要注意的事项

出境旅游要了解饭店哪些注意事项：饭店房间里什么东西可用，什么东西不可用，这可要先请导游帮助问好了。房间里有些电视节目看了是要付费的，冰箱里的东西用过后多数也要付费。东南亚的饭店房间里一般没有热水，冰箱里有两瓶矿泉水是免费的。

出国旅游如何使用信用卡：出国后要注意商户门口的信用卡标志，如果门口有 Visa、MasterCard 等信用卡标志，就代表这家商店可以接受信用卡刷卡。一旦信用卡支付交易有问题，只要提供相关证件，就可以撤回交易或者得到赔偿。出国的签单应好好保存，以便仔细比对账单。在境外持卡消费时，要注意消费币种，不同币种之间的比价相差很大。填写签购单时，要留意各栏目下的金额，一般有三栏金额：基本消费金额、小费及总金额。签字时务必仔细查看总金额，计算正确。

◎出国游应注意安全

1. 准备一张国际信用卡，将 2/3 的外币存进去，留 1/3 在身上。

2. 入住宾馆之后，首先看一下火灾逃生的路线，再找到房内的保险柜，将值钱的东西放入保险柜。如房内没有，将贵重物品寄存到总台。

3. 有人敲门时，不要马上开门，先问清楚是谁，如来人自称是酒店服务人员，打电话到总台确认。睡觉时将门反锁。

4. 不要穿西装到旅游点，穿便装，越显得跟其他人相似越好。到旅游点时身上不要带大量现金。

5. 随身携带护照。定时检查护照是否在身上。准备一张护照照片页的复印件、一张标准照片和目的地中国大使馆、领事馆的电话，紧急时寻求我驻外人员的帮助。

6. 自己捆扎行李，不要将行李交给不认识的人保管。行李内不要放现金。

7. 在机场、旅游点，至少留下两个人照看行李，其他人再去照相。

◎出国旅游应急自我处理

游客出国后如果感冒，最好使用国内生产的感冒药物，因为各个国家用药习惯、国民身体是有差别的，直接服用国外的药物很可能剂量会出现偏差引起不适。而且，在一些国家销售的感冒药中，仍然含有 PPA。另外，国外的药物价格一般都比较昂贵，没必要为此浪费经费，所以游客从国内自备药物是很有必要的。

银联卡在国外有哪些限制：根据中国人民银行和国家外汇管理局有关规定，人民币银联卡在境外仅限于购物、餐饮、住宿、交通、医疗等经常项目下的消费支出和提取小额现钞使用。银联卡境外 ATM 提取现钞时，每卡每日累计不得超过等值人民币 5000 元。不能通过境外银行柜台转账和提现，也不得通过商户 POS 机提现。

出国游走失了怎么办：首先在原地或是导游约定的地点等候。如果脱离队伍已有一段时间，而你知道团队下一站地址，可电话联络领队，再马上赶去。如果地址不在身边，又不记得所住的酒店和领队的电话，那打电话回家，让亲友和国内旅行社取得联系。到警察局、使馆或当地旅游观光部门请求援助。最好不要轻易相信陌生人，由于中国游客有带大量现金或贵重物品在身上的习惯，国外往往有一些"黑导"在路边，专门等候或是诱骗中国旅客。

282

◎出国旅游的进餐礼仪

1. 进入餐厅时，女士优先。进入餐厅时，男士应先开门，请女士先行。如有侍者带路，也应请女士走在前面。入座、用餐，都应是女士优先。

2. 从椅子的左侧入座。当椅子被拉开后，身体在几乎要碰到桌子的距离站直，侍者会把椅子推进来，当腿碰到后面的椅子时，就可以坐下了。用餐时，臀部和背部要靠到椅背，腹部和桌子保持约 10 厘米的距离。

3. 餐巾在用餐前可以打开。点完菜后，可以把餐巾打开，最好不要把餐巾塞入领口。移动或离开座位时，应先将餐巾放在桌面。

4. 去餐厅要穿正式服装。欧美人很讲究穿着，去餐厅吃饭一定要穿着整齐，否则会被认为是失礼于人。如去高档餐厅，男士应穿西装打领带，女士要穿套裙和高跟鞋。

5. 刀叉的使用方法。基本原则是右手持刀或汤匙，左手拿叉。如有两把以上，应由最外面的一把依次向内取用。

6. 吃东西时由左至右，边切边吃。用刀叉吃东西时，应以叉子将左边固定，用刀切一口大小，蘸上调味送入口中。吃完再切。

7. 面包的吃法。先用两手撕成小块，再用左手拿来吃。吃硬面包时，可用刀先切成两块，再用手撕着吃。

8. 点菜。西餐的全套餐点菜顺序是：①前菜和汤；②鱼；③水果；④肉类；⑤奶酪；⑥甜点和咖啡；⑦餐酒。点菜时不可只点前菜，最佳组合是前菜、主菜、甜点各一。

9. 喝酒的学问。喝酒时应倾斜酒杯，将酒缓缓送入口中。切忌像喝白酒一样吸着喝，要轻轻摇动酒杯，让酒香散发出来。不可以一饮而尽，也不能边吃东西边喝酒。总之，在欧美人看来，喝酒是很优雅的一件事，应浅斟慢品。

10. 休息时刀叉的摆放方法。如果吃到一半想放下刀叉略事休息，可把刀叉以八字形摆到盘中。用餐后，则应将刀叉摆成四点钟方向。

◎护照丢失怎么办

1. 领取护照后尚未出境，自护照签发之日起 3 个月内丢失护照的，在出境事由、前往国家或地区均不改变的情况下，可凭"挂失声明"重新申请办理。

2. 领取护照后尚未出境，自护照签发之日起 3 个月后丢失护照的，需按重新申请护照办理。

3. 出镜后又返回国内丢失护照的，可持本人在国外的身份证明（主要指在国外的身份证、居留证、注册的学生证、就职证明）申请补发护照。

4. 在外埠丢护照的，可持遗失地公安机关出具的遗失证明挂失声明手续后，再申请补发护照。

◎办理护照延期的方法

我国的护照有效期为 5 年。期满后可以延期两次，每次不超过 5 年。申请延期应在护照有效期满前提出。

在国外，护照延期由中国驻外的外交代表机关、领事机关或者外交部授权的其它驻外机关办理。在国内，定居国外的中国公民护照的延期，由省、自治区、直辖市公安局（厅）及其授权的公安机关出入境管理部门办理；居住国内的公民在出境前的护照延期，由原发证或者户口所在地的公安机关出入境管理部门办理。

在办理护照延期时，应回答有关的询问并履行以下手续：①递交即将期满的有效护照；②交验户口簿、身份证或者其它户籍证明；③填写延期申请表；④呈交二寸黑白证件用相片 3 张；⑤提交与延期事由有关的相应证明。

同时在办理护照延期手续时，应注意以下几个问题：①护照即将期满或身份证页用完不能再延长有效期或者被损坏，不能继续使用可以申请换发，同时交回原有的护照证件；要求保留原护照的可以与新护照合订使用。②护照的延期和换发必须是正在使用中或者实际需要的，即正在国外或即将出国。③持证人领取护照后从未出国的不予延期。

理财常识

科学理财

◎巧用信用卡理财

要考虑信用卡的用卡成本。一般情况下，透支功能越强的银行卡，年费往往越高，因为信用卡的年费收取方式和借记卡不同，采用的是强制扣收，也就是说即使你的信用卡上一分钱也没有，但到了扣年费的时候，银行也会从持卡人的信用卡中透支一定款项来替你缴纳年费。因此，办理信用卡要问清年费的标准以及扣收时间和方式，或尽量选择有刷卡免年费等优惠的信用卡。

高透支额不利于风险控制。信用卡透支的额度越高，持卡人面临的风险往往越大，虽然信用卡上没有钱，但因为可以透支消费和取现，如果持卡人不慎将卡和身份证一同丢失，他人就有可能凭身份证从银行查询或修改信用卡密码，从而将卡上的透支额度全部用光。所以，在申请透支额度时，应根据自己的情况申请，够用即可，切莫盲目求多。

切莫透支进行风险投资。很多精明的持卡人用信用卡透支或通过消费方式套取现金，然后进行炒股、买股票基金等风险性投资。这些投资渠道往往风险较大，投资界有句老话叫"不要借钱炒股"，因为用自己的钱炒股，最多把本钱输掉，而透支"借来"的钱不但可能赚不到钱，还有可能背上一身债务，偷鸡不成蚀把米，就不值得了。

因此，大家在选择信用卡时，切莫一味追求信用卡的高透支额，应多注重信用卡的用卡环境、优惠举措以及收费等情况，从而综合衡量，选择一款实用、实惠、适合自己的信用卡。

◎家庭科学理财小常识

1. 留足固定支出：先从收入中将粮、油、煤、房、水、电及抚养孩子、赡养老人等基本生活费留足。

2. 控制机动支出：购买衣物要有计划性、选择性，不冲动消费，不一味赶时髦，不盲目抢购削价商品。

3. 安排发展资金：要尽可能安排部分资金买书订报，以有益于智力开发、事业发展。

4. 计划大项开支：购买大件耐用消费品要有计划，不超过实际能力提前购置。

5. 余钱投入储蓄：每月留下的余钱应注意积聚，最好存入银行，以备不时之需。

6. 适当投资增值：储蓄至一定数额的可取出部分，购买国库券、债券或股票等，以谋取较高的投资收益，但必须注意规避风险。

◎如何为子女教育投资

子女教育投资分为以下几个部分：

1. 学杂费和书籍费。这是必须定期支付的费用，没有丝毫伸缩性。从幼儿教育、小学、中学，直至大学，共计需要交纳学费、杂费、书籍讲义费及交通费不下数万元，如是自费上私立中学、大学，那数字更是相当惊人的。

2. 在校期间的其它费用。一是饮食费、点心费，即使不入校也需此项费用，但在校所用要高出 10% ~ 20%；二是参考书、课外书刊、文具、孩子的玩具费用；三是在校期间的零花钱；四是服装费用。大中学生每月生活费用在两三百元以上，个别的还远不止此数。

3. 提高子女学习成绩的追加投资。为了提高孩子进一步深造的竞争能力，有必要给孩子"开小灶"，或者请家庭教师，或者参加补习班。小学、初中、高中毕业前的三个阶段，都需要追加投资。如果子女有某种天赋，准备进行音乐、舞蹈、体育等方面的培养，培养费用比学习的费用更甚。

这些追加投资，数量与学杂费不相上下，如果又请家庭教师，又进补习班，将会超出学杂费。由于追加投资数量太大，更需精心计划安排。但是，有些家长往往忽略这些投资，认为是额外负担，这是不明智的，应该看到，如果不追加这些投资，前面的教育投资往往事倍功半，甚至功亏一篑。

◎车险怎样保才便宜

首先，车辆保险一定要找专业的保险代理人，现在有相当部分汽车保险都是由汽车销售公司或保险代理点在办理，这中间会牵涉到一个利益问题，有些客户在购车时压低了汽车销售商的车辆价格，因为竞争的压力汽车销售商无奈之下，也只有给客户一个较低的销售价格了，但是，汽车销售商也会有一个条件，那就是车辆保险必须由他们来代理，这样在车辆销售利润上的损失才会得到一些补偿。据统计，现在平均销售一辆汽车，汽销公司的利润在 1000 元左右，这样的回报和以往 5000 ~ 6000 元的回报简直是天壤之别。

由于汽车销售公司和保险代理点的车辆保险还是要通过保险公司走单，所以里面会有一定的利润空间，汽车销售商或保险代理点便想方设法留住买车的顾客，以赚取最后一块利润。所以现在有许多精明的购车族便会在购车时与车商协商好，说自己有朋友专做车险，保险由自己负责购买，以避免一不小心买到的是高价保险。

所以，买车辆保险并不是一件简单轻松的事情，但是对于一个普通的客户，是无法了解这么多的，因此就会有大量的汽销代理保单和保险代理点保单客户大量转保的事情发生，原因就是代理点销售专业知识匮乏和保单一味追求高利润，该优惠的项目不向顾客说明，导致顾客买到的是高价车辆保险。综上所述，买车辆保险一定要像买人寿保险一样，挑选一个专业的代理人，为您提供长期的高质量的服务。现在很多车主的口袋里都装着保险卡和保险公司专业代理人的名片，一旦遇到车辆出险，首先会和保险代理人联系，询问如何报案才能获得最大的赔偿额度，因为一旦责任鉴定出来，便会无法改变理赔结果了，而询问专业的保险代理人也许会使您获得更多的理赔机会。

◎债券、股票如何巧妙搭配

债券、股票搭配组合的基本思路是：将资金按一定的比例分配于股票和债券两种投资工具上，并根据证券市场行情进行适当调整，从而选择各自的优势，当能带来高收益的股票行情对投资者有利时，即实现预期的期望值；而当股票行情不利时，则靠手中掌握的具有较稳定收入的债券将股票造成的损失在一定程度上予以弥补，保住元气，以图下一轮东山再起。

债券、股票如何搭配？目前，固定金额投资法、固定比率投资法和可变比率投资法等"定式投资法"作为比较成熟的投资组合方法，已得到广大投资者的认同，按照这些"定式"进行组合投资是很有效的。

但是，在实际中，不要为某种方法所束缚，应将基本方法与市场行情和投资者自己的判断、预期目标相结合，在此基础上，设计自己的债券、股票投资比例。比如，股价较高时，债券所占的比重要大些；股价较低时，则应提高股票所占的比重。

◎固定利率房贷的特点

加息周期较合算，适合还贷时间为 5 年左右的人群。部分银行已设计出固定利率房贷的组合形式，即前 5 年实施封闭式贷款、商定固定利率，比目前 5 年期房贷利率高出 0.61 个百分点，不可提前还贷；剩余年限则是开放式贷款，即利率按照市场浮动，借款人可随时提前偿还贷款。并且，主要针对 40 岁以下人群的贷款，根据经验，这类人群的还贷时间多在 5 年左右。

◎等额本息还款的特点

每月还相同的数额，操作相对简单，

适合公务员、教师等收入稳定的群体。采用这种还款方式，每月还相同的数额，作为借款人，操作相对简单。每月承担相同的款项也方便安排收支。尤其是收入处于稳定状态的家庭，买房自住，经济条件不允许前期投入过大，可以选择这种方式。

◎按期付息还本的特点

可把每个月要还的钱凑成几个月一起还，适合没有月收入但年终有大笔进账的人群。一些本来购房有足够一次性付款的人仍选择按揭。这种情况下，"按期付息还本"便成为首选。"按期付息还本"就是借款人通过和银行协商，为贷款本金和利息归还制订不同还款时间单位，即自主决定按月、季度或年等时间间隔还款。实际上，就是借款人按照不同财务状况，把每个月要还的钱凑成几个月一起还。

◎等额递增（减）的特点

还款数额等额增加或者等额递减，灵活性强，适合预期未来收入会逐步增加或减少的人群。"等额递增"和"等额递减"这两种还款方式，是当前商业银行推出的几种还款方式之一，两者实际上没有本质上的差异。它把还款年限进行了细化分割，每个分割单位中，还款方式等同于等额本息。区别在于，每个时间分割单位的还款数额可能是等额增加或者等额递减。

投资常识

◎个人投资应注意以下四点

1. 把握机遇。抓住经济发展或市场变化的某一契机，适时投资，则很容易获得成功。

2. 把握行情、信息。银行存贷款利率的变化、有关金融市场的行情、股份制企业的经营状况及发展前景都必须及时掌握，此外，投资者还要注意经济、金融政策和相关法规的变化情况。

3. 及时调整重点投向。根据自己掌握的相关信息，本着实现最佳效益的原则，及时在储蓄、国库券、企业债券、股票等几种投向中调整重点，比如国有大中型企业、国家重点发展的产业、行业的债券、股票，便可作为重点投资对象。

4. 多了解一些相关业务知识。只有掌握了广博的经济、金融知识，才有利于作出正确决断。特别是股票、期货等高风险领域的投资，更需要综合分析企业的经营状况。

◎投资理财产品中股票的分类

普通股：是指在公司的经营管理和盈利及财产的分配上享有普通股权的股份，代表满足所有债权偿付要求及在优先股东的收益权与求偿权求后对企业盈利和剩余财产的索取权，它构成公司资本的基础，是股票的一种基本形式，也是发行量最大、最为重要的股票。

（目前在上海和深圳证券交易所上市的所有股票都是普通股）

优先股：指相对与普通股具有某些优先权的股票，主要体现在两个方面：

一是有限拥有固定股息，不随公司业绩好坏而波动，并先于普通股股东领取股息。

二是当公司破产进行财产清算的时候，优先股股东对公司的剩余财产有先于普通股股东的要求权。

但优先股一般不参与红利分配，持股人也没有表决权，不能借助表决权参与公司的经营管理。因此，优先股与普通股相比，虽然收益与决策参与权有限，但风险较小。

绩优股：指业绩优良的公司的股票，投资价值和投资回报都较高。

垃圾股：指业绩较差的公司的股票，投资风险较大。

蓝筹股：指在其所属行业内占有重要的支配性地位、业绩优良、成交活跃、红利丰厚的大公司的股票。

红筹股：这一概念诞生于20世纪90年代初期的香港股票市场，由于中华人民共和国在国际上有时候被称为红色中国，因此香港和国际投资者把在境外注册、在香港上市的那些带有中国大陆概念的股票称为红筹股。

◎如何选择热门股

热门股在很多情况下就是成长股，但也不尽然。热门股比成长股更加来去不定，投资热门股比投资成长股和实质股往往具有更大的风险。这是由热门股的特性所决定的：①热门股的时间性很强，无论哪一种热门股，在其主宰股市现象一段时间后，总会退化，直至被新的热门股或其它热门股所取代。②政治、经济、社会、财政金融等环境因素对热门股的影响比较强烈。③热门股的盛行归根到底还是因为投资人对公司未来的盈利抱有太高的预期，而当实际利润不如预期理想时，投资人的失望将使热门股遭到抛弃。④经济周期对热门股的影响程度也很强烈，这是因为公司的盈余受经济周期循环影响很大的缘故。热门股除了受上述客观因素影响之外，还受投资人主观心理的强烈影响。

选择热门股应掌握四大要点：①必须首先预测出股市的热门股兴衰趋势，并及时果断地购进。②树立变动观念。尽管目前看来人们对某种热门股的预期是最合理、最令人确信的，但世界在变，人们的兴趣在变，由投资人的预期心理支撑起来的热门股也必然会变。③注意投资人的想法。股市最大的特点是以对未来的预期作为运作基础，投资人的主观认识就是股市的客观现实。当大多数投资人态度悲观时，上市公司经营业绩再好也是枉然。④利用技术分析工具来研究判别股市市势。最精彩的顺势操作，实际上并不是市势操作，而是随投资人兴趣之"势"操作。预知股市

形势的更替，可以为投资人增加判断信息和提高投资人的判断能力。

◎如何进行邮票投资

1. 交换。在邮票投资活动中，集邮者互相调剂短缺和所需的邮票、邮品的一种方法是交换。在交换活动中，双方应本着良好的邮德，在双方自愿的基础上进行。

2. 出让。这也是邮票或邮品的流通形式之一，即集邮者不以谋利为目的而低价出卖邮品。

3. 寄售。把邮票或邮品委托给经营邮票的部门或邮商代为出售，称作寄售。这也是邮票投资的一条重要途径。

4. 拍卖。把邮票或其它集邮品作为商品当众出售，由购买者争购的形式，叫做拍卖。

◎签订保险合同应注意的问题

1. 填写投保单，必须遵守诚实守信的原则，千万不可故意隐瞒实情或希望通过欺骗来节省费用或增加收入，否则将来一旦出事，会很麻烦。这主要表现在保险标的是否符合保险条件，投保金额填写是否正确等。而在人身保险中，虚报年龄以达到承保条件或少缴保险费，故意隐瞒病情等进行投保，往往会造成保险合同无效，即使发生了保险合同责任范围内的意外事故，保险公司也不负责赔偿，到头来吃亏的还是自己。

2. 明确双方的权利义务，弄清有关保

险条款，以防事故发生后产生纠纷。保险条款中最重要的是保险人的保险责任和免除责任，即保险公司对哪些原因造成的事故损失负有赔偿责任，对哪些情况下的损失可以免除责任。事故发生后，投保人可据此确定是否索赔。如果属于免赔范围，索赔显然不会有结果，而有无理取闹之嫌，还会耗费不必要的时间、精力和钱财。索赔方式和索赔期限等条款也很重要，投保人可据此在规定的时间内，以正确的程序行使自己的权利。

理财方略

◎股市低迷期如何操作

股市低迷期具有以下4个特点：①股价震荡幅度由大到小，最后可能表现为横盘的特征。②成交量较小，市场交易清淡，投资意愿甚低。③市场题材和热点较少，股价依照上市公司业绩、国家产业政策等进行重新排队，使内部股价结构合理化。有潜力的股票受主力青睐开始回升，而无潜力的股票仍进一步向价值回归。④这一时期盘整整理的时间越久，表示筹码换手越彻底，则后市的爆发力越强。

低迷期的这些特点使多数投资者觉得股市中已无差价可作，不敢轻易追加投资，而原有的套牢筹码在这轮熊市中已经亏损累累，因此多数投资者对股市前景持悲观的看法。一些投资者一次或分批忍痛卖出持有股票，伤心地退出市场，却不知黑暗将止，黎明即至。而这一阶段真正有战略眼光和实力的机构却不为市场悲观情绪干扰，反其道而行之，选择受国家产业政策支持的股票逢低分批吸纳，因为他们认定度过黑暗的低迷期后迎来的是涨升期。客观地说，低迷期的任务是完成股票从弱者向强者的战略转移，这一转移过程是残酷的，对弱者来说是痛苦的，但这是股市大循环周期中必须经历的一个阶段。

对广大中小投资者而言，一方面要认识到低迷期在持续时间、跌幅及个股方面蕴含的风险；另一方面，低迷期作为大循环周期中的最后阶段，其中蕴藏的机会也是不言而喻的。投资者应认清大势，要有精选个股之智，又要有适时介入、逢低吸纳之勇，智勇双全才有可能在未来的股市搏击中成为赢家。

◎邮票投资的策略和技巧

1. 与邮局保持经常联络，掌握发行信息。令邮票投资者们幸运的"猴"票，发行量极少，到目前为止，其单价已突破300元大关，在台湾甚至高达7万台币。由此可见，掌握信息是何等重要。

2. 不断了解市场动态，丰富炒作经验。另外，邮票目录也是您投资邮票的好指南。这在中国邮局都有出售，目录中报道有邮票发行量、面值以及市场交易参考价。

3. 准确选择买进邮票时机。邮票买进时机相对来说不如卖出时机重要，但是，如果把握得好，可以确保交易活动稳赚不赔。

要把握好买进时机，主要有以下几点诀窍：①邮票价格跌到低点徘徊时，您可以将邮票买进。②邮票价格涨势开始发动时，即价格即将上涨的前夕，或是刚开始上涨，应该及时购进。③适逢节假日时期，例如年关、元旦之际，这时有的人急需用钱过节，则常常可以在邮票市场上以较低的价格，购进自己需要的较好的邮票。④邮价突然暴跌，当跌到下降的幅度与升幅相当之际，则是购进邮票的好机会。因为这时的价格与其高峰相去甚远，有很大的反弹余地。

风险防范

◎保险理财三大误区

误区一：保险理财可以发横财。保险理财绝对不是"发横财"。通过保险进行理财，是指通过购买保险对资金进行合理安排和规划，防范和避免因疾病或灾难而带来的财务困难，同时可以使资产获得理想的保值和增值。一般来说，保险产品的主要功能是保障，而一些投资类保障所特有的投资或分红则只是其附带功能，而投资是风险和收益并存的。

误区二：分红保险可以保证年年分红。分红产品不一定会有红利分配，特别是不能保证年年分红。分红产品的红利来源于保险公司经营分红产品的可分配盈余，包括利差、死差、费差等。其中，保险公司的投资收益率是决定分红率的重要因素，一般而言，投资收益率越高，年度分红率也会越高。

误区三：因为人情不好推辞而买了保险。其实，保险是一种特殊商品，只能根据自己的需要购买，不能出于情面购买自己根本不需要的保险。专家建议，购买保险前最好找到专业的理财顾问，仔细研究分析自己家庭的财务特点，然后再选择合适的险种和保险金额。

◎理财风险控制的五种方法

1. 防范。将损失或伤害的形成因素加以消灭，使损害不致发生，如防火、防盗、存单加密码、外汇买卖中的对冲、投资决策中的保本点分析等等。

2. 抑制。缩小损失或伤害的程度、频率及范围，使其限于可以承受之内。如对投资金额、成交价格、成本费用设定界限，不得突破。抑制按过程来说，有事先控制和全过程的控制，如成本规划、全面质量控制等。

3. 分散。在投资理财中，分散投资风险就是防止孤注一掷。一个慎重的、善于理财的家庭，会把全部财力分散于储蓄存款、信用可靠的债券、股票及其它投资工具之间。这样，即使一些投资受了损失，也不至于满盘皆输。

4. 转移。转移风险不是以邻为壑、损人利己。转移风险是指将风险转让给专门承担风险的机构或个人，如保险公司、保证人、承兑人等。转移风险的常见方法有：在保险公司购买保险；债权投资中设定保证人；为避免利率、汇率、物价变动形成的损失，在交易市场上进行套头交易，买进现货时卖出期货，或卖出现货时买进期货，等等。转移风险是把风险转让给他人，那么为这种风险转让就得付出一定的代价，如支付保险费或降低交易的收益，如套头交易收益的降低。转移风险的作用是将不可预见的、不可控制的、可能发生的损害转变为可预见的、可控制的成本或费用，有利于稳定投资的营运，搞好成本和收益的控制和核算，在一旦发生损失时可获得足够的赔偿以恢复家庭生活或投资经营。

5. 承担。风险的承担就是自身承受风险所造成的损失或伤害。家庭承担风险的原因主要是：①不能认识到家庭面临的风险而处于盲目状态；②家庭面临的风险不大，或风险虽大而有来自家庭外部的保障，家庭自身可以承受这些风险造成的损失或伤害；③家庭资财短绌，无力购买保险或采取其它相应措施；④采取"自保"方法以增强承受风险的能力。"自保"的含义就是自我设定保险。

◎初涉股市切记的几点

①不要与别人合伙去买卖股票，再好的搭档也有意见分歧的时候，也不要挪用别人的钱用于投资股票。②靠自己的耳朵去听正确的消息，靠自己的眼睛去看实际情况，不要盲从别人的分析，必须靠自己的脑子思索，以便定夺。③投资好的股票，小钱也会生大钱；投资坏的股票说不定会像把钱丢入黄浦江那样，一去不复返。④股票交易，切忌性急，来日方长，不愁买不到好股票。⑤股市行情如逆水行舟，涨的时候总是很慢，但跌的时候却是一泻千里，故而抛出时应果断行事，吃进时则应小心谨慎。⑥不要以为自己能够做到"行情达到最高点时自己手中的股票正好抛出"，这不过是股市中每个投资者都在做的美梦而已。⑦在没有正式交割前，不要把行情价上的表面利润提前消费掉，因为利润还未真正到手，也许行情会突然下跌。⑧不要想从投机起家。不少人都有他们痛苦的教训，事后往往会是两袖清风，一无所获。⑨金钱来得容易去得也快，投资股票获利后，首先应想到的是再投资或储蓄，而不是大手大脚地消费掉。⑩股票行情不可能永远上升，也不可能永远下跌，购买时最好是在大家都不想购进的一刹那，卖出时最好在大家都要买进的一刹那。

◎家庭金融投资理财要小心

债券投资时机掌握三法：①紧俏者先购：有些新发行的债券品种较受欢迎，应尽早购买，以免落空。②平销者后购：一般债券发行期较长，可在发行期结束前一两天购买，以提高实际收益率，又盘活资金。③二手债券看收益率：将二手债券的实际收益率与同期银行储蓄利息率（包括保值因素）比较，扣除债券买卖手续费率后，高于银行利息率时可以买入，低于银行利息率时可择机卖出。

投资基金要慎重：一听，要了解基金公司及基金代销机构关于基金产品的介绍，特别要听清该产品的投资范围、产品特点、特有优势及适合哪一类投资者投资等。二看，要看报纸上、电视里专家关于各基金的评价和分析，要看各基金经营的以往业绩和操作理念，要知道各基金所采用的风险防范机制。三分析，把基金产品了解透彻，根据自己的收入状况、性格特点、工作性质、年龄结构，看看哪种基金产品更适合自己。同时，要考虑自己是否具有足够的风险承受能力，一旦遇有风险，自己是否有良好的投资心态和应急策略。

◎怎样避免金融投资风险

1.承担风险能力的大小，取决于3个基本因素：①投资者的经济状况。衡量投资者经济状况主要有以下几个标准。第一，总财产或资金来源总额的大小。总财产或资金来源总额越大的投资者，承担风险的能力就越大；反之，承担风险的能力越小。第二，目前和可期望的收入，以及可供投资的储蓄情况。当收入不变时，可供投资的储蓄比例增大，或储蓄比例不变，而目前和可期望的收入增长，则承担风险的能力就较大，因为即使投资受到损失，仍有储蓄作为后盾。第三，退休金的获得情况及保险情况。若有稳定的退休金，且参加了家庭财产及成员保险，则投资时承担风险的能力就较大。②投资者的心理素质。有些人担心其投资会事与愿违而失眠，他们对投资前景的判断过分谨慎。有这种心理素质的投资者，承担投资风险的能力较小。③投资者的管理基础与管理条件。受教育程度较高，对投资原理、投资技巧掌握程度较高的投资

者能承担较大的风险。当投资者承担风险的能力一定时，优化的投资策略将会有效地削弱风险。

2."优化投资，削弱风险"的策略，主要有两项具体内容：①金融投资方向多方位。研究表明，取得最佳效益的投资绝不是那种分散在几百种证券上的投资。从事多种经营的公司，其证券本身就具有多方位的效果。②金融投资到期日多样化。

3.避免市场价格风险之策略。"市场价格风险"是最难认识和把握的，避免或减少市场价格风险可以说涉及整个金融投资的理论和实践。简而言之，减少市场价格风险的中心问题是，能比较正确地分析股票价格的波动趋势，并适时地买进或卖出股票。这些问题从另一个角度看，又是正确判断投资时机的问题。

◎买养老保险要精打细算

养老险保费较高，选择不当很容易成为经济负担。因此，选择养老险的要点之一就是量入为出。缴费期限不同，保费差别会很大，所以，投保养老险要做好规划。

养老险缴纳期限越短，缴纳的保费总额越少。举例来说，今年30岁的男士投保某保险公司的10万元养老险，到60岁每年领取1万元。如果选择一次缴清的方式，总共需要缴纳20.6万元保费；如果选择20年期缴的方式，每年缴纳1.31万元，总共需缴纳26.2万元。这是因为养老险采取复利计息的方式，缴费时间不同，保费差别很大。

在经济宽裕的情况下，缩短缴费期限是较为经济的。目前保险公司在开发养老险时除了一次趸缴，还提供 3 年缴、5 年缴等短期缴费方式，消费者可以根据自身具体情出做出选择。

对大多数工薪族而言，最好选择期缴保险。每年（每月）拿出一定量的钱作为

保险，既能满足储蓄养老的需求，又能降低年缴保资金额，减轻眼下的经济负担。同样以 30 岁的男士投保保额为 10 万元的养老险为例，如果选择 10 年缴费，每年需缴 2.37 万元；如果选择 20 年缴费，则每年需缴 1.31 万元。

文物收藏

◎怎样收藏流通纪念币

流通纪念币是为了纪念本国或世界重大事件、人物、古迹、珍稀动植物而发行的国家货币，通常是小面额的金属铸币。因其文字、图案的主题性强，设计铸作精美，加以铸造有特定的时限，发行额又小，收藏价值与发行后的市场升值率都很高，所以历来受到社会各界的青睐。

我国流通纪念币是从 1984 年发行建国 35 周年纪念币为起点的，可分为纪念国内、国际重大事件，伟大人物诞辰，体育运动，动植物等几类。其面值除铜质的六届全运会纪念币为 1 角，珍稀野生动物熊猫和金丝猴为 5 元外，其余皆为铜镍合成或钢芯镀镍的 1 元币。由于发行额远小于一般流通币，如中国人民银行成立 40 周年纪念币仅发行 204 万枚，珍稀动物熊猫纪念币总发行额 600 万枚（其中 200 万枚在国外发行，国内发行额仅 400 万枚），因此，在日益产张的中国流通纪念币收藏热中迅速　　　据收藏界人士预测：中国流通纪

念币收藏队伍继续扩大的过程中，前景将继续看好。

◎怎样收藏电话卡

电话卡的艺术价值主要表现在电话卡的设计、印刷上，作为一件收藏品，仅有好的题材是不够的，还需要艺术的表现和精美的制作。设计、印制越精美，收藏价值也越高。如《深圳十景》（摄影）、《京港同迎春》（年画）、《奥运龙字卡》（书法）、《川剧脸谱》（戏剧造型）、《杭州电话本地网》（三维动画）等受到了人们的好评。

"物以稀为贵"是民间收藏的一个准则，但并不是衡量某一电话卡是否具有收藏价值的唯一标准。电话卡的发行量主要看发行使用后新卡的完好存世率，即看发卡地话机卡的安装、使用率，使用越多自然消耗越多，新卡的完好存世率就越少，该套卡的收藏价值也越高。过去，电话卡的发行数量并不少，但自然使用消耗量大，新卡的存世率也少，收藏价值也高。近年来，许多地方发行了一大批所谓数量较少的"小盘卡"、"委制卡"，

但这类卡大多是为收藏而发行的。同时有的地方还实行电话卡登记预订，这就人为造成电话卡脱离流通使用的基本属性，成为为收藏而发行的大众收藏品。

◎翡翠投资原则

翡翠是玉中极品，在矿物学中称为硬玉。由于所含杂质的不同，造成翡翠的颜色不同。基本色有各种深浅的绿、红、黄、白、紫、灰、黑等颜色。

色泽翠绿欲滴，沁人心扉而纯正无瑕的翡翠，可以说是玉石之上上品，虽万千而难得其一。近年来需求者越来越多，而这种玉石的产量却日益枯竭，故吸引了众多珠宝投资者竞相购买，价格也因此节节攀高。

为了防止您购买到翡翠劣品或赝品，下面为您提供投资、选购翡翠的几条基本原则：

1. 首先看其色泽。①颜色浓度深，但很明亮；②色泽均匀和润，通体一致；③色彩纯正，无任何异色；④色泽艳丽而明亮，无阴沉色。

2. 其次看其质地和透明度。翡翠的质地以"通"、"透"、"水"、"莹"为佳，其中以晶莹剔透为最佳。透明者俗称"玻璃钟"。

3. 然后看其形状。一般来说，磨成椭圆形即蛋面形的翡翠价值最高。

4. 敲打听其声音。将两块玉轻轻地互相敲击，如果发出的声音清脆悦耳，则表明此玉质地坚硬，无裂缝。

5. 将玉石在光线下照看。真玉一般都不反光，在灯光或日光下照着看，可以清晰地看见玉中的杂质、杂色和裂纹。由此也可判断出玉石的质地优劣。

◎古字画投资的入市与防范

1. 伪造。如用"头二青"伪制方法，即将一张薄薄的宣纸一揭为二，上层谓之"头青"，下层谓之"二青"，将"二青"略加润色，就能以假乱真。还有的采用"挖补"伪制方法，即挖去当代字画的落款与印章部分，再将字画做旧，补上伪造的古代名家的款章，裱装后俨然一幅古字画。

2. 临摹。方法是把原作放在案子前面，边看边临。临容易得形似，但很难做到神似。

3. 仿作。一般来讲，仿作是没有蓝本的，作伪者凭自己的想象，仿学某人笔法结构，自由写作而成。

4. 臆造。不管某人的作品是怎样，随意凭空伪造。用这种方法作伪画的原因，主要是取其无对证，易于欺人。

5. 代笔。找人代作字画，落上自己的名款，加盖印记。

◎古字画的鉴别

字画类的伪制赝品，唐宋时已很流行，到了明清更变本加厉，当今世界亦相当普遍。所以，古字画收藏者如果不掌握一定的鉴别技巧，必然上大当受大骗。

一般来说，对古字画的鉴别，主要应从以下几个方面判断：

1. 书画家的艺术个性。要熟悉……法艺术的特色和发展过程，了解……代的书法特点、流派风格及师承关系，最关键在于我们要深入领会各个书画大家独特的艺术气质、作品境界乃至笔墨技法。如唐代大书法家怀素的字，奔放癫狂，乱中有序，富有极强的个性美。后人临摹伪制，表面上可能达到乱真程度，但如果细究起来就会破绽百出，他那有力、转折、徐疾的独特艺术特性是任何伪制者都达不到的。

2. 不同时代的绘画有不同的风格。唐宋画家作画一般都打草稿，到了元明之后的画家，构图落墨往往顷刻而成。五代、北宋的花鸟画看重写生，后来才有写意的花鸟画。又如早期的山水画一般摄取全景，到了南宋时代，李唐、马远等画家往往只取一角。如果一幅绘画不符合时代特点，即为赝品。

3. 服饰和器物鉴别。比如，一幅被看做是元代的人物画，而服饰却是明代才有的，那么就可断定是伪品。又如，一幅画上题有唐代画家的名款，但画中有藤竹缠扎的高型圆几和带束腰的长方高桌，从器物上一看就知道这幅作品是宋代的，而非唐代的，肯定是伪品。

4. 纸绢断代。绘画的纸和绢各个朝代都有所不同，如元代绢比宋绢粗，不如宋绢细密洁白，明代绢则稀薄。又如隋、唐、五代书画大都用麻纸，北宋早期用树皮造纸，北宋后期出现了竹料造纸。鉴定一幅古画，可先看纸是不是到代，如纸不到代，尽管画上面落款是某某朝代的，也可断定是假的。

5. 印章鉴别。印章的时代气息可从其形状、篆文、刻法、质地、印色等方面分辨……章以铜、玉居多，密印颜色红

而厚，水印颜色淡而薄。元代印章出现了圆朱文印，质料有木、象牙、铜、玉、石等，印色大都采用油印和水印。明代中后期印章以石质居多。

6. 年月确认。书画上或题跋上所题的年月或与作者的年龄、生卒不符，或与事实有出入，也将被认为是作伪的佐证。

◎古董鉴别与投资原则

1. 学习并掌握古董的鉴定知识的大致途径：①多跑跑书店、图书馆，阅读有关方面的文献资料的记载，这样对您掌握和了解各个时期、各类古董的造型、色彩、质地、做工等各方面的特征能有所帮助。②多逛逛博物馆、古董市场。尤其应多看博物馆里陈列的考古发掘出来的古董。考古发掘出来的文物是认识古董的实物资料，有助于加深您的感性认识。③应多向有经验的人请教，这对提高自己的鉴别能力有很大的帮助。④勤学牢记是提高自己鉴别技能的重要因素。否则，即使有丰富的资料，高明的前辈、老师指点也无济于事。

2. 有关古董投资专家建议，投资古董最好掌握以下几项原则：①以兴趣、爱好为前提。②以不买赝品为原则。③以近现代精品为主要投资对象。④多看、多听、少买。⑤要有花一定代价购买上乘古董的心理准备。⑥购买古董的资金最好不是来自借贷。⑦初涉古董市场者，应先从小件的真品着手。

◎怎样收藏国库券

国库券的印制可以和人民币媲美，十

分精致，有很高的欣赏价值。其主要图案可分为三大类：一是反映工农业生产、建设，如煤炭、运输、输油管道、港口装卸、粮食收割等；二是大型建筑和交通工具，如上海新客站、飞机、大型轮船和轿车生产线等；三是航空、军事、气象知识，如导弹、火箭发射、气象站等。票据票面均有"中华人民共和国财政部"红色印章，1983 年和 1984 年的国库券与其它年份的国库券不同，为直式式样，颇具特色。

由于国库券有可观的利率和不同的偿还期，一般人都不愿保留，而是到期即去银行兑换成人民币。加之发行时间较长，因此，早期发行的国库券能保存下来的已经不多了。特别是 1982 年发行过一元面值的国库券，后来就没有这种低面值的了，因其与当时国家财力有着密切的关系，目前市场价格反而最贵。

怎样收集和保存古币

古币的收集是一项艰巨的工作，古币大都埋藏在地下，我们很少有条件和机会去直接发掘。因此，收集就应在民间进行，一般是到废品加工站去寻找，请亲戚朋友帮助收集，或到古玩店或地摊市场去选购。

有人总结了收集古币要注意"四防"：①防锈：古币应放在干燥通风的地方，避免潮湿，防止接触酸碱物。纸币也应防潮、防脆、防油、防蛀。②防磨损：金属铸币若重叠就容易磨损，所以，应建立钱柜、钱盒、钱囊、钱串、钱板，也不可用坚硬之物去刮剔古钱。③防火：金属币特别是纸币必须放在远离火源处，以免焚毁。④防丢失：不要把收藏物混杂于普通品中，同时防止被盗。